高等职业教育计算机类课程
新形态一体化教材

XINXI JISHU
JICHU

信息技术基础

（第3版）

主编　张成叔　张玮　蔡劲松

U0307029

副主编　姚　成　陆　慧　张世平

参　编　赵春柳　藕海云　沈　杨
　　　　陈祥生　吴　娟　朱　静

高等教育出版社·北京

内容提要

本书紧扣教育部最新颁布的《高等职业教育专科信息技术课程标准（2021年版）》进行设计和编写，在张成叔主编的《计算机应用基础（Windows 7+Office 2010）（第 2 版）》和《计算机应用基础实训指导（Windows 7+Office 2010）（第 2 版）》的基础上，将软件版本升级为 Windows 10+Office 2016，内容上将"计算机网络基础和信息安全"升级为"信息检索、新一代信息技术概述和信息素养与社会责任"，更加符合新时代对高等职业教育专科公共基础课"信息技术"课程建设的要求。本书共分 8 章，主要内容包括：计算机基础知识、Windows 10 和华为鸿蒙系统、Word 2016 文档处理、Excel 2016 电子表格处理、PowerPoint 2016 演示文稿制作、信息检索、新一代信息技术概述、信息素养与社会责任等。

本书配套建设微课、教学设计、授课用 PPT、案例素材、习题答案等数字化学习资源。与本书配套的在线开放课程在"智慧职教 MOOC 学院"（http://mooc.icve.com.cn/）上线，学习者可以登录网站进行在线开放课程的学习，授课教师可以调用本课程构建符合本校本班教学特色的 SPOC 课程，详见"智慧职教"服务指南。读者可登录网站进行资源的学习及获取，也可发邮件至编辑邮箱 1548103297@qq.com 获取相关资源。

本书可作为高等职业院校"信息技术基础"或"计算机应用基础"公共基础课程教材，也可作为全国计算机等级考试（一级 MS Office）及各类培训班的教材。

图书在版编目（CIP）数据

信息技术基础 / 张成叔，张玮，蔡劲松主编 . -- 3
版 . -- 北京 : 高等教育出版社，2021.11
ISBN 978-7-04-056896-7

Ⅰ . ①信… Ⅱ . ①张… ②张… ③蔡… Ⅲ . ①电子计
算机 – 高等职业教育 – 教材 Ⅳ . ①TP3

中国版本图书馆CIP数据核字(2021)第176086号

| 策划编辑 | 吴鸣飞 | 责任编辑 | 吴鸣飞 | 封面设计 | 赵 阳 | 版式设计 | 徐艳妮 |
| 插图绘制 | 杨伟露 | 责任校对 | 窦丽娜 | 责任印制 | 朱 琦 | | |

出版发行	高等教育出版社	网 址	http://www.hep.edu.cn
社 址	北京市西城区德外大街 4 号		http://www.hep.com.cn
邮政编码	100120	网上订购	http://www.hepmall.com.cn
印 刷	三河市华骏印务包装有限公司		http://www.hepmall.com
开 本	787 mm×1092 mm 1/16		http://www.hepmall.cn
印 张	18.25	版 次	2016 年 7 月第 1 版
字 数	450 千字		2021 年11月第 3 版
购书热线	010-58581118	印 次	2021 年11月第 1 次印刷
咨询电话	400-810-0598	定 价	49.50 元

"智慧职教" 服务指南

"智慧职教"是由高等教育出版社建设和运营的职业教育数字教学资源共建共享平台和在线课程教学服务平台，包括职业教育数字化学习中心平台（www.icve.com.cn）、职教云平台（zjy2.icve.com.cn）和云课堂智慧职教 App。用户在以下任一平台注册账号，均可登录并使用各个平台。

● 职业教育数字化学习中心平台（www.icve.com.cn）：为学习者提供本教材配套课程及资源的浏览服务。

登录中心平台，在首页搜索框中搜索"信息技术基础"，找到对应作者主持的课程，加入课程参加学习，即可浏览课程资源。

● 职教云（zjy2.icve.com.cn）：帮助任课教师对本教材配套课程进行引用、修改，再发布为个性化课程（SPOC）。

1. 登录职教云，在首页单击"申请教材配套课程服务"按钮，在弹出的申请页面填写相关真实信息，申请开通教材配套课程的调用权限。

2. 开通权限后，单击"新增课程"按钮，根据提示设置要构建的个性化课程的基本信息。

3. 进入个性化课程编辑页面，在"课程设计"中"导入"教材配套课程，并根据教学需要进行修改，再发布为个性化课程。

● 云课堂智慧职教 App：帮助任课教师和学生基于新构建的个性化课程开展线上线下混合式、智能化教与学。

1. 在安卓或苹果应用市场，搜索"云课堂智慧职教"App，下载安装。

2. 登录 App，任课教师指导学生加入个性化课程，并利用 App 提供的各类功能，开展课前、课中、课后的教学互动，构建智慧课堂。

"智慧职教"使用帮助及常见问题解答请访问 help.icve.com.cn。

前　言

　　信息技术已成为经济社会转型发展的主要驱动力，是建设创新型国家、制造强国、网络强国、数字中国、智慧社会的基础支撑。高等职业教育专科"信息技术"课程是各专业学生必修或限定选修的公共基础课程。学生通过学习本课程，能够增强信息意识、提升计算思维、促进数字化创新与发展能力、树立正确的信息社会价值观和责任感，为其职业发展、终身学习和服务社会奠定基础。

　　本书紧扣教育部最新颁布的《高等职业教育专科信息技术课程标准（2021年版）》进行设计和编写，在张成叔主编的《计算机应用基础（Windows 7+Office 2010）（第2版）》和《计算机应用基础实训指导（Windows 7+Office 2010）（第2版）》的基础上，将软件版本升级为Windows 10+Office 2016，内容上将"计算机网络基础和信息安全"升级为"信息检索、新一代信息技术概述和信息素养与社会责任"，更加符合新时代对高等职业教育专科公共基础课"信息技术"课程建设的要求。

　　本书围绕落实立德树人根本任务和高等职业教育专科各专业对信息技术学科核心素养的培养需求，贯彻落实"课程思政"，吸纳信息技术领域的前沿技术，按照"理论够用、实践够重、案例驱动、方便教学"的理念进行编写，促进"教、学、做一体化"课程教学，提升学生应用信息技术解决问题的综合能力，使学生成为德、智、体、美、劳全面发展的高素质技术技能人才。

　　本书具有以下特点：

　　1. 课标为纲，服务人才培养

　　《高等职业教育专科信息技术课程标准（2021年版）》由教育部于2021年4月发布，该课程标准为高等职业教育专科公共基础课的第一份课程标准。本书编写团队积极响应国家号召，仔细研读课程标准，分析课程标准的核心要义和落实措施，严格按照课程标准要求，精心策划和设计，认真组织案例和内容，旨在促进国家课程标准的精准落地，服务人才培养。

　　2. 案例驱动，服务教育教学

　　以技能为主的章节，按照一个具体项目案例的制作过程和所需的知识点展开，循序渐进，当该章内容结束时，该项目案例即完成。以知识为主的章节，设计足够的经典案例，通过案例引入知识，这样更加符合职业教育的要求，也更加符合教学的规律和学习的规律。

　　3. 一体化设计，服务课程建设

　　本书采用新形态一体化设计，配套丰富的数字化教学资源，包括微课、教学设计、授课用PPT、案例素材、习题答案等，为课程建设提供了足够的资源，学习者可以通过扫描书中的二维码观看微课视频，丰富了学习手段和形式、提高了学习的兴趣和效率。

　　4. 搭建MOOC，服务线上线下

　　本书搭建和制作大规模在线开放课程（MOOC），在"智慧职教MOOC学院"上线（http://mooc.icve.com.cn），便于教师搭建自己的"线上线下混合教学"课堂和SPOC教学，促进教学模式创新和教学质量提升。

5. 课程思政，服务立德树人

本书各章都充分融入"课程思政"元素，包括国内计算机新技术的发展、正确地使用网络资源、甄别网络信息的安全性、就业信息的检索和甄别及规避失信记录、个人素养和社会责任的养成，更好地服务职业教育立德树人的根本任务。

本书还参考了《全国计算机等级考试一级计算机基础及 MS Office 应用考试大纲》，适合作为高等职业教育专科公共基础课"信息技术"和"计算机应用基础"课程的教材，建议安排 64 课时左右，理论讲授课时和实训课时的比例可安排为 1∶1。本书也可以供参加全国计算机等级考试（一级）的考生复习参考。

本书共分 8 章，主要内容包括：计算机基础知识、Windows 10 和华为鸿蒙系统、Word 2016 文档处理、Excel 2016 电子表格处理、PowerPoint 2016 演示文稿制作、信息检索、新一代信息技术概述、信息素养与社会责任等。

本书由张成叔、张玮、蔡劲松担任主编，姚成、陆慧、张世平担任副主编，赵春柳、藕海云、沈杨、陈祥生、吴娟、朱静担任参编。第 1 章由张成叔编写，第 2 章由陆慧编写，第 3 章由张世平和张玮编写，第 4 章由姚成和蔡劲松编写，第 5 章由赵春柳和张成叔编写，第 6 章由藕海云编写，第 7 章由朱静编写，第 8 章由吴娟编写。陈祥生、沈杨参与了本书素材、项目案例等编写，微课视频由张成叔设计和制作，全书由张成叔统稿和定稿。

在本书的策划和出版过程中，得到了众多从事计算机教育同仁的关心和帮助，在此一并表示感谢。

本书配套的教学资源可直接与编者联系索取，编者的电子邮箱 zhangchsh@163.com，微信号为 7153265，也可以发邮件至编辑邮箱 1548103297@qq.com 获取教学基本资源。

由于编者水平有限，书中难免有疏漏和不足之处，敬请广大读者批评指正。

编　者
2021 年 8 月

目　　录

第 1 章

计算机基础知识

【本章工作任务】

✓ 在了解计算机发展的基础上理解计算机系统的组成及工作原理
✓ 在了解计算机中数据存储概念的基础上掌握计算机中数据的表示方式

【本章知识目标】

✓ 了解计算机发展史、功能、特点和分类
✓ 理解计算机系统的组成及工作原理
✓ 理解计算机中数据的表示方式

【本章技能目标】

✓ 灵活应用计算机的基本功能
✓ 使用金山打字通等指法练习工具提升指法技能
✓ 灵活应用邮箱、微信、抖音等互联网工具辅助学习和生活

【本章重点难点】

✓ 计算机组成与原理
✓ 计算机中进制的概念及不同进制数之间的转换
✓ 计算机中汉字的表示方法
✓ 指法技能的提升

计算机是 20 世纪以来人类最伟大的发明创造之一，是科学技术发展史上的重要里程碑。它的出现和广泛应用将人类从繁重的脑力劳动中解放出来，提高了社会各个领域中信息的收集、处理和传播的速度与准确性，加快了社会信息化的步伐。

进入 21 世纪，迈入新时代，计算机影响到人们生活的方方面面，特别是互联网 +、大数据、云计算和人工智能等技术快速地发展，也促进我国计算机技术的发展，很好地提升了我国的综合实力。

1.1　计算机概述

计算机概述

PPT

计算机（Computer）是一种能够按照指令对各种数据和信息进行自动加工和处理的电子设备。计算机又称为"电脑"，全称为"电子计算机"。

1.1.1　计算机的产生和发展

1946 年，随着电子技术的发展，世界上公认的第一台电子计算机，即电子数字积分计算机（Electronic Numerical Integrator And Calculator，ENIAC）在美国宾夕法尼亚大学诞生。

ENIAC 体积非常庞大，总共安装了 1.8 万只电子管，重达 30 多吨，占地 170 多平方米，功率 150 kW，运算速度为 5 000 次 / 秒，如图 1-1 所示，其性能无法与现在的微型计算机相比，但它标志着计算机时代的到来。

图 1-1　第一台电子计算机 ENIAC

从计算机诞生到现在，计算机技术不断地发展和创新，其中计算机硬件的发展对电子计算机的更新换代产生了巨大影响。在过去的 70 多年中，计算机时代的划分是以计算机的硬件变革为依据的，大致可以分为以下 4 个时代：

1. 电子管计算机时代（1946—1958）

第一代计算机以电子管作为主要逻辑部件，其主要特点是体积大、耗电多、发热大、运算速度慢（每秒执行几千条到几万条指令）和稳定性差。它采用磁鼓作为主存储器（也称内存储器），存储容量小。程序设计采用机器语言或汇编语言，主要用于复杂计算和科学研究。

这一代的计算机中，比较经典的还有英国剑桥大学制造的世界上第一台存储程序计算机 EDSAC，以及冯·诺依曼主持制造的存储程序式计算机 EDVAC 等。

约翰·冯·诺依曼（John von Neumann）是美籍匈牙利数学家。他第一次提出了计算机的存储概念，奠定了现代计算机的基本体系结构。由于冯·诺依曼对计算机发展做出的不可磨灭的贡献，因此他被世人尊称为"计算机之父"。除此之外，对计算机发展做出杰出贡献的科学家中，还有英国数学家布尔（G. Boole），他因创立了布尔代数，为数字计算机的发展提供了重要的数学方法和理论基础。英国数学家、逻辑学家阿兰·麦席森·图灵（Alan Mathison Turing），建立了"图灵机"理论模型，发展了可计算性理论，奠定了人工智能的基础，由此被世人尊称为"人工智能之父"。他们的肖像如图 1-2~ 图 1-4 所示。

图 1-2　冯·诺依曼　　　　图 1-3　布尔　　　　图 1-4　阿兰·图灵

2. 晶体管计算机时代（1958—1964）

第二代计算机以晶体管作为主要逻辑部件。其特点是由晶体管逐步替代电子管，使得计算机的体积变小、功耗变低、处理速度加快（每秒处理几十万条指令）和稳定性提高。它采用磁质材料作为主存储器，程序设计开始采用高级语言，并且出现了操作系统。计算机应用范围也扩大到商业、政府机关、大学等领域，开始了计算机数据处理。

3. 中、小规模集成电路计算机时代（1964—1971）

第三代计算机采用小规模集成电路（SSI）或中等规模集成电路（MSI）作为计算机的逻辑部件。其特点是体积进一步缩小、速度更快（每秒几百万条指令）、可靠性更高、价格更便宜。计算机的外部设备变得丰富起来，出现了多种高级计算机语言，应用软件也得到了极大的发展，使得计算机的使用更为简单方便。从第三代起，计算机开始进入到社会生活的方方面面。

4. 大规模和超大规模集成电路时代（1971 年至今）

从 20 世纪 70 年代中期至今，第四代计算机主要采用大规模集成电路（Large Scale Integration，LSI）和超大规模集成电路（Very Large Scale Integration，VLSI）作为基本逻辑部件，其特点是运算速度更快（达到每秒千万次到上亿次）。在系统结构方面，多处理器系统、分布式系统和计算机网络的研究进展迅速，此时微型计算机也应运而生，极大地提高了人们的工作效率。各种应用软件层出不穷，使得计算机的应用范围越来越广。

第四代计算机与第三代计算机相比，表面上是集成电路的集成度发生了数量上的变化，但在性能上却产生了质的飞跃。第四代计算机的出现进一步开拓了计算机应用的新领域，更重要的是半导体存储器终于取代了磁芯存储器作为主存储器。

5. 计算机的发展方向

以超大规模集成电路为基础，未来的计算机正在朝着巨型化、微型化、网络化、多媒体化和智能化的方向发展。

（1）巨型化

巨型化是指为了满足科学技术发展的需要，发展高运算速度、大存储容量和功能更加强大的巨型计算机。

（2）微型化

微型化是指采用更高集成度的大规模集成电路技术，将微型计算机的体积做得更小，使其应用领域更加广泛。

（3）网络化

网络化是对传统独立计算机概念的拓展，网络技术将分布在不同地点的计算机互连起来，实现资源共享、信息即时交换等。

（4）多媒体化

多媒体化是指利用计算机技术，将文字、声音、图形、图像和视频等多种媒体进行加工处理。目前，多媒体技术已经广泛应用于教育和娱乐等方面。

（5）智能化

智能化是指发展能够模拟人类智慧的计算机，这种计算机应该具有类似于人的感知、思维和自学能力。智能计算机也就是第五代计算机。

1.1.2　计算机的特点

计算机能够按照程序引导的步骤，对输入的数据进行加工、存储或传送，以获得人们所需要的输出信息。计算机主要具有以下基本特点。

1. 运算速度快

人们通常用每秒完成加法运算次数的多少来衡量计算机的运算速度。现在微型计算机的运算速度一般可以达到每秒数亿次，而大型机、巨型机则更快。例如，我国研制的"神威·太湖之光"超级计算机的运算速度已达到每秒 10 京次（1 京为 1 亿亿）。

2. 计算精度高

计算机的计算精度是其他计算工具无法比拟的。利用计算机可以计算出精确到小数点后200 万位的圆周率 π 值。高精度的计算，使计算机可以用于计算火箭发射轨道、预测气象信息等。

3. 存储容量大

计算机可以将信息存储在存储器中，存储器具有很强的存储能力。例如，一张普通软盘就能存储记录几十万字的内容，而 U 盘、光盘、硬盘的存储容量更大。

4. 具有逻辑判断能力

计算机不仅能够进行算术运算，也能够进行各种逻辑运算。它可以根据预先编制的程序，对不同的数据进行比较、判断，从而做出某种选择。逻辑判断能力使得计算机可以用于自动化控制。

5. 在程序控制下自动操作

现代计算机以冯·诺依曼的"存储程序原理"为模型，只要人们事先编制好程序并存储在计算机中，计算机就可以根据程序的要求自动执行操作，而无须人的干预。这是计算机区别于其他工具的本质特点。

1.1.3　计算机的分类

计算机的分类方法比较多，可以从不同角度、按不同类型对计算机进行分类。以下是 3种普遍采用的分类方法。

1．按功能和用途划分

按功能和用途划分，可以将计算机分为通用计算机和专用计算机两大类。专用计算机是为了某种特殊用途设计的，在这种用途下，专用计算机显得高效而经济。

例如，个人使用的便携式计算机（俗称"笔记本电脑"），属于通用计算机，而银行的自动取款机属于专用计算机。

2．按工作原理划分

按工作原理划分，可将计算机分为数字计算机、模拟计算机和混合计算机 3 大类。"数字"和"模拟"指计算机内部采用的运算量的形式，不同运算量的形式决定了计算机内部运算电路的不同。数字计算机采用不连续的数字量进行运算，模拟计算机采用连续的模拟量进行运算，混合计算机则将两者的优点结合起来，混合运用数字、模拟两种方式进行运算。

市场上主流的计算机都是数字计算机。

3．按性能和规模划分

按性能和规模划分，可将计算机划分为巨型机、大型机、小型机和微型计算机等等。

（1）巨型机

巨型机又称为超级计算机。一般巨型计算机的运算速度很高，每秒可执行几亿条指令，数据存储容量很大、规模大、结构复杂、价格昂贵。巨型机主要用于军事、气象、基因工程等尖端科学研究领域，它是衡量一个国家科学实力的重要标志之一。例如，我国的曙光系列和银河系列等都属于巨型机。

（2）大型机

大型机即传统的大、中型机，存在的时间已有 40 多年了，它具有很强的数据处理能力，运算速度相对较快。大型机主要应用于银行、科研机构、大专院校等需要复杂数据处理的领域。随着微型机运算能力的提高，一些企业逐渐用低成本的微型机替代大型机，大型机正受到高档微型计算机的冲击。

（3）小型机

小型机结构简单，成本较低，维护也较容易。小型机用途广泛，可用于科学计算和数据处理，也可用于生产过程自动控制和数据采集及分析处理等。目前，小型机也受到高档微型计算机的冲击。

（4）微型计算机

微型计算机也称为个人计算机，简称 PC。它采用微处理器、半导体存储器和输入 / 输出接口等芯片组成，使得它较之小型机体积更小，价格更低，灵活性更好，可靠性更高，使用更加方便。

例如，人们日常生活中使用的笔记本电脑和台式机都属于微型计算机。

1.1.4　计算机的应用

计算机之所以能够迅速发展，受益于计算机得到了广泛的应用。目前，计算机的应用已经渗透到人类社会生活的方方面面。概括起来，可将计算机的应用领域归纳为以下七大类：

1．科学计算

计算机计算具有快、准、精的特点，最早应用于科学计算，如弹道轨迹、天气预报、基因工程、地震预测等需要大量数据计算，而且要求无差错、精度高、无法用手工完成的计算领域。

2. 信息处理

20 世纪中期,计算机的应用范围推广到了数据信息的处理,并成为最大的应用领域。如今已经进入信息社会,使用计算机可以很方便地对各类信息进行采集、存储、分类、排序和加工等。企业可以通过计算机处理生产信息、财务信息、库存信息等;学校可以通过计算机管理学生的学籍档案和学习成绩等;企事业单位可以实现办公自动化(OA),节约办公成本。

3. 过程控制

由于计算机具有逻辑判断能力,所以从 20 世纪 60 年代起,计算机开始应用于工业生产过程的实时监测和自动控制,如数控机床的加工控制、激光手术刀的手术控制等。20 世纪 70 年代,计算机控制技术又逐步应用于军事,如对飞机、导弹的飞行控制等。

4. 计算机辅助系统

计算机辅助系统是利用计算机辅助完成不同类任务的系统的总称,主要包括如下方面。

(1)计算机辅助教学

计算机辅助教学(CAI,Computer Aided Instruction)可以起到辅导老师的作用,通过人 / 机交互方式帮助学生自学、自测,代替教师提供丰富的教学资料和各种问答方式,使教学内容生动形象、图文并茂。

(2)计算机辅助设计

计算机辅助设计(CAD,Computer Aided Design)是指通过计算机帮助各类设计人员进行设计,取代传统的从图纸设计到加工流程和调试的手工计算及操作过程。

(3)计算机辅助制造

计算机辅助制造(CAM,Computer Aided Manufacturing)是指利用计算机进行生产设备的管理、控制和操作的技术。使用计算机辅助制造可以提高产品质量、降低成本、缩短生产周期、降低劳动强度。

(4)计算机辅助测试(CAT,Computer Aided Testing)

计算机辅助测试是指利用计算机处理大批量的数据,完成各种复杂的测试工作的系统。

(5)计算机模拟

计算机模拟(CS,Computer Simulation)是指利用计算机模拟进行工程、产品、决策的试验、模拟军事演习以及模拟训练等。

5. 人工智能

人工智能(AI,Artificial Intelligence)是使计算机实现人类的某些能力,如感知、思维、推理和自我学习等。智能机器人、专家系统、自然语言理解等是人工智能的典型应用。

6. 嵌入式应用

嵌入式应用是指将计算机的核心部件嵌入到仪器、乐器、家用电器等装置中,取代原来的电路,使这些装置更小巧且功能更强。嵌入式应用的范围很广,例如,在医疗器械方面,如植入体内的心脏起搏器等;在家用电器方面,如模糊控制洗衣机等;在数码产品方面,如数码照相机等;另外,工业仪表已经广泛使用嵌入式计算机。

7. 电子商务

电子商务是一种新型的、非常流行的商业形态,简单地讲就是商务活动的电子化,通过网络实现企业生产的整个环节,包括在线订购、在线结算、在线客户服务等。电子商务可以大大降低企业的生产、销售成本，还可以突破时间和空间的限制。如今京东、淘宝网等都是人们熟悉的电子商务网站。

1.2 计算机系统组成

1.2.1 计算机系统组成概述

计算机系统由计算机硬件系统和软件系统两大部分组成。硬件系统和软件系统在计算机系统中相辅相成，是计算机系统组成中不可缺少的两大部分。

如果把硬件看作计算机的物质资源，那么软件就是指挥硬件工作以完成特定任务的指令集合。由此可见，计算机硬件是支持软件工作的基础，没有硬件支持，软件就无法工作。同样，如果没有软件，硬件就是毫无用途的机器。

1. 计算机硬件系统

计算机硬件系统是指计算机的有形部分，如元器件、电路板、鼠标、显示器、打印机等，是构成计算机的物理实体。

2. 计算机软件系统

计算机软件系统是指能使计算机完成各种不同操作的程序总和。软件包括程序及其说明文档，如使用手册、用户指南、说明书等。

一个完整的计算机系统组成如图 1-5 所示。

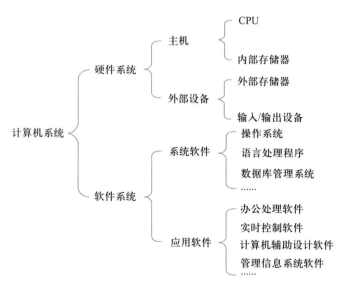

图 1-5　计算机系统组成

1.2.2 计算机的工作原理

1. 指令

指令就是被计算机理解并执行的一个最基本的操作命令。每一台计算机都

微课 1-1
计算机的工作原理

规定了一定数量的基本指令，这些指令的总和称为指令系统。不同类型的计算机拥有指令的种类和数目会有一些不同。

2. 程序

程序是为了完成某一特定任务而编写的一系列指令的集合。要让计算机完成某一个任务，必须预先编写好程序，然后将程序存储在计算机中。当计算机工作时必须再从计算机中取出这些已经存储的指令，按照顺序控制并执行每一条指令，直到程序的最后一条指令。当程序执行完毕后，任务也就完成了。

3. 程序存储原理

计算机要实现按照程序自动执行，不用人工干预，就必须有一种装置事先把指令存储起来。计算机在运算时，从中逐一取出指令，然后根据指令进行运算，这就是著名的"存储程序原理"。

存储程序原理是计算机自动连续工作的基础，是由冯·诺依曼在 1946 年提出并论证的理论。"存储程序"和"程序控制"是存储程序原理的核心思想，具有这一体系结构的计算机称为冯·诺依曼计算机。

存储程序原理的基本思想是：

① 采用二进制形式表示指令和数据。

② 将程序和数据事先存储在计算机的内部存储器中，使计算机在工作时能够自动、高速地从存储器中取出指令并加以执行。

③ 由运算器、控制器、存储器、输入设备和输出设备五大基本部件构成计算机的硬件系统，并规定了这五部分的基本功能，如图 1-6 所示。

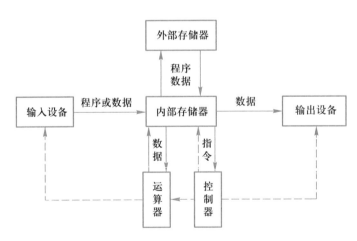

图 1-6　计算机硬件系统

1.2.3　计算机硬件系统

计算机的硬件系统是由运算器、控制器、存储器、输入设备和输出设备五大部件组成的，如图 1-6 所示。

1. 运算器

运算器又称算术逻辑部件，英文简称 ALU（Arithmetical Logistic Unit）。运算器的主要功能是执行算术和逻辑运算。算术运算包括加、减、乘、除及其复合运算。逻辑运算包括与、或、非以及逻辑判断和逻辑比较运算。

运算器的核心组成部分是加法器和寄存器。加法器用于运算，寄存器用于存储参加运算的各类数据及其运算结果。

2. 控制器

控制器是控制和指挥计算机的各个部件相互协调、共同完成特定任务的部件。在控制器的控制下，计算机能够自动、连续、有序地按照给定的指令进行工作。例如，某程序要从键盘（输入设备）输入数据时，控制器就向键盘发出控制信号，要求键盘接收数据。一旦完成一条指令的工作，控制器又会进一步发出控制信号，继续执行下一条指令。

3. 存储器

存储器是计算机的记忆装置，主要用来存储程序和各种数据。

存储器又分为内部存储器（又称主存储器、内存）和外部存储器（又称辅助存储器、辅存、外存）。

（1）内部存储器

内部存储器是直接和 CPU 进行数据交换的设备，是 CPU 的工作空间。内部存储器大都以半导体作为介质，具有存取速度快、存储容量小、价格贵的特点。

CPU（运算器、控制器）和内部存储器合起来称为主机。

按存取方式的不同，内存储器又分为随机存储器（Random Access Memory，RAM）和只读存储器（Read Only Memory，ROM）两大类。

① 随机存储器（RAM）。也称为读 / 写存储器，其特点是可以随时读出或写入数据，主要用于存放用户的程序和数据。RAM 中的信息随着电源的断开会全部丢失，因此又称为易失性存储器。

② 只读存储器（ROM）。其特点是对其中的信息只能读出，不能写入。因此，计算机厂商把一些计算机通用不变的程序和资料存储在 ROM 中，如计算机的管理程序、监控程序等，以保证 ROM 中的信息在断电时不会丢失。

（2）外部存储器

外部存储器用来存放当前不使用或要永久性保存的程序和数据，CPU 不能直接从中读取数据。相对于内部存储器，外部存储器具有容量大、存取速度慢、成本低和断电后数据不丢失等特点。外部存储器种类很多，如硬盘、软盘、光盘等。

（3）高速缓冲存储器

高速缓冲存储器（Cache），简称高缓，可以设置在 CPU 内部，是现在计算机中普遍采用的存储技术之一，用于使 CPU 与内存在存取速度上协调匹配。因为 Cache 速度高出内存数倍以上，系统将 CPU 将要存取的信息预先存入 Cache 中，等待 CPU 直接访问而不再花费大量时间去访问内存，从而提高了 CPU 的执行速度和系统效率。

4. 输入设备

输入设备是计算机用来接收用户输入的程序和数据的设备。其功能是将程序和数据等输入信息从人们熟悉的形式转换成计算机能接收的二进制形式，并输入到计算机的内存中。

常见的输入设备有键盘、鼠标和扫描仪等。

5. 输出设备

输出设备的作用是将计算机内存中的数据信息传送到外部媒介，并转化成人们所需要的表示形式。常用输出设备有显示器、打印机和绘图仪等。

输入 / 输出设备可写做 I/O 设备，常称为外部设备。

6. 硬件设备之间的工作流程

计算机的五大组成部分有明确的分工，它们相互协作完成数据的处理。图 1–6 表示了计算机硬件系统的工作流程（图中虚线部分表示的是控制器产生的控制信号），具体描述如下：

① 将原始数据或程序通过输入设备输入到内存中（有些数据是提前保存在硬盘等外部存储器中的，可以直接调入内存）。

② 程序执行时，控制器到内存中取出指令，对指令进行译码，并找到相应的操作数。控制器产生控制信号控制运算器进行相应的运算。

③ 运算器根据控制器发出的控制信号，到内存中取出数据，并进行相应的算术或逻辑运算，将运算结果再保存到内存中去，为数据的输出或永久保存做准备。

④ 当程序执行到要求输出数据的指令时，控制器控制输出设备，将内存中的数据送输出设备输出，或是送外部存储器长期保存。

由此可见，计算机的工作过程是在程序的统一指挥下，由控制器不停地取出指令、分析指令，产生相应的控制信号，来协调各部件的工作，从而完成各项任务。

1.2.4　计算机软件系统

软件是计算机系统的重要组成部分，是为了方便使用计算机和提高计算机使用效率而组织的程序，以及用于开发、使用和维护的相关文档。

软件种类繁多，按照功能的不同，可将其分为系统软件和应用软件两大类。

1. 系统软件

系统软件是指为了方便计算机硬件资源的使用和管理，为软件开发提供良好环境而必不可少的软件。

系统软件一般包括操作系统、语言处理软件、数据库管理系统等，其中最重要的是操作系统。

（1）操作系统

操作系统是管理、控制计算机系统的软、硬件和数据资源的大型程序。它负责协调计算机系统的各部分之间、系统与用户之间、用户与用户之间的关系，并提供用户与计算机之间的接口，为用户提供服务。

微机上使用的操作系统主要是单用户操作系统，根据用户界面的不同可分为以下两种：

① DOS 操作系统。字符界面，是一种单用户、单任务的操作系统，是 Windows 操作系统的前身，目前已经淡出市场。

② Windows 操作系统。图形界面，目前，比较流行的 Windows 系列包括 Windows 7、Windows 10 等，早期非常受用户欢迎的 Windows XP 已逐渐淡出市场。

（2）程序设计语言

计算机语言是人与计算机之间相互通信的工具。一般分为机器语言、汇编语言、高级语言和面向对象的程序设计语言。

① 机器语言。是可以直接被计算机识别，不需要翻译即可被计算机使用的语言。机器语言由二进制（0 和 1）的指令代码组成，执行效率高，但是这种语言难学、难懂，只能被

少数计算机专业人员所掌握。

② 汇编语言。是一种符号化的机器语言，用一组易记的符号代表一个机器指令。汇编语言中的一条指令一般与一条机器指令相对应。汇编语言比机器语言直观，容易理解，提高了程序设计的效率。值得注意的是，不同的计算机系统一般具有不同的汇编语言。

机器语言和汇编语言统称为低级语言。

③ 高级语言。与低级语言不同，高级语言采用比较接近人们习惯使用的自然语言和数学语言表示，因此易于学习和使用。

目前，比较流行的高级语言是 C 语言。

④ 面向对象的程序设计语言。传统的高级语言用户不仅要告诉计算机要"做什么"，而且要告诉计算机"怎么做"，即把每一步的操作先设想好，用高级语言编成程序，让计算机按照指定的步骤操作。而在面向对象的程序设计语言中，对象是数据及相关方法的软件实体，可以在程序中用软件中的对象来代表现实世界中的对象。

目前流行的面向对象的程序设计语言有 Java、C#、PHP 和 Python 等。

（3）语言处理程序

用高级语言和面向对象的语言编写出来的程序，计算机是不能直接识别和执行的，称其为源程序。要执行源程序，就要将其翻译成计算机能够识别和执行的二进制机器指令代码（目标程序），然后计算机才能执行。语言处理程序就是将计算机无法识别的源程序转换成计算机能够识别的语言的程序。

通常有两种转换形式。一种是"编译"，它是将源程序的所有指令一次性翻译成目标程序，然后由计算机一次性执行；另一种是"解释"，它将源程序的指令逐句翻译并由计算机逐句加以执行，因此解释执行不产生目标程序。

（4）数据库管理系统

数据库（Database）是管理数据的一种方式，它是按照一定的形式组织在一起的数据集合。

数据库管理系统（DataBase Management System，DBMS）是用来管理数据库的系统软件。它可以非常方便、安全地对数据库中的数据进行查询、排序、统计、汇总、删除和修改等处理。目前，市场流行的数据库管理系统有 MySQL、Oracle、SQL Server 等。

2. 应用软件

应用软件是为了完成某一专门的应用而开发的软件。常见的应用软件类型有办公处理软件、实时控制软件、计算机辅助设计软件、计算机辅助教学软件、娱乐软件等。例如，本书要介绍的 Word 2016 就是一种文字处理软件。

通过以上的讨论，可知计算机系统软件、硬件之间的关系描述如图 1-7 所示。从用户的角度观察，处于系统最下层的是硬件，紧挨着硬件部分的是操作系统，再往上面依次是其他系统软件和各种应用软件，用户处于最高层。不难看出，越往上距离硬件越远，所需的专业知识越少，使用也就会越加方便。绝大多数用户主要与应用软件打交道，但也能直接使用操作系统和其他系统软件。所有的上层软件都只能通过操作系统来使用硬件资源。

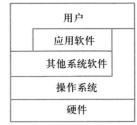

图 1-7　硬件、软件的层次关系

1.2.5　微型计算机

微型计算机（Personal Computer）简称 PC 或电脑。自 20 世纪 80 年代以来，PC 发展迅速，已经成为现代信息社会的一个重要标志。目前，在办公室、家庭看到和使用最多的都是 PC。

从外观上看，PC 由主机、显示器、键盘、鼠标等组成，如图 1-8 所示。主机包括了 PC 的大部分功能部件，包括 CPU、主板、内存、显卡、硬盘、光驱等。

图 1-8　台式 PC 组成

1. 主板

主板（Mainboard）又称母板（Motherboard），是机箱里最大的一块集成电路板，如图 1-9 和图 1-10 所示。主板上最显眼的是一排排的插槽，它们颜色各异、长短不一。显卡、内存条等设备就是通过插在这些插槽里与主板联系起来的。主板上有一个方形的 CPU 插座，用来安装 CPU。除此之外，主板上还有各种元器件和接口，它们将机箱内的各种设备连接起来。

图 1-9　主板的正面   图 1-10　主板的侧面

如果说 CPU 是计算机的"心脏"，那么主板就是"血管"和"神经"。有了主板，CPU 才能控制硬盘、软驱等周边设备。主板的侧面还有很多形状不同的 I/O 接口，用来连接鼠标、键盘等外设。可见主板是计算机中的连接部件。所以主板的性能对整机的性能有很大的影响，如果主板的性能不高，那么系统中各个部件也很难最大限度地发挥功能并保持协调一致的工作。

2. 中央处理器

中央处理器（Central Processing Unit，CPU）简称为微处理器，它是大规模集成电路技术发展的产物。通过超大规模集成电路制作工艺，将传统计算机中的控制器和运算器集成在一块芯片上，就形成了微处理器芯片。CPU 是微型计算机的核心部件，微型计算机的运算处理和控制指令都是由 CPU 发出并完成的。

微处理器一经问世，就以体积小、重量轻、价格低、可靠性高和适应性强等优点获得广泛应用。微处理器按其处理信息的能力，经历了从 4 位到 8 位，8 位到 16 位，再到目前 32 位及 64 位微处理器的发展阶段。

主频是 CPU 的主要性能指标，它表示 CPU 内部时钟的频率，以 Hz 为单位。主频越高，CPU 的处理速度越快。例如，"11 代酷睿 i7 处理器 2.80 GHz"，表示的是英特尔（Intel）公司的第 11 代酷睿产品，主频是 2.8 GHz，即时钟频率为 2.8×2^{30} Hz。

3. 主存储器

主存储器简称主存、内存。PC 的内存是直插式内存条，将 DRAM 芯片做在一个线路板上，使用时直接插到主板的内存插槽上，如图 1-11 所示。现在的主板一般都有 2~4 个内存插槽。用户如果需要增加内存容量，可以购买内存条并通过主板上的内存插槽进行扩充。

内存容量是内存的重要性能指标，单位一般为 GB。内存容量越大，所能运行的软件就越丰富，运算速度也相应提高。

目前，市场上内存条的容量一般在 2 GB~16 GB。

4. 外部存储器

外部存储器是外部设备的一部分，也称为辅助存储器，用于存放当前不使用或要永久保存的程序或数据。外部存储器只能直接与内存交换数据，而不能被 CPU 直接访问。

PC 常见的外部存储器主要硬盘和闪存。

（1）硬盘

硬盘（Hard Disk Driver）是一种非常重要的外部存储器，PC 的操作系统等所有程序和数据都存放在硬盘上，硬盘堪称是 PC 的仓库。

硬盘分为传统的机械硬盘和固态硬盘。

① 传统机械硬盘。从外观上看，它就像一个铁块，正面有硬盘参数和生产商介绍，背面是一块电路板，侧面有电源接口和数据线接口，如图 1-12 所示。

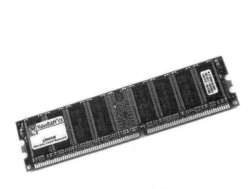

图 1-11　内存条　　　　　　　　　　　　　　图 1-12　硬盘驱动器

硬盘的主要部件包括盘片、磁头小车、主轴电机、伺服电机和控制电路等。硬盘的盘片一般采用金属铝做盘基，然后涂上磁质材料，可以存储数据。盘片上伸出的像手臂一样的东西称为磁头小车。磁头小车的前端安放着磁头，磁头是成对出现的，对称分布在盘片的两面。通电后主轴电机带动盘片高速旋转，同时伺服电机控制磁头小车做扇形的左右摆动；当要读取数据时，控制电路会使磁头小车准确定位到存储数据的那个磁道，磁头就可以读取数据。

硬盘的性能指标主要有平均寻道时间、内部传输速率、转速和存储容量等。平均寻道时间和内部传输速率都与硬盘的转速有关。一般认为转速越快，平均寻道时间就越短，内部传输速率也就越快。目前，主流的硬盘转速有 5 400 r/min（转 / 分钟）、7 200 r/min 甚至达10 000 r/min。

硬盘每个存储面划分成若干个磁道，每个磁道划分成若干个扇区。硬盘往往有多张盘片，也有多个磁头，每个存储面的同一磁道就构成了一个圆柱面。

② 固态硬盘（Solid State Disk 或 Solid State Drive，简称 SSD）。固态硬盘的接口规范和定义、功能及使用方法上与普通硬盘几近相同，外形和尺寸也基本与普通的 2.5 英寸硬盘一致。

固态硬盘具有传统机械硬盘不具备的快速读写、质量轻、能耗低以及体积小等特点，同时其劣势也较为明显。尽管国际数据公司（IDC）认为 SSD 已经进入存储市场的主流行列，但其价格仍较为昂贵，容量较低，一旦硬件损坏，数据较难恢复等；并且亦有人认为固态硬盘的耐用性（寿命）相对较短。

由于 SSD 与普通磁盘的设计及数据读写原理的不同，使得其内部的构造亦有很大的不同。一般而言，固态硬盘（SSD）的构造较为简单，并且也可拆开。

（2）闪存

闪存（Flash Memory Disk）的实际名称为非易失性随机访问存储器。从结构上说，闪存应该归类于内存，是近年来发展迅速的内存。其显著的特点是断电后数据不消失，因此可以作为外部存储器使用。此外，闪存还有随机读取速度快、功耗低和稳定性高的特点。

目前，闪存在移动存储设备、数码产品中得到了广泛应用，如 U 盘（图 1–13）、移动硬盘、MP3 播放器、手机存储卡等，都是采用闪存来存储数据的。

图 1–13   U 盘

5. I/O 总线

I/O 总线是一组公用信号线，是外围设备与内存、CPU 之间传送信息的通道。根据总线传输信号的不同，将 I/O 总线分成三类。

① 数据线：负责在 CPU、内存、I/O 设备之间进行数据交换。

② 地址线：负责传送地址信息。

③ 控制线：负责传送各种控制信息。

6. 输入 / 输出接口

输入 / 输出接口也称 I/O 接口，是 PC 与外界通信的管道。一方面，信息数据必须通过输入设备输送到计算机中；另一方面，经过 CPU 加工处理的结果（如果需要的话）又必须通过输出设备进行输出。

常用的 I/O 接口有显卡、声卡、网卡、串行口卡、并行口卡接口等。

7. 典型的输入 / 输出设备

输入 / 输出设备简称 I/O 设备，是 PC 与外界进行信息交换的设备。典型的输入 / 输出设备主要指键盘、鼠标、显示器和打印机。

（1）键盘

键盘（Keyboard）是 PC 的标准输入设备，用来输入中英文字符、特殊符号等。标准键盘有 101 键，另外为了配合 Windows 操作，还有 104 键和 107 键的键盘。

（2）鼠标

在 Windows 时代，鼠标（Mouse）也是一种不可缺少的输入设备。通过鼠标可以很方便地完成图形界面的各种操作。

鼠标有机械式和光电式两种。机械式鼠标底部有个圆球，当移动鼠标时，屏幕上的光标就随之移动，实现定位。光电式鼠标通电后，会发出光线，它的底部是一个光电感应设备，利用光学定位系统来完成鼠标定位。

（3）显示器

PC 显示系统要解决的问题是如何把计算机中经过处理的信息数据（二进制数）以用户熟悉的形式显示出来。为了解决这个问题，需要有两种设备，即显卡（Video card）和显示器（Monitor），如图 1-14 和图 1-15 所示。

CRT　　　　　LCD

图 1-14　显卡　　　　　　　　　　　图 1-15　显示器

显卡又称显示适配器，其作用是将 CPU 送来的图形信号，经过处理后输出到显示器上进行显示。显卡的核心部件是显示芯片，用来处理图形数据。显卡也有存储单元，称为显存，用来存储显示芯片处理的图形数据。显示芯片的工作频率和显存的大小、频率决定了显卡性能的高低。显卡一般以附加卡的形式插在主板的 AGP 或 PCI-E 插槽上。如果需要专门处理图形图像，可以购买独立显卡，性能会更好。目前很多的主板支持集成显卡，即只在主板上集成一个显示芯片，用来完成显卡的功能，虽然性能相对弱一些，但也足以应付一般的应用了。对一般家庭使用来说，这也是一个比较经济的选择方案。

显示器是 PC 的标准输出设备，如图 1-15 所示。显卡处理的图形数据，必须要和显示器连接，才能完成数据显示的功能。根据显示器显像的原理，将显示器分成阴极射线管显示器（CRT）和液晶显示器（LCD）两类。

（4）打印机

打印机是 PC 的另一重要输出设备，利用它可以将信息数据在纸张上打印输出。

按照工作原理的不同，可将打印机分为击打式和非击打式打印机。

击打式打印机类似于用复写纸复写资料，靠打印针或字模击打色带，在纸张上留下印迹。

针式打印机是典型的击打式打印机。

非击打式打印机则是靠热敏、喷墨、激光等技术进行打印，喷墨打印机和激光打印机都属于非击打式打印机。

如图 1-16 所示，分别为针式打印机、喷墨打印机和激光打印机。

(a) 针式打印机   (b) 喷墨打印机   (c) 激光打印机

图 1-16   打印机

针式打印机通常速度慢、噪声大，但价格和使用成本都很低，而且可以打印大幅面纸张。一般适用于票据打印、多联打印等场合。

喷墨打印机价格便宜、体积小、打印质量较高、色彩还原能力强。不足之处是对纸张要求非常高，墨水消耗量大，喷墨口容易堵塞。一般主要用来进行彩色打印。

激光打印机具有打印质量高、速度快、噪声小等优点。不足之处是价格和使用成本都比较高。

（5）扫描仪

扫描仪是 PC 上经常使用的另一种输入设备，广泛用于现代办公领域，如图 1-17 所示。扫描仪是利用扫描技术，将照片、纸质文件等信息经扫描后输入并转换成 CPU 能够处理的形式，或由 PC 提交给打印机打印输出。

图 1-17   扫描仪

数据表示与
信息编码

PPT

1.3   数据表示与信息编码

数据在计算机中都是以二进制形式来表示和存储的。计算机不仅能够对参加算术逻辑运算的数值数据进行处理，还能够对大量的非数值数据（如英文字母、汉字等）进行处理。要了解计算机如何处理数值和非数值数据，就要知道有关数制和编码的概念。

1.3.1   数据的常用存储单位

1. 位

位（bit）也称比特，是计算机中最小的数据单位，是二进制的一个数字，如 0 或 1，用 bit 或 b 表示。

2. 字节

字节（Byte）是计算机中用来表示存储器空间大小的最基本的容量单位，用 Byte 或大写 B 表示。例如，计算机中内存的存储容量、磁盘的存储容量等都是以字节为单位表示的。

除了以字节为单位表示存储器的容量外，还可以用千字节（KB）、兆字节（MB）、吉字节（GB）和太字节（TB）来表示存储器的容量。它们之间的换算关系是：

1 B=8 bit

1 KB=1 024 B=2^{10} B

1 MB=1 024 KB=2^{20} B

1 GB=1 024 MB=2^{30} B

1 TB=1 024 GB=2^{40} B

1.3.2 数值数据的表示

1. 进位计数制

数制是用一组固定的数码符号和一套统一的规则来表示数值的方法。日常生活中，人们习惯使用的是十进制，而在计算机中使用的是二进制。此外，还有八进制和十六进制。

数制有以下特点：

（1）使用一组固定的单一数字符号来表示数目的大小

例如：

① 十进制数有 0~9 共 10 个阿拉伯数字符号。

② 二进制数有 0、1 共 2 个数字符号。

③ 八进制数有 0~7 共 8 个数字符号。

④ 十六进制数有 0~9、A~F 共 16 个数字符号。

（2）有统一的规则

以 N 为基数，逢 N 进一。例如：

① 十进制是以 10 为基数，逢十进一。

② 二进制是以 2 为基数，逢二进一。

③ 八进制以 8 为基数，逢八进一。

④ 十六进制以 16 为基数，逢十六进一。

（3）权值大小不同

处在某一位置上的数字符号，它所代表的数值大小用权来表示。例如：

① 十进制数 101.1 可以表示为：$1 \times 10^2+0 \times 10^1+1 \times 10^0+1 \times 10^{-1}$。

② 二进制数 101.1 可以表示为：$1 \times 2^2+0 \times 2^1+1 \times 2^0+1 \times 2^{-1}$。

③ 八进制数 101.1 可以表示为：$1 \times 8^2+0 \times 8^1+1 \times 8^0+1 \times 8^{-1}$。

④ 十六进制数 101.1 可以表示为：$1 \times 16^2+0 \times 16^1+1 \times 16^0+1 \times 16^{-1}$。

其中的 10^2、10^1、10^0、10^{-1}、2^2、2^1、2^0、2^{-1}、8^2、8^1、8^0、8^{-1}、16^2、16^1、16^0、16^{-1} 称为权，每一位数的数字符号乘以它的权即得到该位数的数值。

为了区分不同的进制数，便于书写，可以将数制的基数以下标的形式写在数的右下方，例如：

十进制数 101.1 可记为：$(101.1)_{10}$。

二进制数 101.1 可记为：（ 101.1 ）$_2$。

八进制数 101.1 可记为：（ 101.1 ）$_8$。

十六进制数 101.1 可记为：（ 101.1 ）$_{16}$。

还可以用 B、Q、D、H 分别表示二、八、十和十六进制，写于数的后面。如上面各个进制数可依次记为：101.1D、101.1B、101.1Q、101.1H。

默认表示的数为十进制数。例如 101.1，表示的是十进制数。

（4）常用的数制对应表

十进制数 0~15 对应的二进制、八进制和十六进制数见表 1-1。

表 1-1   进制对应表

十进制	二进制	八进制	十六进制	十进制	二进制	八进制	十六进制
0	0	0	0	8	1000	10	8
1	1	1	1	9	1001	11	9
2	10	2	2	10	1010	12	A
3	11	3	3	11	1011	13	B
4	100	4	4	12	1100	14	C
5	101	5	5	13	1101	15	D
6	110	6	6	14	1110	16	E
7	111	7	7	15	1111	17	F

2. 数据在计算机中的表示

由于二进制数只有 0、1 两个基本数字，这两个状态正好与计算机中电子器件的物理现象一致。例如，电平的高与低、晶体管的导通与截止、逻辑代数中的"真"与"假"等，所以二进制数在电子技术上比较容易实现。因此，数据在计算机内部都采用二进制表示。

二进制的特性主要表现为：

微课 1-2

二进制、八进制和十六进制转十进制

① 可行性：二进制数的实现最为容易。

② 可靠性：二进制数只有两个状态，数字的转移和处理不易出错。

③ 简易性：二进制的运算法则简单。

④ 逻辑性：二进制的 1、0 两个代码，正好可以代表逻辑代数的"真""假"。

3. 进制之间的转换

数制只是数的表示方法，每一个数都可以用不同的进制表示，不同的进制之间也可以相互转换。

（1）二进制、八进制和十六进制数转换为十进制数

方法："按权展开、累加求和"。

微课 1-3

十进制转二进制、八进制和十六进制

$$（ 11010110 ）_2=1 \times 2^7+1 \times 2^6+0 \times 2^5+1 \times 2^4+0 \times 2^3+1 \times 2^2+1 \times 2^1+0 \times 2^0$$
$$=128+64+16+4+2$$
$$=（ 214 ）_{10}$$
$$（ 351 ）_8=3 \times 8^2+5 \times 8^1+1 \times 8^0=192+40+1=（ 233 ）_{10}$$
$$（ 3F6 ）_{16}=3 \times 16^2+15 \times 16^1+6 \times 16^0=768+240+6=（ 1014 ）_{10}$$

（2）十进制整数转换为二进制、八进制和十六进制整数

方法："除以基取余法"。

将某进制整数除以要转换进制的基数，将余数取出；商继续除以基数，重复上述过程，直到商为 0 为止。

以十进制转换为二进制为例，将十进制数 106 转换为二进制，步骤如下：

```
2 | 106        0  ↑
   2 | 53       1
      2 | 26     0
         2 | 13   1
            2 | 6  0
               2 | 3  1
                  2 | 1  1
                     0
```

因此，$(106)_{10}=(1101010)_2$。

> 📖 注意：
>
> 在书写的时候由下向上。

十进制转换为八进制和十六进制的方法步骤基本一致，不再赘述。

（3）十进制小数转换为二进制、八进制和十六进制小数

方法："乘以基取整法"。

将某进制小数乘以要转换进制的基数，将乘积的整数部分取出；小数部分继续乘以基数，重复上述过程，直到积为 0 或者达到要求的精度为止（有些小数部分的乘积永远不会为 0）。

以十进制小数转换为二进制小数为例说明，十进制小数 0.625 转换为二进制小数步骤如下：

```
    0.625
  ×   2
    1.250      1  ↓
    0.25
  ×   2
    0.50       0
    0.50
  ×   2
    1.0        1
```

因此，$(0.625)_{10}=(0.101)_2$。

微课 1-4
十进制小数转二进制、八进制和十六进制

> 📖 注意：
>
> 在书写的时候由上向下。

十进制小数转换为八进制、十六进制小数的方法与此类似。

（4）二进制转换为八进制和十六进制

微课 1-5
二进制转为八进制和十六进制

① 二进制数转换为八进制数。

• 整数部分：从低位向高位每 3 位一组，高位不足 3 位用 0 补足 3 位，然后分别将 3 位一组的二进制数转换为一位八进制数。

• 小数部分：从高位向低位每 3 位一组，低位不足 3 位用 0 补足 3 位，然后分别将 3 位一组的二进制数转换为一位八进制数。

例如：$(11101010.11)_2 = (011\quad 101\quad 010.\quad 110)_2 = (352.6)_8$

② 二进制数转换为十六进制数。

• 整数部分：从低位向高位每 4 位一组，高位不足 4 位用 0 补足 4 位，然后分别将 4 位一组的二进制数转换为一位十六进制数。

微课 1-6
八进制和十六进制转二进制

微课 1-7
八进制与十六进制互换

• 小数部分：从高位向低位每 4 位一组，低位不足 4 位用 0 补足 4 位，然后分别将 4 位一组的二进制数转换为一位十六进制数。

例如：$(1101101110.101)_2 = (0011\quad 0110\quad 1110.\quad 1010)_2 = (36E.A)_{16}$

（5）八进制和十六进制转换为二进制

与二进制数转换为八进制和十六进制数的方法相反。

将八进制数（十六进制数）的每一位，用相应的 3 位（4 位）二进制数代替即可。

例如：$(1CF.6)_{16} = (0001\quad 1100\quad 1111.\quad 0110)_2 = (111001111.0110)_2$

$\quad\quad (362.5)_8 = (011\quad 110\quad 010.\quad 101)_2 = (11110010.101)_2$

（6）八进制和十六进制之间的转换

可以通过二进制过渡，先将待转换的八进制数（十六进制数）转化为二进制，将得到的二进制数再转换为十六进制数（八进制数）。

例如：$(362.5)_8 = (011\quad 110\quad 010.\quad 101)_2 = (1111\quad 0010.\quad 1010)_2 = (F2.A)_{16}$

1.3.3　字符数据的表示

数值数据只是计算机所处理数据的一种类型，另一种数据类型为字符数据，如英文字母、标点符号、特殊字符、图形符号等。将字符数据按照约定的规则，用二进制编码的形式在计算机中表示出来，称为字符数据编码。目前，最通用的字符数据编码是 ASCII 码。另外，Unicode 在 Internet 和 Windows 中也有着广泛的应用。

1. ASCII 码

ASCII 码即美国信息交换标准码（American Standard Code for Information Interchange），它含字母、数字字符和多种符号。

ASCII 编码有两种版本，即标准的 ASCII 码和扩展的 ASCII 码。

（1）标准 ASCII 码

标准 ASCII 码用一个字节（8 位）表示一个字符，但是最高位并未使用，被置为 0，只用低 7 位表示 128 个（$2^7=128$）字符。其包括 10 个阿拉伯数字、26 个大写英文字母、26 个小写英文字母、32 个标点及运算符号和 34 个控制符号。

128 个字符按照一定的顺序排列在一起，构成了 ASCII 表，见附录。ASCII 码中每一个字符所对应的二进制数 $d_6d_5d_4d_3d_2d_1d_0$，称为该字符的 ASCII 码值，其范围是 0~127。例如，数字字符 0 的 ASCII 码值是 0110000B，即十进制数 48；大写字母 A 的 ASCII 码值是

1000001B，即十进制数 65。

ASCII 码值的大小规律是：（a~z）>（A~Z）>（0~9）> 空格 > 控制符。

（2）扩展 ASCII 码

扩展 ASCII 码是将标准 ASCII 码最高位置为 1，用完整的 8 位二进制数的编码形式表示一个字符，总共可以表示 256 个字符。其中扩展部分的 ASCII 码值范围为 128~255，共 128 个字符，通常被定义为一些图形符号。

2. Unicode

Unicode 是统一字符集，也称大字符集。采用 16 位编码方案，可表示 65 000 多个不同的字符。如此之大，足以涵盖世界所有通用语言的所有字母和数千种符号。

1.3.4 汉字字符的表示

英文是拼音文字，基本符号比较少，编码比较容易。因此，在计算机系统中，输入、内部处理、存储和输出都可以使用 ASCII 码完成。汉字字符繁多，编码比拼音文字困难，因此在不同的场合要使用不同的编码。根据汉字输入、处理、输出的过程，通常有四种类型的编码，即国标码、输入码、内码、字形码。

1. 国标码

《信息交换用汉字编码字符集—基本集》（GB 2312-1980）是我国在 1980 年制定颁布的汉字编码国家标准，简称为国标码。国标码是国家规定的用于汉字信息处理的代码依据。

国标码收集了 6 763 个汉字，按照汉字出现的频度，将它们分为一级汉字 3 755 个和二级汉字 3 008 个。其中一级汉字按拼音排序，二级汉字按部首排序。

国标码用两个字节表示一个汉字，每个字节只使用低 7 位，高位为 0，分别表示一个汉字所在的区和位。

2. 输入码

汉字的输入码又称汉字外码，是指从键盘将汉字输入到计算机时使用的编码。输入码主要可以分为数字编码、拼音编码和字形编码三类。

（1）数字编码

常用的数字编码是国标区位码。区位码的特点是编码方法简单，码与字一一对应，无重码。但因记忆困难，虽然 Windows 操作系统中自带有中文区位码输入法，但很少有人使用。

（2）拼音编码

拼音编码是按照汉字的拼音来输入汉字的。这种方法简单易学，但是由于汉字同音字太多，输入后一般要进行选择，输入速度较慢。搜狗输入法，就是拼音编码，其他常用的拼音编码还有讯飞输入法、微软拼音等。

（3）字形编码

字形编码是以汉字的形状确定的编码。汉字都有一定的偏旁和部首，字形编码将这些偏旁部首用字母或数字进行编码。字形编码的重码率低，输入速度快，但是要熟记偏旁部首的编码，还要合理地将汉字拆分为一定的偏旁部首，所以字形码比较难学。典型的字形编码是五笔字型。

3. 内码

内码是在计算机内部处理汉字时使用的编码。内码采用变形的国标码，即将国标码两字节的最高位由 0 改为 1，其余 7 位不变。

如"保"字的国标码为 3123H，前字节为 00110001B，后字节为 00100011B，高位改成
1 后得到：10110001B 和 10100011B，转换成十六进制就得到"保"的内码为 B1A3H。

4. 字形码

汉字的字形码是汉字字库中存储的汉字字形的数字化信
息，用于汉字的显示和打印。汉字字库是汉字字形库的简称，
是汉字字形数字化后以二进制文件形式存储在存储器而形成的
汉字字模库。如汉字"跑"的字形码如图 1-18 所示。

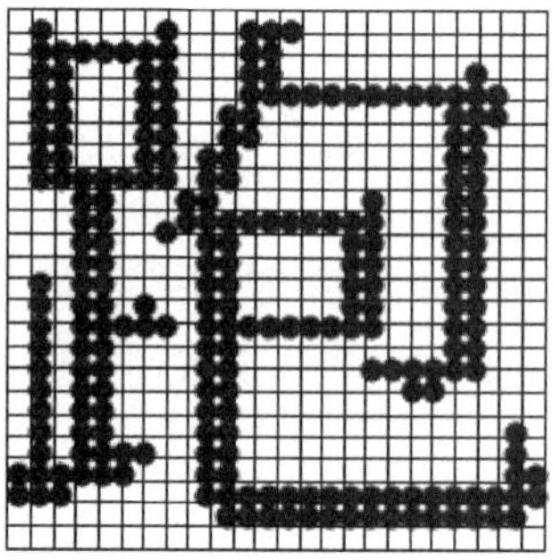

在汉字输入时，首先由输入码将其转换成相应的内码；根
据内码，找到其字模信息在汉字字库中的位置；然后取出该字
的字模信息，输出到屏幕上显示或打印机上打印。

汉字字形库可以用点阵或矢量来表示，目前大多采用点阵
方式。

字形点阵主要有 16×16 点阵、24×24 点阵、32×32 点阵、

图 1-18 汉字"跑"的
24×24 字形点阵

48×48 点阵、128×128 点阵及 256×256 点阵等。点阵数越大，
字形质量越高。但因点阵中每个点的信息要用一位二进制位来表示，所以随着点阵数的增
大，字形码占用的字节数也相应增大。如 16×16 点阵的字形码，每个汉字占用的存储空间
为 32 B（16×16/8=32）；而 24×24 点阵的字形码则需要 72 B（24×24/8=72）的存储空间。

1.4 计算机系统的性能指标

计算机性能的优劣是由计算机系统软、硬件配置的综合条件决定的。因此，
对系统性能的评价，也不可能取决于某一个特定的对象性能的好与坏。通常，
可以通过以下几个指标加以评估。

1. 字长

字长是 CPU 一次可以处理的二进制位数。字长主要影响计算机的精度和速度。字长有 8
位、16 位、32 位和 64 位等。字长越长，表示一次读/写和处理的数的范围越大，处理数据
的速度越快，计算精度越高。最新的 CPU 可以处理 64 位的字长。

2. 运算速度

运算速度是衡量计算机性能的一项重要指标。运算速度是指计算机进行数值运算的快慢
程度，一般用每秒执行加法的次数来衡量，单位为 MIPS（百万条指令/秒）。

3. 主频

主频是 CPU 工作的时钟频率，指 CPU 在单位时间内工作的脉冲数。一般来说，主频越高，
运算速度就越快。

4. 内存容量

计算机内存的存储单元总数，称为内存容量。内存直接和 CPU 交换数据，因此内存容
量大则可以运行大型复杂的程序，并可存放较多的数据，减少 CPU 和外存交换数据的次数，
从而提高程序运行的速度。

5. 可靠性

可靠性通常用平均无故障工作时间（MTBF）来表示。这里的故障主要指硬件故障，不

是指软件误操作引起的失败。

以上是影响和评价计算机性能优劣的主要衡量指标。

6. 外存容量

外存容量通常指硬盘的容量，硬盘容量越大，可供存储信息数据的空间就越大。如果外存储器容量过小，也会造成计算机性能的下降。

7. 外部设备配置

这是指一套计算机系统配置的外部设备和它们的性能指标，如键盘、打印机等。如果配置的外设种类齐全、性能稳定，计算机就能更快、更稳定地工作，能够处理的任务也就更复杂。

8. 软件配置

软件配置主要是指计算机配置的操作系统、高级语言及应用软件的情况。很显然，Windows 10 操作系统，使用起来要比 Windows 7 更安全、方便、稳定。

此外，性价比、兼容性（包括数据和文件的兼容、程序兼容、系统兼容和设备兼容）、可维护性、机器允许配置的外部设备的最大数目、系统的汉字处理能力、数据库管理系统及网络功能等也都会对计算机系统的性能有一定的影响。

本 章 小 结

计算机是人类最伟大的发明之一，通常所说的计算机是指电子数字计算机。微型计算机简称微机或 PC。计算机已经广泛地应用到各行各业之中，其主要特点是运算速度快、计算精度高、存储容量大、具有逻辑判断能力和在程序控制下的自动操作。计算机系统包括硬件系统和软件系统两大部分。硬件系统和软件系统的关系是"芯"和"魂"的关系。

习　题　1

单项选择题

1. 某同学最近购买了一台笔记本电脑，这台电脑属于（　　）。

　　A. 微型计算机　　　　B. 小型计算机　　　　C. 超级计算机　　　　D. 巨型计算机

2. 使用计算机计算圆周率可以达到小数点后 1 000 多位，这主要体现的是计算机具有（　　）的特点。

　　A. 运算速度快　　　　　　　　　　　　B. 运算精度高

　　C. 具有逻辑判断能力　　　　　　　　　D. 具有记忆功能

3. 在工业生产过程中，计算机能够对"控制对象"进行自动控制和自动调节，如生产过程化、过程仿真、过程控制等。这属于计算机应用中的（　　）。

　　A. 数据处理　　　　B. 自动控制　　　　C. 科学计算　　　　D. 人工智能

4. 微型计算机主机的组成部分是（　　）。

　　A. 运算器和控制器　　　　　　　　　　B. 中央处理器和内存储器

　　C. 运算器和外设　　　　　　　　　　　D. 运算器和存储器

5. 按计算机的用途不同，计算机可以分为（　　）。

A. 单片机和微机   B. 专用机和通用机

C. 模拟机和数字机   D. 工业控制机和单片机

6. 现代计算机之所以能够自动、连续地进行数据处理，主要是因为（   ）。

A. 采用了开关电路   B. 采用了半导体器件

C. 采用了二进制   D. 具有存储和自动执行程序的功能

7. 微型计算机的发展是以（   ）技术为特征标志。

A. 操作系统   B. 微处理器   C. 磁盘   D. 逻辑部件

8. "64 位微型计算机"中的"64"指的是（   ）。

A. 微机型号   B. 内存容量   C. 运算速度   D. 计算机的字长

9. （   ）是控制和管理计算机硬件和软件资源、合理地组织计算机工作流程、方便用户使用的程序集合。

A. 操作系统   B. 监控系统   C. 应用系统   D. 编译系统

10. ROM 与 RAM 的主要区别是（   ）。

A. ROM 是内存储器，RAM 是外存储器

B. ROM 是外存储器，RAM 是内存储器

C. 断电后，ROM 内保存的信息会丢失，而 RAM 中的信息不会丢失

D. 断电后，RAM 内保存的信息会丢失，而 ROM 中的信息不会丢失

11. U 盘被写保护后，（   ）。

A. 只能读文件   B. 只能写文件

C. 不能读也不能写   D. 既能读文件也能写文件

12. 计算机有多种技术指标，其中决定计算机计算精度的是（   ）。

A. 运算速度   B. 进位数制   C. 存储容量   D. 字长

13. 能直接被计算机识别或执行的计算机编程语言是（   ）。

A. 自然语言   B. 汇编语言   C. 机器语言   D. 高级语言

14. 在下列字符中，其 ASCII 码值最大的一个是（   ）。

A. 8   B. H   C. a   D. h

15. 在下列一组数中，数值最小的是（   ）。

A. $(1789)_{10}$ B. $(1FF)_{16}$ C. $(10100001)_2$ D. $(227)_8$

第 **2** 章

Windows 10 和华为鸿蒙系统

【本章工作任务】

✓ 熟练操作 Windows 10 基本操作
✓ 熟练掌握文件、文件夹的概念及相关操作
✓ 熟练掌握控制面板等系统设置
✓ 了解华为鸿蒙系统的发展和意义

【本章知识目标】

✓ 了解操作系统的基本概念
✓ 熟悉 Windows 10 操作系统新特性
✓ 掌握文件与文件夹管理方式
✓ 了解华为鸿蒙系统的发展和特点

【本章技能目标】

✓ 熟悉 Windows 10 窗口的组成及操作
✓ 掌握 Windows 10 系统个性化设置
✓ 熟练掌握 Windows 10 桌面组成、开始菜单和任务栏
✓ 熟练掌握文件及文件夹的概念、操作
✓ 掌握鼠标与键盘的操作和设置

【本章重点难点】

✓ 文件、文件夹的相关操作
✓ 文件资源管理器的使用
✓ 控制面板等系统设置

操作系统是安装到计算机中的第一款系统软件，学习和掌握操作系统的基本操作，可以帮助用户更好地管理计算机中各种软件、硬件资源，使计算机能更好地为用户提供服务。Windows 10 是美国微软公司所研发的新一代跨平台及设备应用的操作系统。本章主要介绍中文 Windows 10 操作系统的全新特性、基本概念、基本操作、文件及文件夹的管理、设置与控制面板的使用、应用程序的管理等。

Windows 10
的全新体验

PPT

2.1　Windows 10 的全新体验

作为当前市场占有率最为广泛的操作系统系列，微软公司的 Windows 操作系统一直以来深受全球各个国家和地区用户的喜爱，获得了不俗的口碑。为紧随时代发展，2015 年 7 月 29 日，微软公司正式发布了 Windows 10。

2.1.1　Windows 10 系统的版本和特征

1. Windows 10 系统的版本

Windows 10 目前被划分为 7 个版本，分别对应不同的用户和需求，常用的版本如下。

（1）家庭版（Windows 10 Home）

家庭版主要面向大部分的普通用户，人们通常购买的基本上都是预装的家庭版系统。该版本支持 PC、平板、笔记本电脑、二合一计算机等各种设备。

（2）专业版（Windows 10 Professional）

Windows 10 专业版主要面向计算机技术爱好者和企业技术人员，除了拥有 Windows 10 家庭版所包含的应用商店、Edge 浏览器、Cortana 娜娜语音助手以及 Windows Hello 等之外，还新增加了一些安全类和办公类功能，如允许用户管理设备及应用、保护敏感企业数据、云技术支持等。

（3）企业版（Windows 10 Enterprise）

Windows 10 企业版在提供全部专业版商务功能的基础上，还新增了特别为大型企业设计的强大功能。包括无须 VPN 即可连接的 DirectAccess、通过点对点连接与其他 PC 共享下载与更新的 BranchCache、支持应用白名单的 AppLocker 以及基于组策略控制的开始屏幕。

其他还有教育版（Windows 10 Education）、移动版（Windows 10 Mobile）、企业移动版（Windows 10 Mobile Enterprise）和物联网版（Windows 10 IoT Core）。

2. Windows 10 系统的全新特性

（1）全新的"开始"菜单

Windows 10 操作系统具有全新的"开始"菜单，更加扁平化，且功能更加丰富，操作更加人性化。单击任务栏左下角"开始"按钮，弹出"开始"菜单，如图 2-1 所示。整个菜单分为两大区域。左半区域为常规设置区域，与 Windows 7 系统类似；右半区域为磁贴区域，可以将常用的软件快捷方式固定到此区域，起到快捷方式的作用。

（2）全新的桌面主题

Windows 10 系统采用全新的主体方案，采用当下流行的扁平化元素处理，对窗口、窗口中元素、各类图标均进行了重做，包括主题、背景、颜色、锁屏界面等选项设置，支持主题整体风格的自定义设置，如图 2-2 所示。

图 2-1 Windows 10 全新的"开始"菜单

（3）全新的任务栏

任务栏默认情况下位于桌面的最下方，由"开始"按钮、"Cortana 搜索"按钮、"任务视图"按钮、任务区、通知区域和"显示桌面"按钮（单击可快速显示桌面）等部分组成，如图 2-3 所示。Windows 10 全新的任务栏支持任务列表跳转的功能，人们日常固定到任务栏中的各种应用软件，不再仅仅是以一个快捷方式图标的存在。

（4）全新的系统设置

Windows 10 系统极大地弱化了传统控制面板的概念，强化"Windows 设置"的使用，可以说，"Windows 设置"就是传统控制面板的替代品，且功能更为强大，操作设置更为合理与人性化，如图 2-4 所示。

（5）全新的文件资源管理器

Windows 10 新版的文件资源管理器，借鉴了原本只有在应用软件（如 Microsoft Office 2016）中存在的标签页结构的用户界面，增加了"功能区"和"快速访问按钮"，如图 2-5 所示。

（6）全新的 Edge 浏览器

Windows 10 操作系统推出了新一代浏览器 Microsoft Edge。与传统的 IE 浏览器不同，Edge 浏览器既贴合消费者又具备创造性，在功能方面，突出搜索、中心、在 Web 上写入、阅读等方面的整合优势，如图 2-6 所示。

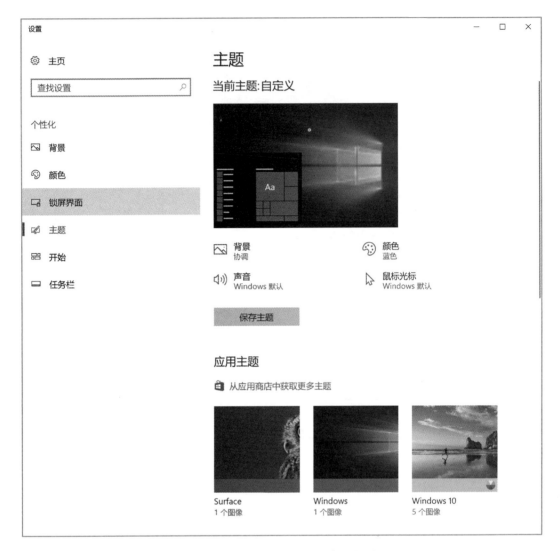

图 2-2   Windows 10 全新的桌面主题

图 2-3   Windows 10 全新的任务栏

（7）其他的全新特性

便捷的操作中心。Windows 10 操作系统引入了操作中心的概念，内容包括通知和设置两大方面。用户可以在通知区域查看各类系统、邮件通知等信息，在设置区域进行平板模式、网络、投影、夜间模式、VPN、蓝牙、免打扰时间、定位、飞行模式等设置，如图 2-7 所示。

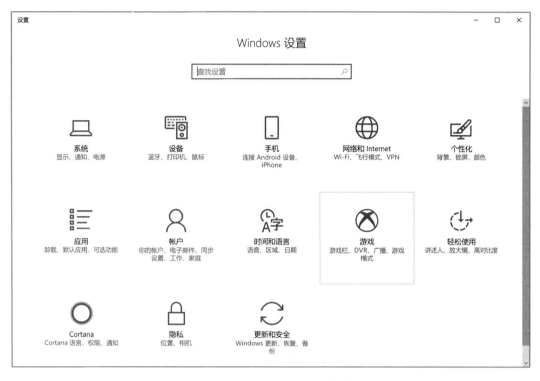

图 2-4　Windows 10 全新的系统设置

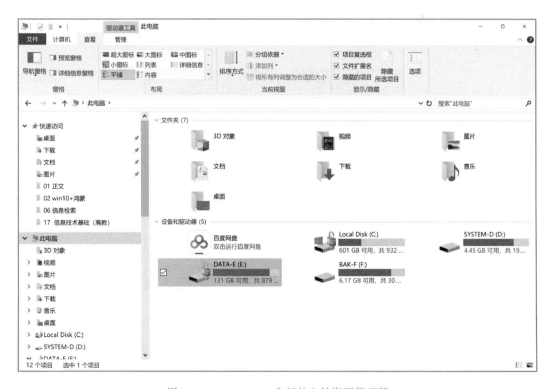

图 2-5　Windows 10 全新的文件资源管理器

图 2-6 Windows 10 全新的 Edge 浏览器

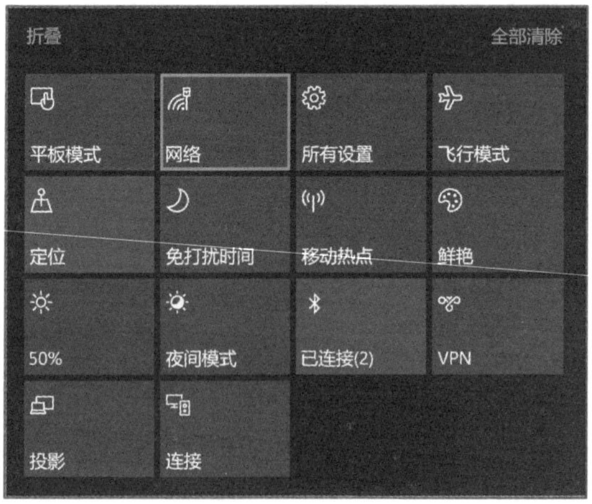

图 2-7 Windows 10 便捷的操作中心

神奇的分屏。Windows 10 的分屏，可以在当前系统中虚拟出任意多个新窗口，每个窗口中的内容均独立存在，可根据自身的实际使用情况，在不同的虚拟窗口中打开相应的软件，在实际使用过程中，仅需要在不同的虚拟窗口间切换即可，从而大大提高工作效率。

2.1.2 Windows 10 启动和退出

1. Windows 10 的启动

启动 Windows 10 的步骤也就是计算机开机的步骤，Windows 10 系统的启动主要有以下两种方法：

① 按计算机主机箱面板上的电源（Power）键，自动启动 Windows 10 系统。

② 在"开始"菜单中，单击"电源"按钮，在弹出来列表中，选择"重启"选项即可，如图 2-8 所示。

启动完成后，屏幕显示账户登录界面，单击账户名称，如已设置用户名和密码，输入正确密码，按 Enter 键，即可进入 Windows 10 系统。

2. Windows 10 的退出

退出 Windows 10 的基本步骤如下：单击桌面左下角的"开始"按钮，在"开始"菜单中单击"电源"按钮，在弹出的列表中选择"关机"选项即可关闭计算机，如图 2-8 所示。计算机正常关闭后，关闭显示器等外部设备的电源。

图 2-8 "电源"按钮选项列表

单击"电源"按钮，在弹出来列表中选择"睡眠"选项，表示计算机保持开机状态，但耗电较少。应用会一直保持打开状态，这样在唤醒计算机后，可以立即恢复到用户离开时的状态。

当计算机出现异常无法关机时，按住面板上的电源（Power）键 5~10 秒钟，使计算机强制关机。

2.1.3 Windows 10 桌面管理

Windows 10 正常启动后将显示 Windows 10 的桌面，如图 2-9 所示。桌面是指占据显示器整个屏幕的区域，每一项操作都是从桌面开始的。Windows 10 系统的桌面一般由桌面背景、

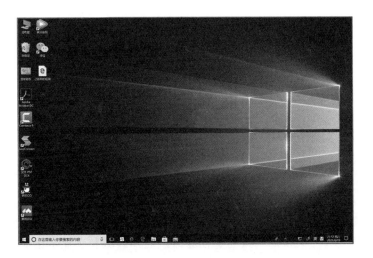

图 2-9 Windows 10 的桌面

桌面图标和任务栏组成。

1. 桌面背景

桌面背景就是 Windows 10 系统桌面的背景图案，又称"壁纸"。Windows 10 系统自带了多个桌面背景图片供用户选择使用，也支持用户自定义桌面背景。

2. 桌面图标

桌面图标是 Windows 10 中表示计算机资源的图形符号，如可以表示一个应用程序、文件、文件夹、文档或磁盘驱动器等对象。在默认情况下，刚安装完成操作系统的桌面上只有一个"回收站"图标，其余的图标都没有显示出来。

可以通过以下步骤，在桌面上显示更多的系统图标。在桌面空白处右击，弹出快捷菜单，选择"个性化"命令，在打开的"设置"窗口中选择"主题"→"桌面图标设置"项，打开"桌面图标设置"对话框，如图 2-10 所示，选中"计算机"或者"控制面板"等复选框，然后单击"确定"按钮，返回桌面可以看到对应的系统图标。

图 2-10 "桌面图标设置"对话框

桌面图标主要分为系统图标和快捷方式图标两种。系统图标是系统自带的图标，包括用户的计算机、文件、文件夹、网络、控制面板和回收站等。快捷方式图标是指用户自己创建或在安装某些程序时自动创建的图标，该图标直接指向对应文件的路径，但不是文件本身。

3. 任务栏

桌面的底部是任务栏，它显示了系统正在运行的程序、打开的窗口和当前时间等内容，用户可以通过任务栏完成许多操作。任务栏主要由以下部分组成，从左到右依次为"开始"按钮、Cortana 搜索、"任务视图"按钮、任务区、通知区域和"显示桌面"按钮（单击可快速显示桌面）等。

（1）"开始"按钮

"开始"按钮位于任务栏的最左边，是利用 Windows 10 进行工作的起点。用鼠标单击"开始"按钮，将打开"开始"菜单，如图 2-1 所示。

"开始"菜单是 Windows 10 系统图形用户界面的组成部分，是操作系统的中央控制区域，可以访问程序、文件夹和计算机设置。单击后可看到"开始"菜单通常可以分成主菜单栏、应用程序列表、动态磁贴区 3 个区域。

主菜单栏显示"电源""设置""图片""文档"等按钮，单击后快速进入对应程序窗口。

动态磁贴区，方便用户快捷地访问系统设置功能，可直接把应用程序定位到"开始"屏幕，方便快捷访问。

任意选择其中一项应用，如"微信"图标，右击"微信"图标，如果该应用从未固定到磁贴区，则弹出菜单中会显示"固定到开始屏幕"选项，选择该选项即可将此快捷方式添加到磁贴区，如图 2-11 显示。如果该应用已经固定在磁贴区了，则会显示"从开始屏幕取消固定"选项，选择该选项后，即可从磁贴区打开文件所在的位置取消。选择"卸载"选项，可以快速对此应用进行卸载操作。

图 2-11　固定到磁贴区

在磁贴区，选择一个图标，右击，会弹出该图标的快捷菜单，如图 2-12 所示，选择"更多"选项。

选择"固定到任务栏"选项，可以将该快捷方式固定到"任务栏"上。

选择"以管理员身份运行"选项，可以以管理员身份运行对应的程序。

单击"打开文件位置"选项，可以打开快捷方式所在的文件夹。

（2）任务程序区

任务程序区显示正在运行的应用程序以及固定到任务栏上常用程序图标。可以将经常使用的程序固定到任务栏，方便以后使用。

具体方法是：右击需要添加到任务栏的图标，在弹出的快捷菜单中选择"固定到任务栏"选项即可，

图 2-12　取消固定到磁贴区

如图 2-13 所示，或者用鼠标左键拖动程序图标至任务栏，松开鼠标后，应用程序图标被固定到任务栏。如果要取消已经固定的图标，也可以通过右击该图标，然后在弹出的菜单中选择"从任务栏取消固定"选项即可。

（3）通知区域

通知区域位于任务栏的右侧，包括输入法、时钟和一组图标。这些图标表示计算机上某程序的状态，或提供访问特定设置的途径。将鼠标指针移向特定图标时，会看到该图标的名称或某个设置的状态。单击通知区域中的图标通常会打开与其相关的程序或设置。

另外，右下角任务栏气泡标志就是 Windows 10 的通知中心，单击它会显示完整信息，包括最近各种软件的通知消息和常用设置入口。

（4）"显示桌面"按钮

"显示桌面"按钮位于任务栏的最右端，如果单击该按钮，则所有打开的窗口都会被最小化，只显示完整桌面。再次单击该按钮，原先打开的窗口会被恢复显示。

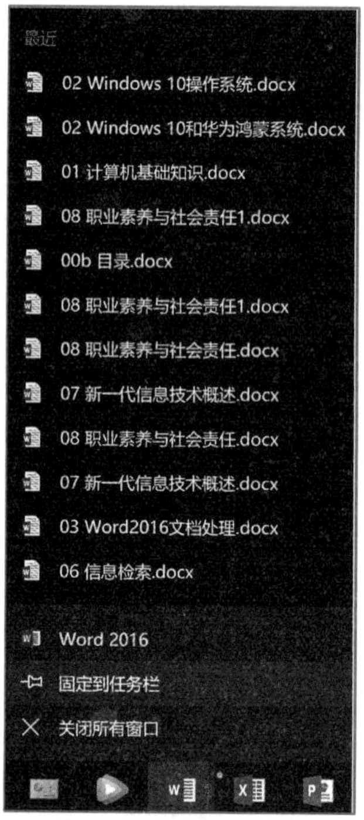

图 2-13   设置任务程序区

2.1.4   Windows 10 窗口操作

窗口是用户操作计算机的一个重要界面，当用户打开一个程序时，屏幕上将弹出一个矩形区域就称为"窗口（Windows）"。在 Windows 操作系统中，一般当运行一个应用程序或打开一个文档时，就将出现一个相应的窗口。并不是所有的 Windows 程序运行都有相应的窗口，但是绝大多数程序都以"窗口"的形式出现。

Windows 10 是一个多任务操作系统。用户可以同时打开多个程序，即可以同时打开多个窗口。但是用户不能同时操作多个"窗口"，而只能操作一个窗口，把用户当前能操作的窗口称为"当前窗口"或"活动窗口"，其他窗口称为"非当前窗口"或"后台窗口"。"当前窗口"一般位于打开的所有窗口的最上层，且标题栏采用高亮度显示。

1. 窗口的组成

"此电脑"窗口是 Windows 10 典型的窗口，打开"此电脑"窗口，通过它可以对存储在计算机内的所有资料进行管理和操作，如图 2-14 所示。

Windows 10 窗口分为功能区、导航区和设备区 3 部分。

（1）功能区

功能区由快速访问工具栏、标题栏、"文件"选项卡、标签页（或称选项卡）等组成，标签页下方是"后退"按钮、"前进"按钮、"向上"按钮和地址栏，再往右是搜索框。在默认情况下，功能区处于隐藏状态，可以通过单击右侧箭头来进行显示与隐藏。

快速访问工具栏，可以定义常用快捷方式。单击 ▾ 按钮，弹出下拉框，如图 2-15 所示，可以设置在快速访问工具栏显示的快捷方式、显示位置等内容。

标题栏位于窗口的顶部、快速访问工具栏的右侧，主要显示窗口名称、"最小化"按钮、"最大化"/"还原"按钮和"关闭"按钮组成。通常情况下，用户可以通过标题栏来移动窗口、

可以选择需要的布局方式

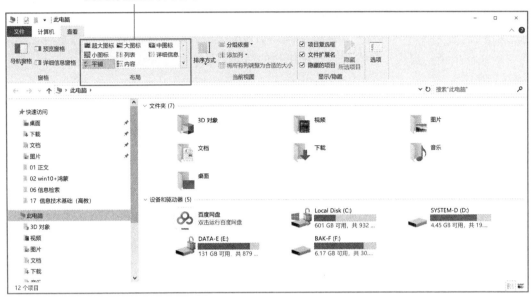

图 2-14　"此电脑"窗口的组成

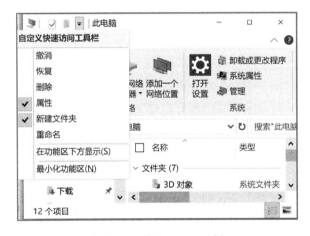

图 2-15　快速访问工具栏

改变窗口的大小和关闭窗口。

标签页默认显示"计算机"和"查看"。单击"计算机"标签页，可以进行与计算机本身相关的各类属性的设置。单击"查看"标签页，可以设置查看文件的各类视图属性，如视图排列方式、文件夹属性、文件属性设置等。注意，根据操作对象的不同，标签页会发生相应的变化。

（2）导航区

导航区位于窗口左侧的位置，它为用户提供了树状结构的文件夹列表，方便用户迅速地定位目标文件夹。该区主要包括"快速访问""此电脑""网络"3个部分内容。

"快速访问"区域。除列出系统默认自带的快速访问方式外，用户还可以自定义文件夹到"快速访问"区域，实现快速访问的目的。

"此电脑"区域。除列出了计算机分区内容外，还包括 Windows 10 系统特有的视频、图片、文档等专属文件夹图标，单击后可以快速访问该文件夹的内容。

"网络"区域。列出了与当前计算机在同一局域网内的网络连接情况，单击任意可见网络，即可进行访问申请。当然，对方是否允许用户的访问，是由对方来决定的。

（3）设备区

该区域内主要包含计算机的各分区，以及 Windows 10 自带的快速访问文件夹，如视频、图片、文档、下载、音乐、桌面。该区域是用户日常进入不同计算机分区的主要入口。

2. 窗口的基本操作

对于大部分窗口，用户可以对它们进行以下基本操作：打开 / 关闭窗口、调整窗口大小、移动窗口、切换窗口、排列窗口等。

（1）打开 / 关闭窗口

在 Windows 10 中，每当用户启动一个程序、打开一个文件或文件夹时都将打开一个窗口，而一个窗口中包括多个对象，打开某个对象又可能打开相应的窗口，该窗口中可能又包括其他不同的对象。

打开窗口：双击要打开的图标，或者右击图标，在弹出快捷菜单中选择"打开"命令，两种方式均可打开对应窗口。

关闭窗口主要有以下 5 种方法。

方法 1：单击窗口标题栏右上角的"关闭"按钮。

方法 2：在窗口的标题栏上右击，在弹出的快捷菜单中选择"关闭"命令。

方法 3：将鼠标指针移动到任务栏中某个任务缩略图上，单击其右上角的按钮。

方法 4：将鼠标指针移动到任务栏中需要关闭窗口的任务图标上并右击，在弹出的快捷菜单中选择"关闭窗口"命令或"关闭所有窗口"命令。

方法 5：按 Alt+F4 组合键。

（2）移动窗口

方法 1：拖动窗口的标题栏，窗口将随之移动。

方法 2：从控制菜单中选择"移动"菜单命令，当鼠标指针变成十字箭头形状时，使用键盘↑、↓、←、→键，就可以使窗口进行相应的移动，移动到所需的位置后按 Enter 键即可。

（3）切换窗口

当打开了多个窗口后，经常需要在窗口之间进行切换，选择其中一个作为当前窗口。切换窗口主要有以下 3 种方法。

方法 1：通过任务栏预览图标。当鼠标指针移动到任务栏中某个程序的按钮上时，该按钮的上方会显示与该程序相关的所有打开的窗口预览缩略图，单击某个缩略图，即可切换至该窗口。

方法 2：通过 Alt+Tab 组合键切换。按 Alt+Tab 组合键后，屏幕上将出现任务切换栏，系统当前打开的窗口都以缩略图的形式在任务切换栏中排列出来，此时按住 Alt 键不放，再反复按 Tab 键，将显示一个白色方框，并在所有图标之间轮流切换，当方框移动到需要的窗口图标上后释放 Alt 键，即可切换到该窗口。

方法 3：通过 Win+Tab 组合键切换。按 Win+Tab 组合键后，屏幕上将出现操作记录时间线，系统当前和稍早前的操作记录都以缩略图的形式在时间线中排列出来，若想打开某一个窗口，可将鼠标指针定位至要打开的窗口中，当窗口呈现白色边框后单击鼠标即可打开该窗口。

3. 窗口的分屏操作

Windows 10 操作系统支持左右 1/2 分屏以及 1/4 分屏，操作非常简单。

按住鼠标左键拖动某个窗口到屏幕左边缘或右边缘，直到鼠标指针接触屏幕边缘，会看到显示一个虚化的大小为 1/2 屏的半透明背景。松开鼠标左键，当前窗口就会以 1/2 屏显示了。同时其他窗口会在另半侧屏幕显示缩略窗口，单击想要在另 1/2 屏显示的窗口，它就会在另半侧屏幕 1/2 屏显示了，如图 2-16 所示。这时如果把鼠标移动到两个窗口的交界处，会显示一个可以左右拖动的双箭头，拖动该双箭头就可以调整左右两个窗口所占屏幕的宽度。

图 2-16　1/2 屏窗口效果

如果需要进行 1/4 分屏，则鼠标单击需要分屏的窗口，拖动至屏幕的左上角，就会看到显示一个虚化的大小为 1/4 屏的半透明背景，松开鼠标，页面即定位到屏幕的 1/4 处，采用同样方式分别拖动不同页面分别至屏幕的右上角、左下角、右下角。松开鼠标左键，当前窗口就会 1/4 屏显示了，如图 2-17 所示。

4. 对话框

对话框是计算机系统与用户进行信息交流的一个界面，它是程序从用户获得信息的工具，也用于系统附加信息、警告信息和没有完成操作的原因等信息。

对话框和窗口有类似之处，如都有标题栏等，但对话框一般没有菜单栏，也不能随意改变其大小。如图 2-18 所示为一个典型的对话框。

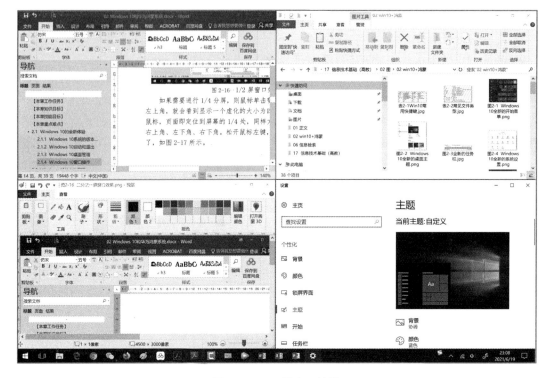

图 2-17   1/4 屏窗口效果

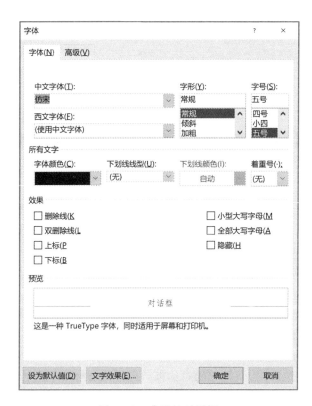

图 2-18   典型的对话框

2.2 Windows 10 的文件管理

计算机中任何的程序和数据都是以文件的形式存储在外部存储器上，每一个文件都以文件名进行标识，计算机系统通过文件名存取文件，即"按名存取"。

2.2.1 文件和文件夹的概念

1. 文件

文件是指保存在计算机中的各种信息和数据，是一组相关信息的集合。计算机中的文件包括的类型很多，如文档、表格、图片、音乐和应用程序等。在默认情况下，文件在计算机中是以图标形式显示的，它由文件图标和文件名称两部分组成，如 ![图标]学生课程安排 表示一个名为"学生课程安排"的 Excel 文件。

2. Windows 10 系统文件命名及其规则

（1）文件名的格式

文件名格式如下：

主文件名 . 扩展名

文件名一般由主文件名和扩展名组成，中间使用符号"."隔开。主文件名标识文件的名称，扩展名主要用来标识文件的类型。主文件名至少由一个字符构成，不得为空；扩展名是可选的，可以为空，表 2-1 中列出了常见的文件类型。

表 2-1 常见的文件类型

扩展名	文件类型
exe	可执行文件；可双击直接打开
rar，zip	一种压缩包；可用 WinRAR 等软件打开
iso	虚拟光驱；可用 WinRAR 打开，也可用其他虚拟光驱软件打开
doc，docx	Word 文档；可用 Word 等软件打开
ppt，pptx	幻灯片；可用 PowerPiont 等软件打开
xls，xlsx	电子表格；可用 Excel 等软件打开
wps	WPS 文档；可用金山 WPS Office 打开
txt	文本文档；默认用记事本打开
html	网页文件；可用 Edge 等浏览器打开
rm，rmvb，mp4，avi	视频文件；可用暴风影音等软件打开
mp3，wma，wav	音乐文件；可用暴风影音等软件打开
jpg，bmp，gif	图片文件；其中 gif 可以是动态的
pdf	电子读物文件；可用 Adobe Reader 等软件打开

例如，文件名为 Readme.txt 的文件是一个文本文件。在计算机中，各种程序创建的文件一般都有其默认的扩展名，如记事本程序创建的文件默认扩展名为 txt，Word 2016 文档的默认扩展名为 docx。

（2）命名规则

① 文件名由字母、数字、汉字和其他符号组成，最多可包含 255 个字符，空格也是一个字符，若包含汉字，一个汉字相当于两个英文字符。

② 文件名中除了开头以外的任何地方都可以包含空格，但不能包含以下英文字符：

?（问号）、*（星号）、/（斜杠）、\（反斜杠）、|（竖杠）、"（引号）、,（逗号）、:（冒号）、;（分号）、=（等于号）、<（小于号）、>（大于号）、!（感叹号）等。

③ Windows 系统中文件名不区分大小写，即文件 ABC.txt 和文件 abc.txt 是相同的名文件。

④ 如果文件中包含多个分隔符"."，则最后一个分隔符后面为扩展名，例如，文件"2021.02.18.docx"的扩展名是 docx。

⑤ 在给文件命名时，尽量要能体现该文件的内容，便于以后的管理和搜索。例如，要给一个 2021 年 2 月 18 日的日记文本文件命名，建议使用："日记 20210218.txt"。这样日后在管理时通过文件名就略知文件内容是 2021 年 2 月 18 日的日记，即"见名知义"。

3. 文件夹

文件夹是用来组织和管理文件的，可以把相同类别或相关内容的文件存放在同一个文件夹中。磁盘上的文件夹结构是树形结构，即磁盘是根文件夹，根文件夹下可以包含多个文件和子文件夹，子文件夹下又可以包含多个文件和子文件夹，形成一个倒树形结构，如图 2–19 所示。不包含任何文件和文件夹的文件夹称为"空文件夹"。

在 Windows 操作系统的窗口中，文件夹的图标显示为黄色，而其他的各种图标则表示各类文件。

文件夹的命名规则与文件的命名规则基本相同，但一般不使用扩展名。

4. 路径

每个文件和文件夹都存储于某个位置，称为"路径"。路径是从驱动器或当前文件夹开始，直到文件所在的文件夹所构成的字符串。

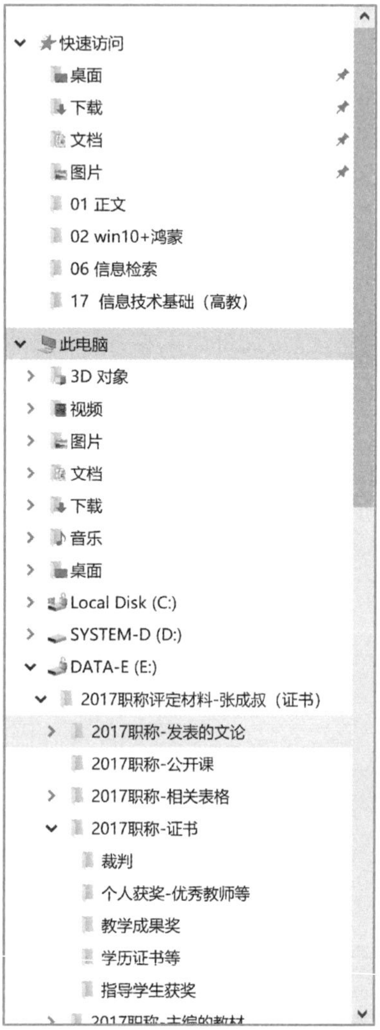

图 2–19　树形目录结构示意图

2.2.2　查看文件或文件夹

1. 文件资源管理器

文件管理主要是在文件资源管理器窗口中实现的。文件资源管理器是指"此电脑"窗口左侧的导航窗格，它将计算机资源分为快速访问、OneDrive、此电脑、网络 4 个类别，可以方便用户更好、更快地组织、管理及应用资源。

2. 文件及文件夹的查看方式

Windows 10 系统中共提供了 8 种图标查看方式，如超大图标、大图标、中等图标、小图标、列表、详细信息、平铺和内容。如果要改变图标的显示方式，可以单击工具栏右侧的 ▤▾ 按钮或者在窗口空白处右击，在弹出的快捷菜单中选择"查看"选项，按照用户需要选择显示方式。

3. 文件及文件夹的排序方式

在查看文件和文件夹时，允许将图标按照需要的顺序进行排列显示，Windows 10 系统主要提供了名称、修改日期、类型、大小 4 种排列方式，而"递增"和"递减"选项是指确定排序方式后再以增减排序。

4. 文件和文件夹的选择方式

在 Windows 中对文件或文件夹进行操作时应遵循"先选定后操作"的规则。选定操作可分为以下 4 种情况。

① 单个对象的选择：找到要选择的对象后，用鼠标单击该文件或文件夹。

② 多个连续对象的选择：先选中第 1 个文件或文件夹，然后按住 Shift 键，单击要选中的最后一个文件，最后松开 Shift 键。

③ 多个不连续对象的选择：选定多个不连续的文件或文件夹，按住 Ctrl 键，逐个单击要选定的每一个文件和文件夹，最后松开 Ctrl 键。

④ 全部对象的选择：按住鼠标左键，在窗口文件区域中画矩形来选中"文件夹内容"窗口中的所有文件，或按 Ctrl+A 组合键。

2.2.3 新建文件或文件夹

1. 新建文件夹

创建一个新的文件夹（子文件夹），单击工具栏上"新建文件夹"按钮，直接创建一个"新建文件夹"图标。还可以通过快捷菜单等其他方式新建文件夹。

2. 新建文件

在文件夹中建立一个新文件，基本步骤和创建文件夹相似。

根据需要建立的文件类型进行选择，如新建文本文件则选择"文本文档"菜单命令，如果新建 Word 文件则应该选择"Microsoft Word 文档"菜单命令，选择完文件类型后将在窗口中增加一个文件图标，图标的下方显示文件名，默认为"新建文本文档"或"新建 Microsoft Word 文档"等，光标在文件名的地方闪烁，可以输入新的文件名，然后按 Enter 键。

2.2.4 移动或复制文件或文件夹

1. 剪贴板

剪贴板是 Windows 10 系统提供的一个缓冲空间，位于内存中。剪贴板一般用来暂时存放需要在 Windows 各程序和文件之间传递的信息，在移动和复制信息时起到"中转站"的作用。

剪贴板可以存放各种形式的信息，如文件、文件夹、文本、图片和声音等。

剪贴板的使用方法是：先选定需要的信息，通过复制或剪切功能将选定的信息送到剪贴板中，然后使用粘贴功能将剪贴板中的信息复制到目标位置。

2. 复制文件或文件夹

复制操作是指在目标文件夹中建立源文件或源文件夹的副本。文件夹复制与文件复制的方法是相同的，复制一个文件夹，则该文件夹中所有的子文件夹及文件也被一起复制。

操作要点可简述为："选定 + 复制 + 粘贴"。

一般常用以下 4 种方法来实现：

① 快捷菜单操作。选中需要复制的文件或文件夹，右击，在弹出的列表栏中选择"复制"选项，打开目标位置后再次右击，选择"粘贴"选项，原文件或文件夹就会在目标位置创建一个副本。

② 快捷键操作。选中需要复制的文件或文件夹后，按 Ctrl+C 组合键，找到存放文件或文件夹的目标位置后，按 Ctrl+V 组合键即能完成文件或文件夹的复制。

③ 选项卡操作。双击"此电脑"图标之后，打开存放文件或文件夹的磁盘路径，在"主页"选项卡"组织"组中单击"复制到"按钮（简写成：单击"主页"→"组织"→"复制到"按钮），打开"复制项目"对话框，如图 2-20 所示，在相应区域中选择所需要复制的位置并单击"复制"按钮即可。

图 2-20   选项卡复制文件或文件夹

④ 用鼠标拖动。选定要复制的文件或文件夹。按住 Ctrl 键，用鼠标指针指向要复制的对象，按下鼠标左键进行拖动。将对象拖动到目标文件夹中，然后依次释放鼠标左键和 Ctrl 键。

📖 注意：

① 在不同驱动器之间用鼠标拖动方式复制对象时，可不用按 Ctrl 键。

② 当拖动到目标文件夹时，如执行的是复制操作，则鼠标指针右下侧将显示一个带"+"的方框；如执行的是移动操作，则无此方框。

③ 当执行一次复制操作后，可多次执行粘贴操作，并且粘贴的内容相同。

3. 移动文件或文件夹

移动操作是指将选择的对象,从一个位置(源文件夹)移动到另一个位置(目标文件夹),且只能从一处移至另一处,不能移到多处。

操作要点可简述为:"选定 + 剪切 + 粘贴"。

2.2.5　删除与恢复文件或文件夹

微课 2-1
删除文件和文件夹

1. 删除文件和文件夹

文件或文件夹的删除是指将文件或文件夹从现在的位置删除,分为逻辑删除和物理删除。逻辑删除是将文件放到回收站中,需要的时候可以还原;物理删除是将文件直接删除,不放入回收站,无法还原。

删除文件或文件夹的方法很多,用户可灵活选用。常用方法如下:

① 快捷键操作。选定要删除的文件或文件夹,然后按 Delete 键,弹出"删除文件夹"对话框,如图 2-21 所示,单击"是"按钮。

图 2-21　"删除文件夹"对话框

② 快捷菜单操作。选定要删除的文件或文件夹,在选定的对象上右击,在弹出的快捷菜单中选择"删除"菜单命令,弹出"删除文件夹"对话框,如图 2-21 所示,单击"是"按钮。

③ 功能选项卡。选定要删除的文件或文件夹,单击"主页"→"组织"→"删除"按钮。也可以单击"删除"按钮下面小箭头,在弹出的下拉列表中选择"回收"命令,或"永久删除"命令,并可以设置是否弹出"显示回收确认"对话框,如图 2-22 所示。

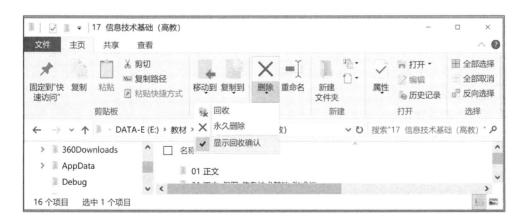

图 2-22　设置删除选项

> 📖 注意：
>
> ① 如果删除一个文件夹，将删除该文件夹中的所有内容（包括文件和子文件夹）。
>
> ② 以上介绍的删除方法是逻辑删除，文件或文件夹被删除后，系统只是将文件或文件夹暂时放到回收站中。用户需要时，还可从回收站中恢复。
>
> ③ 如果在执行删除操作的同时按住 Shift 键，则被删除的对象将不再放入回收站，而是被永久性删除（又称为物理删除），无法恢复。
>
> ④ 删除文件时要求文件已被关闭，删除文件夹时也要求该文件夹以及其子文件夹中的所有文件都已被关闭，否则出错，弹出如图 2-23 所示的对话框，无法删除。

图 2-23　删除文件或文件夹时出错提示的对话框

微课 2-2
回收站和恢复文件

2. 回收站的使用

回收站是 Windows 系统用于存放逻辑删除信息的空间，位于硬盘上。

从硬盘删除任何项目时，Windows 系统会将该项目放在回收站中，而从移动存储设备（如 U 盘等）或网络驱动器中删除的项目将被永久删除，不能放到回收站中。

回收站中的项目将保留直到用户决定从计算机中永久地将它们删除。回收站中的项目仍然占用硬盘空间并可以被恢复或还原到原来位置。

双击桌面上的回收站图标，打开"回收站"窗口，如图 2-24 所示。

3. 恢复文件和文件夹

恢复文件和文件夹是通过"回收站"窗口来实现的，操作步骤如下：

① 打开"回收站"窗口，如图 2-24 所示。

② 执行下列操作之一：

• 恢复某个文件或文件夹时，选定该对象，单击"回收站工具"选项卡"还原"组中的"还原选定的项目"按钮。

• 恢复某个文件或文件夹时，右击该对象，在弹出的快捷菜单中选择"还原"菜单命令。

• 要恢复所有项目时，单击"回收站工具"选项卡"还原"组中的"还原所有项目"按钮。

4. 删除回收站中的内容

删除回收站中的内容可执行下列操作：

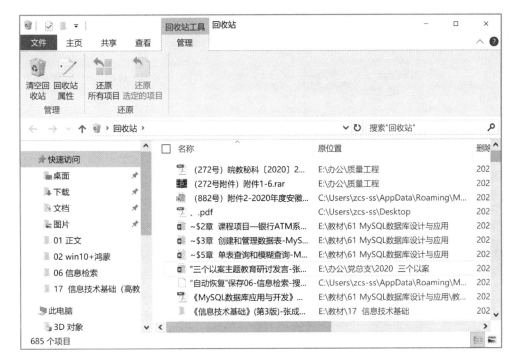

图 2-24 "回收站"窗口

① 要删除一个或部分文件或文件夹时，先选定对象，右击该对象，在弹出的快捷菜单中选择"删除"菜单命令。

② 要删除所有文件和文件夹时，单击"回收站工具"→"管理"→"清空回收站"按钮。

📖 注意：

删除回收站中的文件或文件夹意味着将该对象从计算机中永久删除，不能再还原。

2.2.6　重命名文件或文件夹

要更改一个文件或文件夹的名字，可选用下列方法之一。

① 简单的方法。选定要重命名的文件或文件夹，然后单击该文件或文件夹名，在文件或文件夹名方框中输入新的名称后按 Enter 键。

② 使用快捷菜单。将鼠标指针移到需重命名的文件或文件夹处，右击该文件或文件夹，在弹出的快捷菜单中选择"重命名"命令，在文件或文件夹名方框中输入新的名称后按 Enter 键。

③ 批量重命名。在 Windows 10 系统中，可以根据所编辑的文件，对它们进行统一的一次性重命名。首先选中多个要进行重命名的文件，单击"主页"→"组织"→"重命名"按钮，输入新的文件名之后，按 Enter 键即可实现对多个文件进行统一重命名。例如输入"微课 1-1"，则第 1 个文件名称是微课 1-1（1），其余文件则依次命名微课 1-1（2）、微课 1-1（3）……，如图 2-25 所示。

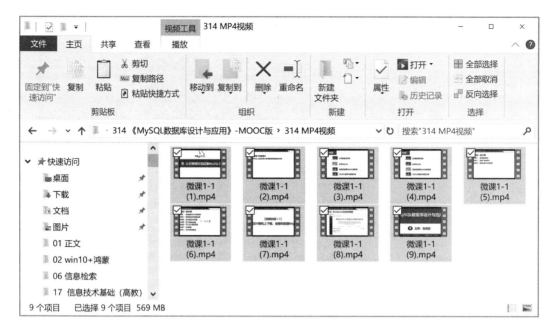

图 2-25　批量重命名

2.2.7　搜索文件或文件夹

当用户要查找一个文件或文件夹时,可以使用 Windows 10 操作系统提供的"搜索"功能,Windows 10 系统的搜索功能非常方便快捷。

1. 通配符 "?" 和 "*"

查找文件或文件夹时可以使用通配符 "?" 和 "*"。"?" 代表任意一个字符,"*" 代表零个或任意多个合法字符。例如, a?.doc 代表所有以字符 a 开头, 主文件名共两个字符, 扩展名为 doc 的文件; *.doc 代表所有扩展名为 doc 的文件, 主文件名不限。

2. 两种搜索方式

搜索主要有两种方式:一种是使用任务栏左侧的"搜索"进行搜索;另一种是使用"文件资源管理器"窗口的"搜索"进行搜索。

（1）任务栏"搜索"按钮

单击任务栏左侧"搜索"按钮,把搜索的关键字输入到搜索框中,搜索就开始了,单击目标文件夹的超链接, 即可直接跳转。

（2）"文件资源管理器"窗口搜索框

在"文件资源管理器"窗口右上角的搜索框,可以直接输入查询关键字,系统自动搜索,而地址栏会在搜索时显示搜索的进度情况,搜索框仅在当前目录中搜索,因此只有在根目录"此电脑"窗口下搜索才会以整个计算机为搜索目标。

2.2.8　设置文件或文件夹属性

文件和文件夹的属性是系统为文件和文件夹保存信息的一部分,可帮助系统识别一个文件和文件夹,并控制该文件和文件夹所能完成的任务类型。

1. 查看文件或文件夹属性

选定需要查看属性的文件或文件夹，然后在菜单栏选择"文件"→"属性"命令；也可用鼠标右击要查看的文件或文件夹，在弹出的快捷菜单中选择"属性"菜单命令，将弹出如图 2-26 所示的文件"属性"对话框。

图 2-26 文件"属性"对话框

在文件"属性"对话框中，显示了文件的大小、位置和类型，底部有两个复选框和一个"高级"按钮用于显示和设置文件的属性。

文件的属性有只读、隐藏和其他高级属性。

（1）只读

只能进行读操作，不能修改文件的内容。

（2）隐藏

该文件通常不显示在文件夹内容框中。

（3）高级属性

用鼠标单击"高级"按钮，打开"高级属性"对话框，在对话框中进行相关的设置。

2. 修改文件属性

在文件"属性"对话框中，选中或取消相应属性的复选框，然后单击"确定"按钮即可。

2.3　Windows 10 的系统应用

2.3.1　控制面板

　　Windows 10 的系统环境是可以进行调整和设置的，这些功能主要集中在"控制面板"窗口中。而 Windows 10 操作系统与早前操作系统相比有了比较大的变动，有时候会出现找不到"控制面板"的情况。可以按照以下步骤将"控制面板"窗口显示出来。

　　方法 1：桌面空白处右击，在快捷菜单中选择"个性化"命令，在打开窗口中单击"主题"→"桌面图标设置"超链接，在打开的对话框中选中"控制面板"复选项，单击"确定"按钮，"控制面板"图标显示在桌面上，可以直接双击进入"控制面板"窗口。

　　方法 2：右击"此电脑"图标，在快捷菜单中选择"属性"命令，在打开的"系统"窗口中，单击"控制面板主页"超链接。

　　"控制面板"有两种查看方式：按类别查看和按大图标（小图标）查看，按类别显示如图 2-27 所示，按图标查看是具体到每项设置的界面形式。按类别查看是 Windows 10 系统提供的最新的界面形式，它把相关的"控制面板"项目按类别组合在一起呈现给用户。

图 2-27　"控制面板"窗口按类别查看

　　若系统的日期和时间不是当前的日期，可将其设置为当前的日期和时间，还可对日期的格式进行设置。控制面板还可以完成很多操作，如查看计算机状态、用户账户管理、查看硬件设备、设置声音以及程序卸载，也可以进入外观和个性化设置中心。

2.3.2　个性化设置

1. 更改桌面背景

Windows 10 桌面的背景图案又称为"壁纸"。要使 Windows 10 的桌面更加有趣，可以在桌面的图标下面采用一幅美丽的图片做背景，以使桌面风格独特。这些背景画就是通常所说的屏幕背景墙纸。用户在桌面空白处右击，在弹出的快捷菜单中选择"个性化"命令，即可打开"设置"窗口，如图 2-28 所示。用户在该窗口可以根据需要更改桌面主题、桌面背景等设置。

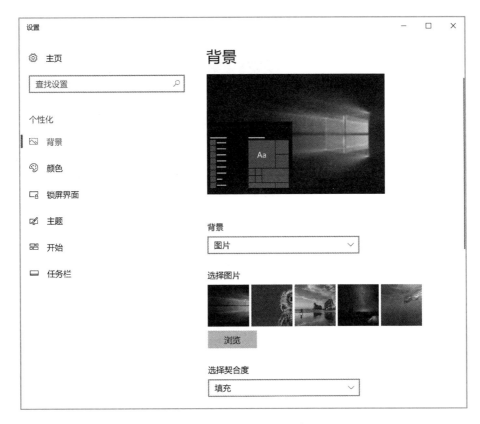

图 2-28 "个性化"设置窗口

2. 设置锁屏界面

在图 2-28 窗口中，选择"锁屏界面"项将会进入如图 2-29 所示的窗口。可以选择自己喜欢的锁屏背景："Windows 聚焦"是微软公司推送的壁纸，用户浏览选择图片，幻灯片是切换用户指定的文件夹图片。

2.3.3 任务管理器

任务管理器是 Windows 系统中一个非常好用的工具，任务管理器可以帮助用户查看系统中正在运行的程序和服务，还可以强制关闭一些没有响应的程序窗口。此外，资源监视器提供了全面、详细的系统与计算机的各项状态运行信号，包括 CPU、内存、磁盘以及网络等。

微课 2-5
任务管理器

常用的进入任务管理的方法有以下 3 种：

① 按下 Ctrl+Alt+Del 组合键，进入任务管理器。

② 在任意窗口的搜索框中输入"任务管理器"并按 Enter 建，即可进入任务管理器。

③ 右击任务栏空白处,在快捷菜单中选择"任务管理器"命令,打开"任务管理器"窗口,如图 2-30 所示。

图 2-29　锁屏界面设置

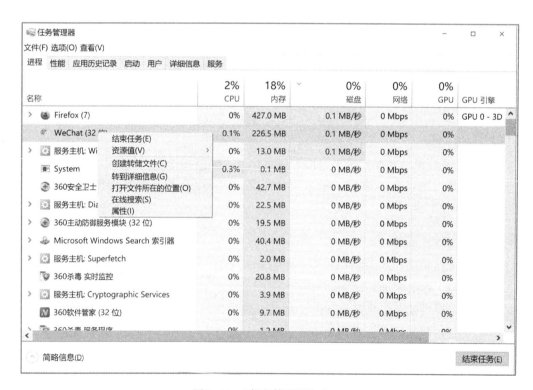

图 2-30　"任务管理器"窗口

该窗口列出了所有正在运行的应用程序。当一个应用程序运行失败后，为了释放它占据的内存和 CPU 资源，用户可以看到这个应用程序显示"没有响应"，右击，弹出快捷菜单，选择"结束任务"命令即可结束该应用程序，释放其所占据的所有资源。此外还可以选中一个应用程序，单击"切换至"按钮切换到该应用程序窗口。单击"运行新任务"按钮将打开"创建新任务"对话框，用户直接输入命令运行某个应用程序。

2.3.4　磁盘清理

Windows 10 系统的系统工具中提供了备份、磁盘清理、磁盘碎片整理程序、任务计划和系统信息等工具，其中磁盘清理和磁盘碎片整理程序使用相对较多。

1. 磁盘清理

用户在使用计算机进行读写与安装操作时，会留下大量的临时文件和没用的文件，不仅占用磁盘空间，还会降低系统的处理速度，因此需要定期进行磁盘清理，以释放磁盘空间，操作步骤如下：

① 在"开始"菜单选择"Windows 管理工具"→"磁盘管理"命令，打开"磁盘清理：驱动器选择"对话框，如图 2-31 所示。

② 在对话框中选择需要进行清理的 C 盘，单击"确定"按钮，系统计算可以释放的空间后打开"磁盘清理"对话框，如图 2-32 所示。在"要

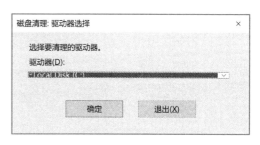

图 2-31　"驱动选择器"对话框

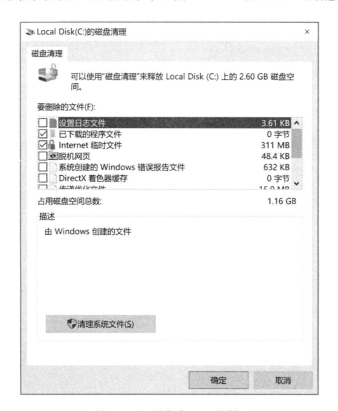

微课 2-6
磁盘清理和
碎片整理

图 2-32　"磁盘清理"对话框

删除的文件"列表框中选中"已下载的程序文件"和"Internet 临时文件"复选框,然后单击"确定"按钮。

2. 磁盘碎片整理程序

磁盘在长时间使用之后,文件可能会被分成许多"碎片",计算机读/写此文件所花的时间会大大增加。"磁盘碎片整理程序"通过重新安排文件在磁盘上的位置和合并磁盘碎片的方法来优化磁盘,可以提高文件的访问速度和计算机的性能。要进行磁盘碎片整理,操作步骤如下。

在"开始"菜单选择"Windows 管理工具"→"碎片整理和优化驱动器"命令,打开"优化驱动器"窗口,如图 2-33 所示。选择要整理的磁盘,然后单击"分析"按钮,系统进行分析。

图 2-33　"优化驱动器"窗口

2.4　华为鸿蒙系统

华为鸿蒙系统(HarmonyOS)是一款全新的面向全场景的分布式操作系统,创造一个超级虚拟终端互联的世界,将人、设备、场景有机地联系在一起,将消费者在全场景生活中接触的多种智能终端实现极速发现、极速连接、硬件互助、资源共享,用合适的设备提供良好的场景体验。

2.4.1　华为鸿蒙系统概述

1. 发展历程

2012 年,华为开始规划自有操作系统"鸿蒙"。

2019 年 5 月 24 日，国家知识产权局商标局网站显示，华为已申请"华为鸿蒙"商标，申请日期是 2018 年 8 月 24 日。

2019 年 8 月 9 日，华为正式发布鸿蒙系统。

2020 年 9 月 10 日，华为鸿蒙系统升级至华为鸿蒙系统 2.0 版本，即 HarmonyOS 2.0，并面向 128 KB~128 MB 终端设备开源。

2020 年 12 月 16 日，华为正式发布 HarmonyOS 2.0 手机开发者 Beta 版本。

2021 年 2 月 22 日，华为正式宣布 HarmonyOS 将于 4 月上线，华为 Mate X2 将首批升级。

2021 年 4 月 22 日，华为 HarmonyOS 应用开发在线体验网站上线。

2021 年 5 月 18 日，华为宣布华为 HiLink 将与 HarmonyOS 统一为 Harmony OS Connect。

2021 年 6 月 2 日，华为正式发布 HarmonyOS 2 及多款搭载 HarmonyOS 2 的新产品。

2021 年 6 月 9 日，HarmonyOS Sans 公开上线，可以免费商用。

2. 系统简介

鸿蒙 OS 是华为公司开发的一款基于微内核、耗时 10 年、4 000 多名研发人员投入开发、面向 5G 物联网、面向全场景的分布式操作系统。

鸿蒙 OS 不是安卓系统的分支或修改而来的，是与安卓、iOS 不一样的操作系统。性能上不弱于安卓系统，而且华为还为基于安卓生态开发的应用能够平稳迁移到鸿蒙 OS 上做好衔接。

鸿蒙 OS 将手机、电脑、平板、电视、工业自动化控制、无人驾驶、车机设备、智能穿戴统一成一个操作系统，并且该系统是面向下一代技术而设计的，能兼容全部安卓应用的所有 Web 应用。若安卓应用重新编译，在鸿蒙 OS 上，运行性能提升超过 60%。

鸿蒙 OS 架构中的内核会把之前的 Linux 内核、鸿蒙 OS 微内核与 LiteOS 合并为一个鸿蒙 OS 微内核。创造一个超级虚拟终端互联的世界，将人、设备、场景有机联系在一起。同时由于鸿蒙系统微内核的代码量只有 Linux 宏内核的千分之一，其受攻击概率也大幅降低。

分布式架构首次用于终端 OS，实现跨终端无缝协同体验；确定时延引擎和高性能 IPC 技术实现系统天生流畅；基于微内核架构重塑终端设备可信安全；对于消费者而言，HarmonyOS 通过分布式技术，让 8+N 设备具备智慧交互的能力。在不同场景下，8+N 配合华为手机提供满足人们不同需求的解决方案。对于智能硬件开发者，HarmonyOS 可以实现硬件创新，并融入华为全场景的大生态。对于应用开发者，HarmonyOS 让开发者不用面对硬件复杂性，通过使用封装好的分布式技术 APIs，以较小投入专注开发出各种全场景新体验。

2.4.2　华为鸿蒙系统的意义

1. 打破操作系统的格局

华为鸿蒙系统宣告问世，在全球反响强烈，因为它的诞生拉开了改变操作系统全球格局的序幕。

2. 促进国产软件的全面崛起

鸿蒙问世时恰逢中国整个软件业亟需补足短板，鸿蒙给国产软件的全面崛起产生战略性带动和刺激。中国软件行业枝繁叶茂，但没有根，华为要从鸿蒙开始，构建中国基础软件的根。

鸿蒙是时代的产物，在后智能机时代，原本手机扮演的角色会被分散到其他硬件产品上，称作去中心化。例如，手机能够打电话上网，那么智能音箱、电视也能够从手机那接过相应的操作，并继续该任务。这是智能家居行业发展的一种成熟形态，亦是鸿蒙 OS 对应的场景。

3. 开启全场景智能化时代

鸿蒙 OS 面向全场景智能化时代，在技术上较为先进，虽然在国内市场需要进行内部协调的大量工作，但这个市场总体上向这款操作系统提供根据地般的支撑，一旦形势促使鸿蒙在华为全线产品上安装，将为中国操作系统及软件业带来全面繁荣的回报。中国的其他软件应用厂商会在全社会的推力下支持开源的鸿蒙，共同参与鸿蒙的生态建设。

4. 开源建生态

鸿蒙 OS 开源是必定的。同 HiLink 组建的理念一样，华为希望新生态开源通过产业链的共同努力而建立。因为生态的繁荣并非靠华为自己，而需要许许多多的开发者、合作伙伴。

5. 促进全球技术平衡

鸿蒙 OS 的问世是打破国外操作系统垄断的一个解决方案，它对全球技术平衡具有积极意义。

2.4.3　华为鸿蒙系统的技术特征

1. 分布式

HarmonyOS 具备分布式软总线、分布式数据管理和分布式安全三大核心能力。

（1）分布式软总线

分布式软总线让多设备融合为一个设备，带来设备内和设备间高吞吐、低时延、高可靠的流畅连接体验。

（2）分布式数据管理

分布式数据管理让跨设备数据访问如同访问本地，大大提升跨设备数据远程读写和检索性能等。

（3）分布式安全

分布式安全确保正确的人、用正确的设备、正确使用数据。当用户进行解锁、付款、登录等行为时系统会主动拉出认证请求，并通过分布式技术可信互联能力，协同身份认证确保正确的人；HarmonyOS 能够把手机的内核级安全能力扩展到其他终端，进而提升全场景设备的安全性，通过设备能力互助，共同抵御攻击，保障智能家居网络安全；HarmonyOS通过定义数据和设备的安全级别，对数据和设备都进行分类分级保护，确保数据流通安全可信。

2. 开放性

从技术架构上来说，微内核架构的鸿蒙可能更像苹果的iOS，但鸿蒙和苹果最大的不同是，苹果生态是封闭的，而鸿蒙则会开源。

2.4.4　华为鸿蒙系统的应用

HarmonyOS 通过 SDK、源代码、开发板 / 模组和 HUAWEI DevEco 等装备共同构成完备的开发平台与工具链，设备厂商可以选择不同的方式加入全场景智慧生态。通过使用分布式SDK，获得畅连、HiCar 等 7 大能力快速接入。

1. 智能硬件

HarmonyOS 为智能硬件开发者提供模组、开发板和解决方案。同时，HUAWEI DevEco

将为 HarmonyOS 设备带来一站式开发环境，支持家电、安防、运动健康等品类的组件定制、驱动开发和分布式能力集成。

在开发过程中，不论设备是有屏还是无屏，HUAWEI DevEco 都可提供一站式开发、编译、调试和烧录，组件可以按需定制，减少资源占用，开发环境内置安全检查能力，开发者在开发过程中也可以进行可视化调试。

2. 开源

HarmonyOS 将源代码捐赠给开放原子开源基金会进行孵化，项目名称为 OpenHarmony。

目前，面向 RAM 在 128 KB~128 MB 的 IoT 智能硬件源代码已经开放；计划到 2021 年 10 月，HarmonyOS 源代码将会面向更多全场景终端设备开放。

华为、京东、中科院软件所、中软国际等 7 家单位在开放原子开源基金会的组织下成立 OpenHarmony 项目群工作委员会，开始对 OpenHarmony 项目进行开源社区治理。各家单位对 OpenHarmony 开源项目持续投入和贡献。

3. 一次开发，多端部署

HarmonyOS 提供一系列构建全场景应用的完整平台工具链与生态体系。分布式应用框架能够将复杂的设备间协同封装成简单接口，实现跨设备应用协同。开发者只需要关注业务逻辑，减少代码和复杂度；分布式应用框架 SDK/API 开发者 Beta 版已经同步上线，分步骤提供 13 000 多个 API，支持开发大屏、手表、车机等应用。

鸿蒙 OS 凭借多终端开发 IDE，多语言统一编译，分布式架构 Kit 提供屏幕布局控件及交互的自动适配，支持控件拖拽，面向预览的可视化编程，从而使开发者可以基于同一工程高效构建多端自动运行 App，实现真正的一次开发，多端部署，在跨设备之间实现共享生态。

4. 华为方舟编译器

华为方舟编译器是首个取代 Android 虚拟机模式的静态编译器，可供开发者在开发环境中一次性将高级语言编译为机器码。此外，方舟编译器支持多语言统一编译，可大幅提高开发效率。消除跨语言交互开销，统一运行时，统一多语言前端，让开发者能够自由选择 Java、JavaScript 及其他语言；通过组件解耦实现多设备弹性部署；操作系统、运行时和开发框架协同设计，能够完成联合优化，提高代码执行效率。

5. 集成开发工具

HarmonyOS 2.0 打造全场景跨设备集成开发工具 Huawei DevEco 2.0。在编程时开发者可以实时预览 UI，实现编程所即所得；提供 API 智能补全，实现高效编码；面对多设备测试难题，DevEco Studio 提供了高性能模拟仿真和实时调测。

本 章 小 结

操作系统是用户和计算机之间的接口，是使用计算机时必须掌握的系统软件。应用软件是建立在操作系统软件之上的，所以操作系统的学习显得十分重要。本章介绍了 Windows 10 的基本操作、文件与文件夹的含义和操作、常见系统设置。通过本章的学习，需要熟练掌握 Windows 10 操作系统的基本操作，需要理解文件及文件夹的概念，灵活运用文件及文件夹的基本操作，了解控制面板中常用的系统设置和常用工具程序的使用方法。

本章最后简单介绍了华为鸿蒙系统的发展、技术特点、主要应用和重大意义。

习　题　2

一、单项选择题

1. 在 Windows 10 系统中，"剪贴板"是程序和文件之间用来传递信息的临时存储区，此存储区是（　　）。

    A. 回收站的一部分　　B. 硬盘的一部分　　　C. 内存的一部分　　D. 外存的一部分

2. 关闭 Windows 10 系统后，回收站中的文件（　　）。

    A. 不会丢失　　　　　　　　　　　　B. 可能丢失

    C. 一定丢失　　　　　　　　　　　　D. 将会自动被还原

3. 下列关于删除的说法不正确的是（　　）。

    A. 在回收站里面删除文件相当于彻底删除该文件

    B. 彻底删除的快捷键是 Shift+Delete

    C. 选择所需要删除的文件之后，按 Delete 键，该文件将不能被找到

    D. 将所需删除的文件直接移动到回收站内，可以达到删除的目的

4. 在 Windows 操作系统中，正确的说法是（　　）。

    A. 在不同的文件夹中不允许建立两个同名的文件或文件夹

    B. 同一文件夹中不允许建立两个同名的文件或文件夹

    C. 在根目录下允许建立多个同名的文件或文件夹

    D. 同一文件夹中可以建立两个同名的文件或文件夹

5. 删除 Windows 10 桌面上的某个应用程序的快捷图标，意味着（　　）。

    A. 该应用程序连同其图标一起被删除

    B. 只删除了该应用程序，对应的图标被隐藏

    C. 只删除了图标，对应的应用程序被保留

    D. 该应用程序连同其图标一起被隐藏

6. 在 Windows 10 中，下列叙述错误的是（　　）。

    A. 可支持鼠标操作　　　　　　　　　B. 可同时运行多个程序

    C. 不支持即插即用　　　　　　　　　D. 桌面上可同时容纳多个窗口

7. 在 Windows 10 中执行文件"搜索"命令时，（　　）通配符。

    A. 能使用"?"和"*"　　　　　　　　B. 不能使用"?"和"*"

    C. 只能使用"?"　　　　　　　　　　D. 只能使用"*"

8. Windows 10 系统中的操作具有的特点是（　　）。

    A. 先选择操作对象，再选择操作项

    B. 先选择操作项，再选择操作对象

    C. 同时选择操作对象和操作项

    D. 需要将操作项拖到操作对象上

9. 在 Windows 10 中，对话框的形状是一个矩形框，其大小是（　　）的。

    A. 可以最大化　　　　B. 可以最小化　　　　C. 不能改变　　　　D. 可以任意改变

10. 在 Windows 10 中，单击鼠标左键在同一驱动器的不同文件夹内拖动某一对象，其结果是（   ）。

    A. 移动该对象　　　　B. 复制该对象　　　　C. 没有变化　　　　D. 删除该对象

11. 以下不是操作系统主要功能的是（   ）。

    A. 资源管理　　　　B. 人机交互　　　　C. 程序控制　　　　D. 办公自动化

12. 文件的扩展名可以说明文件类型。下面的"文件类型 – 扩展名"对应关系错误的是（   ）。

    A. 多媒体文件 –rmvb　　　　　　　　B. 图片文件 –jpg

    C. 可执行文件 –com　　　　　　　　D. 压缩文件 –doc

13. 在资源管理器中选中某个文件，按 Del 键可以将该文件删除，必要时还可以将其恢复，但如果将（   ）键和 Del 键组合同时按下，则可以彻底删除此文件。

    A. Ctrl　　　　　　B. Shift　　　　　　C. Alt　　　　　　D. Alt+Ctrl

14. 以下（   ）不能实现窗口间的焦点切换操作。

    A. 在要变成活动窗口的任意位置单击

    B. 任务栏上排列所有窗口对应的按钮，若单击某个按钮，则该按钮对应的窗口成为活动窗口

    C. 利用 Alt+Tab 键在不同窗口之间切换

    D. 在桌面空白区域右击，选择"切换窗口"命令

15. 通常情况下，通过 Windows 任务栏不能直接完成的操作是（   ）。

    A. 关闭已打开的窗口　　　　　　　　B. 显示桌面

    C. 重新排列桌面图标　　　　　　　　D. 打开任务管理器

16. 一个完整的文件名由主文件名和（   ）组成。

    A. 路径　　　　　　　　　　　　　　B. 驱动器号

    C. 驱动器号和路径　　　　　　　　　D. 扩展名

17. 在 Windows 10 中，如果使用键盘操作，默认情况下按（   ）键进行输入法切换。

    A. Ctrl+Space　　B. Ctrl+Alt　　　C. Ctrl+Shift　　　D. Ctrl+Alt+Delete

18. 在 Windows 10 中，能弹出下层菜单的操作是（   ）。

    A. 选择了带省略号的菜单项

    B. 选择了带向右黑色三角形箭头的菜单项

    C. 选择了文字颜色变灰的菜单项

    D. 选择了左边带对号√的菜单项

19. 为了提高磁盘存取效率，人们常每隔一段时间进行磁盘碎片整理。所谓磁盘碎片是指磁盘使用一段时间后，（   ）。

    A. 损坏的部分（碎片）越来越多

    B. 因多次建立、删除文件，磁盘上留下的很多可用的小空间

    C. 多次下载保留的信息块越来越多

    D. 磁盘的目录层次越来越多，越来越细

20. 在 Windows 10 中，下列关于文件删除和恢复的叙述中，错误的是（   ）。

    A. 选择指定的文件，按 Delete 键，可以删除文件

B. 将选定的文件拖曳到"回收站"中，可以删除文件

C. 使用"还原"命令，可以把"回收站"中的文件恢复到原来文件夹中

D. 所有被删除的文件都在"回收站"中

二、操作题

1. 建立如图 2-34 所示的文件夹结构。

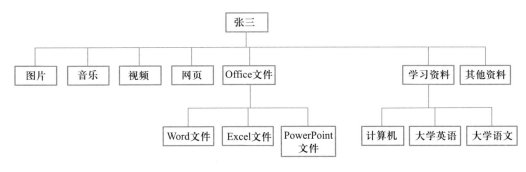

图 2-34 练习操作图

2. 管理文件和文件夹，具体要求如下。

① 在计算机 D 盘中新建 FENG、WARM 和 SEED3 个文件夹，再在 FENG 文件夹中新建 WANG 子文件夹，在该子文件夹中新建一个 JIM.txt 文件。

② 将 WANG 子文件夹中的 JIM.txt 文件复制到 WARM 文件夹中。

③ 将 WARM 文件夹中的 JIM.txt 文件删除。

3. 从网上下载搜狗拼音输入法的安装程序，然后安装到计算机中。

4. 请将个人拍摄的照片或下载的图片设置为桌面背景。

第 **3** 章

Word 2016 文档处理

【本章工作任务】

- ✓ 文档的创建、保存
- ✓ 表格的制作和应用
- ✓ 图文的混排和应用
- ✓ 文档的输出和打印

【本章知识目标】

- ✓ 掌握 Word 2016 文档的基本操作
- ✓ 熟练掌握文档排版（字体格式、段落格式和页面格式）的基本操作和高级操作
- ✓ 熟练掌握表格制作、编辑及格式设置
- ✓ 掌握插入和编辑对象（图片、艺术字、数学公式）等相关操作，实现图文混排
- ✓ 了解页面设置和文档打印的基本操作

【本章技能目标】

- ✓ 能对文字进行熟练的编辑
- ✓ 能根据内容要求对文档进行合理的排版
- ✓ 能达到制作各种表格和图文混排的要求
- ✓ 能熟练地将文档从打印机上输出

【本章重点难点】

- ✓ 文字、公式等各种文本的录入方法和技巧
- ✓ 文档的各种常用编辑技巧
- ✓ 制作各种复杂的表格技巧的掌握，邮件合并的处理
- ✓ 在文字中插入图片，图文混排，特别是文字、表格和图片的各种形式的排版

【本章项目案例】

利用 Word 2016 字处理软件编排字表美观，图文并茂的文档，效果如图 3-1 所示。

图 3-1　文档编排效果示例

认识 Word
2016

PPT

3.1　认识 Word 2016

Word 2016 是 Office 2016 的主要组成软件之一，用于进行文字处理，界面如图 3-2 所示。在 Office 2016 家族中，每个组件都有明确的分工，具体如下：

① Word 2016 不仅提供了易于使用的文档创建工具，还具有丰富的功能集用以创建复杂的文档。可以通过文本格式化操作或图片处理完成文本的输入、编辑、排版和打印工作。

② Excel 2016 主要用来进行各种表格数据的处理、统计分析和辅助决策操作工作。

③ PowerPoint 2016 不仅可以创建演示文稿，还可以在互联网上召开面对面会议、远程会议或在网上给观众展示作品或产品。

④ Access 2016 是把数据库引擎的图形用户界面和软件开发工具结合在一起的一个数据库管理系统，用来进行数据处理，显示表和报表等工作。

⑤ Outlook 2016 可以用来收发电子邮件、管理联系人信息、记日记、安排日程、分配任务等。

⑥ Publisher 2016 是一款入门级的桌面出版应用软件，能提供比 Microsoft Word 更强大的页面元素控制功能。

Word 2016 的常用功能如下：

图 3-2 Word 2016 界面

① 管理文档：文档的建立、保存、加密和意外恢复。
② 编辑文档：输入、复制、移动、查找替换文本。
③ 格式设置：设置字体、字号、段落和页面格式。
④ 表格处理：建立、保存、编辑和转换表格。
⑤ 图形处理：图形的绘制、插入、编辑和图文混排。
⑥ 公式编辑：数理化公式编辑。
⑦ 其他功能：项目编号和符号、邮件合并、样式与模板的制作和使用等。

3.1.1 Word 2016 的启动和退出

1. Word 2016 的启动

启动 Word 2016 的一般方法如下：

方法 1：在任务栏上单击"开始"按钮，在弹出的"开始"菜单中选择"Word 2016"命令。

方法 2：双击桌面快捷方式图标 ■。

方法 3：双击任意一个 Word 文档。

方法 4：右击任务栏上的"开始"按钮，在快捷菜单中选择"运行"命令，在打开的"运行"对话框中，如图 3-3 所示，输入文件"winword.exe"及所在路径，或单击"浏览"按钮，在打开的"浏览"对话框中找到文件后单击"打开"按钮，然后单击"确定"按钮启动。

2. Word 2016 的退出

退出 Word 2016 的一般方法为：单击该窗口的 ■ 按钮。

图 3-3　"运行"对话框

3.1.2　Word 2016 工作窗口

1. 标题栏

Word 2016 标题栏如图 3-4 所示，从左到右依次是快速访问工具栏、文件名、程序名、功能区显示选项和 3 个窗口操作按钮（最小化、最大化 / 还原和关闭）。

图 3-4　Word 2016 标题栏

　　① 快速访问工具栏包括保存、撤销和恢复等常用命令按钮，可以自定义添加或删除按钮。如单击右侧的下拉三角按钮，在下拉菜单中选择常用的命令可以直接添加，或选择"其他命令"命令，在"Word 选项"对话框中自动定位到"快速访问工具栏"选项卡，在命令列表中选取相应的命令，可以添加或删除相应的命令按钮。

　　② 当前文档名为"03Word2016.docx"，新建默认的完整文件名是"文档 1.docx"。

　　③ 功能区显示选项包括"自动隐藏功能区""显示选项卡"和"显示选项卡和命令"3 种。

　　④ 双击标题栏空白处可以最大化 / 还原窗口，在非最大化状态下，拖动空白处可以移动

窗口。

2. 选项卡和功能区

菜单栏中列出了 Word 2016 中的 9 个主选项卡，单击每一个选项卡标签，都会出现相应的功能区，功能区由若干个选项组构成，相关命令按选项组分类排列，命令可以是按钮、菜单、列表或者输入框，如图 3-5 所示。

微课 3-1
选项卡和功
能区

图 3-5　选项卡、功能区和命令选项组

3. "字体"和"段落"选项组

如图 3-6 所示的"开始"选项卡列出了文档的基本编辑操作命令按钮，如果不清楚某个命令按钮的具体名称（如主题颜色）或具体功能（如文本效果），可用鼠标指针在这个命令按钮上停留片刻，系统会自动显示屏幕提示，帮助用户在日常操作或等级考试中解决一部分难题。另外单击某些选项组的右下角小箭头（对话框启动器），就会弹出带有更多命令的对话框或任务窗格。

图 3-6　"字体"和"段落"选项组

4. "文件"选项卡和"Backstage 视图"

如图 3-7 所示，"文件"选项卡列出了对文件进行基本操作的固定选项卡。"文件"选项卡打开的窗口称为"Backstage 视图"。

5. 标尺

通过标尺可以选择不同制表符并设置制表符位置、调整页边距大小和设置不同段落缩进的具体位置，如图 3-8 所示。

① 要显示或隐藏标尺，可以选择"视图"选项卡，在"显示"选项组中"标尺"前面出现 ☑ 表示正在显示状态。

② 要改变标尺的度量单位，可以依次选择"文件"→"选项"命令，打开"Word 选项"对话框，选择"高级"选项卡，在"显示"选项组中首先通过选中"以字符宽度为度量单位"复选框来设置当前是否以字符为度量单位。若不选用使用字符单位，则以"度量单位"右侧的下拉列表框中所选单位为当前度量单位。

6. 文档编辑区

文档编辑区用来显示和编辑文档内容。在编辑区左边空白处，鼠标显示为向右的空心箭头"↗"，该区域称为文本选定区。在此区域通过不同次数的点击或拖动鼠标可以选择整行、整段和整篇文本，在 3.3 节将具体介绍。

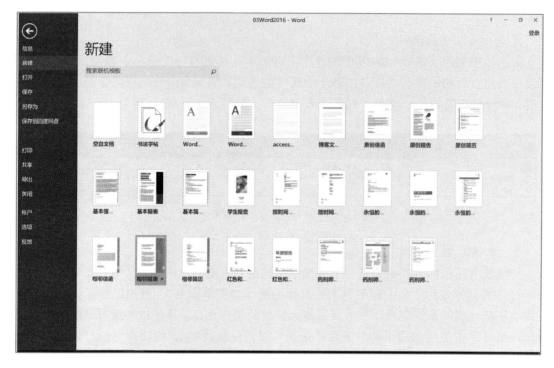

图 3-7　Word 2016 "文件" 选项卡

图 3-8　Word 2016 标尺

7. 插入点

文本中闪烁的 "|" 称为插入点,表示当前输入文本所在的位置。输入文本前必须先指定插入点的位置,可以用鼠标或键盘来完成,3.2 节将具体介绍。Word 2016 支持 "即点即输" 和操作选项选择前的效果 "实时预览" 功能。

8. 滚动条

Word 2016 有垂直滚动条和水平滚动条,用于纵向和横向滚动查看文档。一般来说,拖动其中的滑块可以快速浏览显示文档,在进行大范围粗略定位文档时常用;单击 ▲ 或 ▼ 按钮可以将显示内容向上或向下滚动一行,常用于小范围仔细逐行浏览文本。

9. 状态栏

状态栏位于窗口的底部,如图 3-9 所示,它用于显示当前编辑操作的状态,包括正在显示文档的第 × 页,共 ×× 页、字数、校对 / 更正错误、语言、录制新宏、视图方式和显示比例等。

图 3-9　Word 2016 状态栏

10. 视图方式

Word 2016 有多种视图方式，在其窗口显示的有 5 种视图，如图 3-10 所示。

（1）页面视图

在页面视图中，编辑时所见到的页面对象分布效果就是打印出来的效果，基本能做到"所见即所得"，是最占用内存的一种视图方式。它能同时显示水平标尺和垂直标尺，从页面设置到文字录入、图形绘制，从页眉页脚设置到生成自动化目录都建议在编辑文档时使用，也是人们使用最多的视图。

图 3-10　视图切换按钮

（2）阅读视图

为了方便阅读文档而设计的视图模式，适合阅读长篇文章。此模式默认仅保留了方便在文档中跳转的导航窗格，将其他诸如插入、页面设置、审阅、邮件合并等文档编辑工具进行了隐藏，扩大了 Word 的显示区域，另外，对阅读功能进行了优化，最大限度地为用户提供良好的阅读体验，在该视图下同样可以进行文字的编辑工作，但视觉效果更好，眼睛不会感到疲劳。例如，单击正文左右两侧的箭头，或者直接按键盘上的左右方向键，就可以分屏切换文档显示。

要使用阅读版式视图，只需在打开的 Word 文档中，单击"视图"→"阅读视图"按钮。想要停止阅读文档时，单击"阅读版式"工具栏上的"页面视图"按钮或按 Esc 键，可以从阅读版式视图切换回来。

（3）Web 版式视图

在 Web 版式视图中，文档显示效果和 Web 浏览网页的显示效果相同，正文显示的宽度不是页面宽度，而是整个文档窗口的宽度，并且自动折行以适应窗口。对文档不进行分页处理，不能查看页眉页脚等，显示的效果不是实际打印的效果。这种视图方式只显示水平标尺，利用 Word 2016 制作网页后可以查看在 Web 端的发布效果。

如果碰到文档中存在超宽的表格或图形对象又不方便选择调整的时候，可以考虑切换到此视图中进行操作，会有意想不到的效果。

（4）大纲视图

大纲视图可显示文档的结构，它可以将所有的标题或文字都转换成大纲标题进行显示。大纲视图中的缩进和符号并不影响文档在页面视图中的外观，而且也不会打印出来，不显示页边距、页眉和页脚、图片和背景。可以通过双击一个标题来查看标题下的文字内容，也可将大标题下的一些小标题和文字隐藏起来，使文档层次结构清晰明了，还可以通过拖动标题来移动、复制和重新组织文本，特别适合编辑含有大量章节的长文档，在查看、重新调整文档结构时使用，可以轻松地合并多个文档或拆分一个大型文档。

注：大纲视图和文档结构图要求文章具备诸如标题样式、大纲符号等表明文章结构的元素。不是所有的文章都具备这样的文章结构，因此不一定都能显示出大纲视图和导航窗格。

（5）草稿视图

在草稿视图中，可以显示文字的格式和分页符等，它简化了页面的布局，不能显示图片、页眉页脚和分栏等，只能显示水平标尺，不能显示垂直标尺，比较节约内存，适用于快速浏览文档及简单排版等。

另外，在"视图"选项卡中还可以通过单击"导航窗格"和"缩放"等命令选项来快速定位浏览文档。

Word 文档
的基本操作

PPT

3.2   Word 文档的基本操作

通过 Word 2016 可以创建、输入并保存文档，示例文档如图 3-11 所示。

> 淡淡的……
>
> 淡淡的友谊。是朋友，却不常常见血，偶尔电话中 dd 的一句：你好吗～～dd 的问候
> 此时就象发芽的思念一样蔓延开来，牵挂将牢居你的心头。俗话说：君子之交淡如水，友
> 谊中的这个"淡"字又包含了多少的真诚与纯洁呢！
>
> 淡淡的味道。我喜欢 DD 的水，一杯凉白开足以解渴。茶呢，也要 dd 的，dd 之中才
> 品出它余味的清香。喝咖啡不要加糖，dd 的苦才是它原来的味道。
>
> 淡淡的云。我还喜欢天空中那朵 dd 的云，它将天空衬得更高更蓝更宽阔；有时候真
> 希望自己就是天空中那白在又潇洒的云儿，朝迎旭日升、暮送夕阳下、身随魂梦飞、来去
> 无牵挂…… 我喜欢 dd 的风。恬淡的你，一如轻淡的风，拂面而过的是风，难以抹去的是
> 景。
>
> 淡淡的感觉。沏一杯清茶，放一曲 DD 的音乐，一个人，就一个人，静静地…… 将自
> 己包围在沙发之中，融化在音乐里，淡淡地回忆着模糊的往昔，翻开旧日的像册，打开尘
> 封的口记，回忆者从来不需要想起、永远也不会忘记的你。"淡淡"之中又引出多少的
> 感慨万分、多少的幽怨无奈啊～～DD 之中包含了很多很多，我喜欢 dd 的感觉。
>
> ☆*风轻云淡*☆编辑于 7/21/202120:21 AM   [▤个人文集]

图 3-11   示例文档

3.2.1   创建新文档

建立新文档通常有以下 3 种方法。

方法 1：启动 Word 2016 同时自动创建新文档：文档 1.docx。

方法 2：启动后按 Ctrl+N 组合键，可以快速创建一个空白文档。

方法 3：选择"文件"→"新建"命令，然后在"新建"列表内单击"空白文档"图标即可新建文档。

方法 4：选择"文件"→"新建"命令，然后在"联机模板"列表内选择"蓝灰色简历"或"快速日历"等模板，如图 3-12 所示，单击"创建"按钮即可。

3.2.2   输入文档内容

1. 选用合适的输入法

输入法的选择可以通过按 Ctrl+Shift 组合键循环切换。

2. 定位"插入点"

输入、修改文本前首先要指定文本对象输入的位置，可以通过鼠标和键盘来进行定位。

① 鼠标定位。通过滚动条浏览移动鼠标指针至目标位置后单击。

② 键盘定位。使用键盘上的光标移动键或组合键定位"插入点"，常见操作见表 3-1。

表 3-1   光标移动键或组合键的作用

组合键	定位单位	组合键	定位单位
Page Up	上移一页	Ctrl+↑	上移一段
Page Down	下移一页	Ctrl+↓	下移一段
Home	移到行首	Ctrl+Home	移到文首
End	移到行尾	Ctrl+End	移到文尾

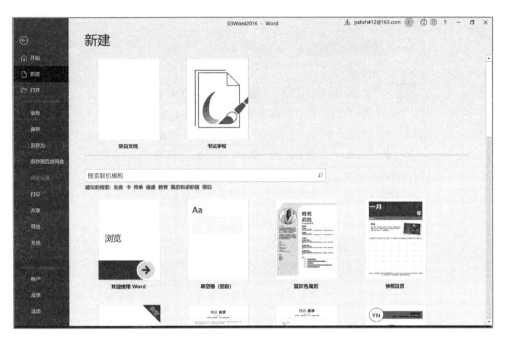

图 3-12 "新建"选项卡

3. 输入文本内容

自然段内系统自动换行,自然段结束按 Enter 键完成手动换行,同时显示段落符号"↵"。

4. 插入符号和特殊符号

① 利用键盘输入中文标点符号。常用的中文标点符号的对应键见表 3-2。

表 3-2 常用中文标点符号的对应键

标点符号	对应键	标点符号	对应键
、	\	·	@
——	—	……	^
《	<	》	>

> 📖 注意:
> 在当前正在使用的中 / 英文输入法之间切换可按 Ctrl+ 空格键进行。

② 利用软键盘输入符号。在汉字输入法工具条上右击"软键盘"按钮,在弹出的菜单中选择相应的符号选项,在弹出的键盘图中单击要输入的符号即可。关闭软键盘可通过单击"软键盘"按钮完成。

③ 单击"插入"→"符号"→"其他符号"按钮,在打开的"符号"对话框中选择"符号"选项卡,如图 3-13 所示,然后在"字体"下拉列表框中选择不同的符号集,找到要输入的符号后选中,单击"插入"按钮插入到指定位置(可连续插入多个符号)。

5. 使用菜单命令插入"页码""日期和时间"

单击"插入"→"页眉和页脚"→"页码"按钮,在下拉列表中选择"页面底端"或"页面顶端"命令,在弹出的列表中选择相应样式中,如图 3-14(a)所示,可以设置页码在垂

图 3-13　"符号"对话框

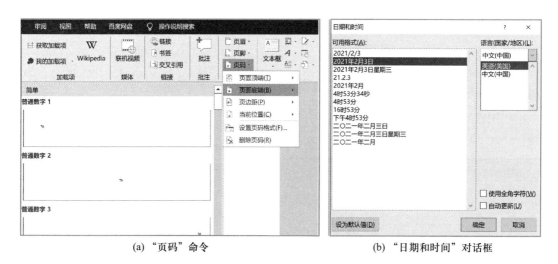

(a) "页码"命令　　　　　　　　　(b) "日期和时间"对话框

图 3-14　"页码"命令和"日期和时间"对话框

直方向上的位置和水平方向上的对齐方式，在所需位置插入页码；确定插入点后，单击"插入"→"文本"→"日期和时间"按钮，如图 3-14（b）所示，可以将日期和时间插入到文本中的任何位置。

3.2.3　保存文档

1. 保存新建文档

保存新建文档的操作步骤如下：

① 选择"文件"→"保存"命令或单击"快速访问工具栏"上的"保存"按钮■，打开"另存为"对话框。

② 输入文件名。在"文件名"组合框中输入即可。

③ 选择保存位置。单击"保存位置"列表框右侧的箭头选择目标文件夹。

④ 选择保存类型。单击"保存类型"列表框右侧的箭头选择文件类型（默认类型为"Word 文档（*.docx）"）。

⑤ 单击"保存"按钮。

2. 以原名保存修改后的文档

选择"文件"→"保存"命令或单击"快速访问工具栏"上的"保存"按钮 🖫 即可实现。

3. 另存文件

无论是否进行过修改操作，若想更换文件名、保存位置或保存类型，将原来的文件留作备份，操作步骤如下：

① 选择"文件"→"另存为"命令，双击"这台电脑"图标，打开"另存为"对话框。

② 输入文件名并指定保存位置或保存类型。

③ 单击"保存"按钮。

4. 自动保存

为了防止突然断电或其他意外情况的发生，Word 2016 提供了按指定时间间隔由系统自动保存文档的功能，设置步骤是：先选择"文件"→"选项"命令，打开"Word 选项"对话框，然后在"保存"选项卡中选中"保存自动恢复信息时间间隔"复选框，调整间隔时间后单击"确定"按钮即可。

5. 加密保存

某些文档需要保密，不希望被别人随意打开查看，有两种加密方法，可以按下列步骤为文档设置密码。

（1）文件信息选项加密

① 打开要加密的 Word 文档，选择"文件"→"信息"命令，如图 3-15（a）所示。

② 在中间的窗格单击"保护文档"小三角形按钮，在弹出的菜单中选择"用密码进行加密"命令，打开"加密文档"对话框，在"密码"框中键入密码，修改完成后单击"确定"按钮。

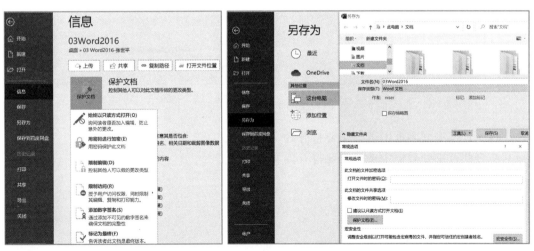

(a)"信息"命令   (b)"常规选项"对话框

图 3-15 "信息"命令和"常规选项"对话框

③ 在随后弹出的"确认密码"对话框的文本框中再输入一遍相同的密码，单击"确定"按钮即可。

（2）文件另存为工具选项加密

① 打开要加密的 Word 文档，选择"文件"→"另存为"命令，双击"这台电脑"图标，打开"另存为"对话框。

② 单击"工具"按钮，在下拉菜单中选择"常规选项"命令，打开"常规选项"对话框，如图 3-15（b）所示，在"打开文件时的密码"框中键入要设置的密码，弹出"确认密码"对话框，继续键入密码，单击"确定"按钮。

③ 最后保存设置好密码的文档即可。

3.2.4　打开和关闭文档

1. 打开文档

对已有的文件进行修改或浏览时，要先打开文档。操作步骤如下：

① 启动 Word 2016 程序后，选择"文件"→"打开"命令，双击"这台电脑"图标，打开"打开"对话框，如图 3-16 所示。

图 3-16　"打开"对话框

② 在文件类型列表框中选择需要打开的文件类型。

③ 在查找范围列表框中选择需要打开的文件路径。

④ 单击需要打开的文件名。

⑤ 单击"打开"按钮即可。

2. 关闭文档

关闭文档有以下 2 种方法。

方法 1：单击标题栏上的"关闭"按钮▣，退出 Word 2016 程序的同时关闭文档。

方法 2：选择"文件"→"关闭"命令，关闭文档窗口。

3.3 编辑 Word 文档

对已有的文档可以进行编辑和格式化文本，实现如图 3-17 所示的文档效果。

图 3-17 文档效果

3.3.1 文本的基本编辑

1. 选定文本内容

文本编辑及格式化工作遵循"先选定、后操作"的原则，只有准确地选择好操作对象，才能进行正确的文本编辑。

选定文本内容一般有鼠标法和键盘法两种。

（1）鼠标法选择文本

鼠标在不同的区域操作时，选择的文本单位也不相同，详情见表 3-3。

表 3-3 鼠标操作和对应的选择对象单位

正文编辑区	选择文本单位	文本选定区	选择文本单位
双击	一词	单击	一行
三击	一段	双击	一段
Ctrl+ 句中单击	一句	三击	全文
Alt+ 拖动	矩形区域	拖动	连续文本行

📖 注意：

鼠标在正文编辑区的形状为"I"；鼠标在文本选定区的形状为"⌐"。

（2）键盘法定位选择文本

① 采用 Shift+ 光标移动←→↑↓键，可以从插入点位置开始选择任意连续区域的文本。

② 采用 Ctrl+A 组合键，可以选中整篇文档。

2. 设置文本输入状态

微课 3-2

文本的输入

状态

默认文本输入状态为"插入"，此时可以在文档中插入字符；而要在文档中修改字符时，则应处于"改写"状态。

① "插入"状态：输入的文本将插入到当前插入点处，插入点后面的字符顺序后移。

② "改写"状态：输入的文本将替换插入点后的字符，其余字符位置不变。

③ "插入"状态和"改写"状态的切换：按 Insert 键。

3. 删除文本

删除文本可用键盘、鼠标和菜单命令完成。常用的文本删除方法见表 3-4。

表 3-4   常用的文本删除方法

按（组合）键	删除文本单位	文本选定后操作
Delete	插入点后一字	按 Delete 键
Backspace	插入点前一字	按 Backspace 键
Ctrl+ Delete	插入点后一词	单击"开始"→"剪贴板"→"剪切"按钮
Ctrl+Backspace	插入点前一词	

4. 移动或复制文本

（1）文件内文本的移动或复制

① 用鼠标拖动，一般用于近距离文本的移动或复制。

• 移动文本：选择要移动的文本，直接拖动鼠标到目的地释放即可。

• 复制文本：选择要复制的文本，按 Ctrl 键，同时拖动鼠标到目的地释放即可。

② 用键盘操作，一般用于远距离文本的移动或复制。

• 移动文本：选择要移动的文本，按 Ctrl+X 组合键，将移动文本剪切到剪贴板中；定位插入点于目的地，按 Ctrl+V 组合键将文本从剪贴板中粘贴到目的地。

• 复制文本：选择要复制的文本，按 Ctrl+C 组合键；定位插入点于目的地，按 Ctrl+V 组合键完成文本的复制。

③ 用菜单命令。

• 移动文本：选择要移动的文本，单击"开始"→"剪贴板"→"剪切"按钮✄；定位插入点于目的地，再单击"开始"→"剪贴板"→"粘贴"按钮▥完成。

• 复制文本：选择要复制的文本，依次单击"开始"→"剪贴板"→"复制"按钮▤；定位插入点于目的地，再单击"开始"→"剪贴板"→"粘贴"按钮▥完成。

微课 3-3

查找和替换

（2）文件间文本的移动或复制

用键盘或菜单命令操作。步骤同上，注意源文件和目标文件的插入点定位切换。

5. 查找和替换文本

在文档的编辑过程中，会经常需要进行单词或词语的查找和替换操作，

Word 2016 提供了强大的查找和替换功能。

（1）查找

① 单击"开始"→"编辑"→"查找"按钮，在下拉列表中选择"高级查找"命令，打开"查找和替换"对话框。

② 在"查找"选项卡（图 3–18）的"查找内容"文本框中输入要查找的文本内容，按 Enter 键或单击"查找下一处"按钮，就可以查找到插入点之后第 1 个与输入文本内容相匹配的文本。

图 3–18 "查找"选项卡

③ 连续单击"查找下一处"按钮，可以进行多处匹配的文本内容的查找。

④ 所有相匹配的文本查找完毕后，会弹出"搜索完毕"提示框，显示查找结果。

（2）替换

① 单击"开始"→"编辑"→"替换"按钮，打开"查找和替换"对话框。

② 在"替换"选项卡（图 3–19）的"查找内容"文本框中输入要查找的文本内容，在"替换为"文本框中输入替换的内容。

图 3–19 "替换"选项卡

③ 逐次单击"查找下一处"按钮，找到要替换的文本后，单击"替换"按钮，可以进行有选择性的替换；单击"全部替换"按钮，则可以一次性完成替换。

（3）更多查找替换

除了可以查找替换的字符外，还可以查找替换某些特定的格式或特殊符号，这时需要通过单击"更多"按钮来扩展"查找和替换"对话框，如图 3–20 所示。

图 3-20　"查找和替换"对话框的更多选项

①"搜索"下拉列表框。用于选择查找和替换的方向。以当前插入点为起点,"向上""向下"或者"全部"搜索文档内容。

②"区分大小写"复选框。查找和替换时区分字母的大小写。

③"全字匹配"复选框。单词或词组必须完全相同,部分相同不执行查找和替换操作。

④"使用通配符"复选框。单词或词组部分相同也可以进行查找和替换操作。

⑤"格式"按钮。可以对文本的字体、段落和样式等排版格式进行查找和替换。

⑥"特殊格式"按钮。查找和替换的对象是特殊字符,如通配符、制表符、分栏符等。

⑦"不限定格式"按钮。查找和替换时不考虑"查找内容"文本框或"替换为"文本框中的文本格式。

6. 撤销、恢复文本

如果在文档编辑过程中操作有误或存在冗余操作,若想撤销本次错误操作或之前的冗余操作,可以使用 Word 2016 的撤销操作功能。

(1)撤销操作

① 单击快速访问工具栏上的"撤销"按钮(或按 Ctrl+Z 组合键),可以撤销之前的一次操作;多次执行该命令可以依次撤销之前的多次操作。

② 单击快速访问工具栏上的"撤销"按钮右侧的下拉按钮可以撤销指定某次操作之前的多次操作。

(2)恢复撤销操作

如果撤销过多,需要恢复部分操作,可以使用恢复功能完成。

① 单击快速访问工具栏上的"恢复"按钮（或按 Ctrl+Y 组合键），可以恢复之前的一次操作；多次执行该命令可以依次恢复之前的多次撤销操作。

② 单击快速访问工具栏上的"恢复"按钮右侧的下拉按钮，可以依次恢复指定某次撤销操作之前的多次撤销操作。

3.3.2　字符格式

字符指文本中汉字、字母、标点符号、数字、运算符号以及某些特殊符号。字符格式的设置决定了字符在屏幕上显示和打印出的效果，包括字符的字体和字号，字符的粗体、斜体、空心和下画线等修饰，调整字符间距等。

对字符格式的设置，在字符输入前或后都可以进行。输入前，可以通过选择新的格式定义对将要输入的文本进行格式设置；对已输入的文字格式进行设置，要先选定需设置格式的文本范围，再对其进行各种设置。为了能够集中输入，一般采用先输入后设置的方法。

设置字符格式主要使用"字体"选项组中的命令选项和"字体"对话框中的选项。

1. "字体"选项组

"开始"选项卡下的"字体"选项组中有"字体""字号"下拉列表框和"加粗""倾斜""下画线"等按钮，如图 3-21 所示。

图 3-21　"字体"选项组

① "字体"下拉列表框提供了宋体、楷体、黑体等多种常用字体。

② "字号"下拉列表框提供了多种字号以表示字符大小的变化。字号的单位有字号和磅两种。

③ "加粗""倾斜""下画线""字符边框""字符底纹"和"字符缩放"提供了字形的修饰方法。

使用"字体"选项组只能进行字符的简单格式设置，若要设置更为复杂多样，则应当使用"字体"对话框中的选项。

2. "字体"对话框

单击"开始"→"字体"→对话框启动器 ⌐，打开如图 3-22 所示的"字体"对话框。对话框中有"字体"和"高级"2 个选项卡。

① 在"字体"选项卡中，可以设置字体（如"**思索**"）、字号（磅）和字符的颜色。

图 3-22　"字体"对话框

② 可以设置加粗（如"**心怀大志**"）、倾斜（如"*冒险*"）、加下画线（如"<u>如履薄冰</u>"）。

③ 可以加删除线（如"~~改过自新~~"）、双删除线（如"~~删繁就简~~"）、上标（如 X^2）和下标（如 H_2）。

④ 可以设置小型大写字母（如 THINK）、全部大写字母（如 THANK）、隐藏文字等。

通过"字体颜色"下拉列表框可以从多种颜色中选择一种颜色；通过"下画线线型"下拉列表框，可以选择所需要的下画线样式（如<u>单线</u>、**<u>粗线</u>**、<u>双线</u>、<u>虚线</u>、<u>波浪线</u>等类型）。

⑤ 操作的效果在对话框下方的"预览"框内显示。

在"高级"选项卡（图 3-23）中，可以设置字符间的缩放比例、水平间距和字符间的垂直位置，使字符更具有可读性或产生特殊的效果。Word 2016 提供了标准、加宽和紧缩 3 种字间距供选择，还提供了标准、上升和降低 3 种位置供选择。

单击"文字效果"按钮，打开"设置文本效果样式"对话框，如图 3-24 所示，用来设置字符的填充、边框、阴影等显示效果。

3. 格式刷

利用"开始"选项卡"剪贴板"选项组中的"格式刷"按钮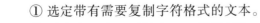可以复制字符格式。操作步骤如下：

① 选定带有需要复制字符格式的文本。

② 单击或双击"开始"→"剪贴板"→"格式刷"按钮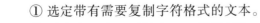。

③ 用刷子形状的鼠标指针在需要设置新格式的文本处拖过，该文本即被设置新的格式。

微课 3-4

格式刷

图 3-23　"高级"选项卡

图 3-24　"设置文本效果格式"对话框

> 📖 注意：
>
> 　　双击"格式刷"按钮可以连续复制多次，但结束时应单击一次"格式刷"按钮，表示结束格式复制操作。

4. 特殊字体效果

　　通过"开始"选项卡"段落"选项组中的"中文版式" 列表中的"双行合一""合并字符"（最多 6 个字）"纵横混排"，"字体"选项组中的"拼音指南" 、"带圈字符" 等菜单命令可以设置如下效果：

　　　　　[寓言故事]　　　　一个和尚　　　　挑水吃　　　　两个和尚抬水吃　　　　⊖①和尚…

　　　　"双行合一"效果　　"合并字符"效果　　"纵横混排"效果　　"拼音指南"效果　　"带圈字符"效果

3.3.3　段落格式

　　段落的格式主要包括段落的对齐方式、段落的缩进（左右缩进、首行缩进）、行间距与段间距、段落的修饰、段落首字下沉等处理。对段落的格式进行设置时，不用选定整个段落，只需要将插入点移至该段落内即可，但如果同时对多个连续段落设置，在设置之前必须先要选定进行设置的段落。

　　进行段落格式化主要利用"开始"选项卡"段落"选项组中的命令选项、"段落"对话框和标尺。

1. 设置段落缩进格式

微课 3-5
段落缩进格式

　　所谓段落的缩进，是指段落中的文本内容相对页边界缩进一定的距离。段落的缩进方式分为左缩进、右缩进、悬挂缩进，以及首行缩进等。所谓"首行缩进"，是指对本段落的第 1 行进行缩进设置；"悬挂缩进"是指段落中除了第 1 行之外的其他行的缩进设置。设置段落缩进位置可以使用对话框、标尺和"段落"选项组中的按钮（图 3-25（a）），其中使用标尺最为简捷。

　　（1）使用"段落"对话框

　　单击"开始"→"段落"→对话框启动器 ，打开"段落"对话框，在"缩进和间距"选项卡中进行左、右缩进及特殊格式的设置，如图 3-25（b）所示。

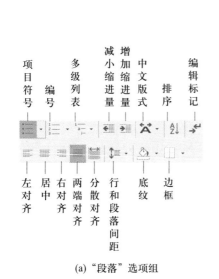

(a)"段落"选项组

(b)"段落"对话框

图 3-25　"段落"选项组和"段落"对话框

　　（2）使用标尺

　　水平标尺位于正文区的上侧，由刻度标记、左右边界缩进标记、悬挂缩进标记和首行缩进标记组成，用来标记水平缩进位置和页面边界等。用鼠标在标尺上拖动左、右缩进标记，或首行缩进标记以确定其位置，如图 3-26 所示。

图 3-26 水平标尺

（3）使用"段落"选项组

单击"开始"→"段落"→"减少缩进量" 按钮或"增加缩进量" 按钮可使插入点所在段落的左边整体减少和增加缩进一个默认的制表位。默认的制表位一般是 0.5 英寸。

2. 设置段落对齐方式

在编辑文本时，有时希望某些段落的内容在行内居中、左端对齐、右端对齐、分散对齐或两端对齐。所谓"两端对齐"是指使段落内容同时按左右缩进对齐，但段落的最后一行左对齐；"分散对齐"是指使行内字符左右对齐、均匀分散，这种格式使用较少。

设置段落对齐方式常用"开始"选项卡"段落"选项组中的按钮或"段落"对话框。

（1）"段落"对话框

在"段落"对话框"缩进和间距"选项卡的"对齐方式"下拉列表框中选择段落的对齐方式。

（2）使用"段落"选项组中的按钮

用鼠标单击"段落"选项组中的"左对齐"按钮 、"居中"按钮 、"右对齐"按钮 、"两端对齐"按钮 或"分散对齐" 按钮，设置段落的对齐方式。

3. 设置段落间距和段落内行间距

段落间距是指相邻段落间的间隔。段落间距设置通过单击"开始"→"段落"→对话框启动器，在打开的"段落"对话框中的"缩进和间距"选项卡的"间距"区域进行。它有段前、段后、行距 3 个选项，用于设置段落前、后间距以及段落中的行间距。行距有单倍行距、1.5 倍行距、2 倍行距、最小值、固定值、多倍行距等多种。选择最小值、固定值后，还要在"设置值"框中确定具体值。

4. 设置段落修饰

段落修饰设置是指给选定段落加上各式各样的框线和(或)底纹，以达到美化版面的目的。设置段落修饰可以使用"开始"选项卡"段落"选项组中的"底纹"按钮和"边框"按钮进行简单设置，还可以通过单击"开始"→"段落"→"边框"下拉按钮，在下拉列表中选择"边框和底纹"命令，在打开的"边框和底纹"对话框中完成，如图 3-27 所示。其中，在"边框"选项卡中设置段落边框类型（无边框、方框、加阴影的方框、三维边框和自定义边框）、框线样式、颜色和宽度、文字与边框的间距选项等；在"底纹"选项卡中设置底纹的类型及前景、背景颜色。

5. 设置段落首字下沉

段落的首字下沉，可以使段落第 1 个字放大数倍，以增强文章的可读性，突出显示段首或篇首位置。设置段落首字下沉的方法是：将插入点定位于段落，单击"插入"→"文本"→"首字下沉"按钮 ，在下拉列表中选择"首字下沉选项"命令，在"首字下沉"对话框的"位置"框中有"无""下沉"或"悬挂"3 种选项，如图 3-28 所示。

① "无"：不进行首字下沉，若该段落已设置首字下沉，则可以取消下沉功能。

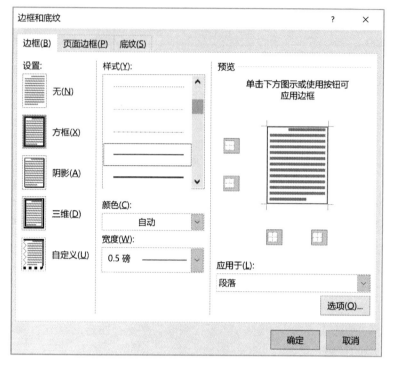

图 3-27　"边框和底纹"对话框

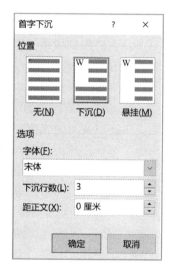

图 3-28　"首字下沉"对话框

② "下沉"：首字后的文字围绕在首字的右下方。

③ "悬挂"：首字下面不排放文字。

6. 样式

（1）样式的概念

样式是一组已命名的字符和段落格式的组合。样式是 Word 2016 的强大功能之一，通过使用样式可以在文档中对字符、段落和版面等进行规范、快速的设置。当定义一个样式后，只要把这个样式应用到其他段落或字符，就可以使这些段落或字符具有相同的格式。

Word 2016 不仅能定义和使用样式，还能查找某一指定样式出现的位置，或对已有的样式进行修改，也可以在已有的样式基础上建立新的样式。

使用样式的优势主要体现在：

① 可以保证文档中段落和字符格式的规范，修改样式即自动改变了引用该样式的段落、字符的格式。

② 使用方便、快捷，只要从样式列表框中选定一个样式，即可进行段落、字符的格式设置。

（2）样式的建立

依次单击"开始"→"样式"→对话框启动器,在打开的"样式"对话框（图 3-29）中单击"新建样式"按钮 ，打开"根据格

图 3-29　"样式"对话框

式化创建新样式"对话框，如图 3-30 所示。在"名称"文本框中先输入样式的名称，选择所建样式的类型、样式基准等，再通过单击"格式"按钮，在下拉菜单中选择对应的格式菜单项，可以对所建立的样式进行字体、段落等格式设置。样式建立后，单击"确定"按钮退出。

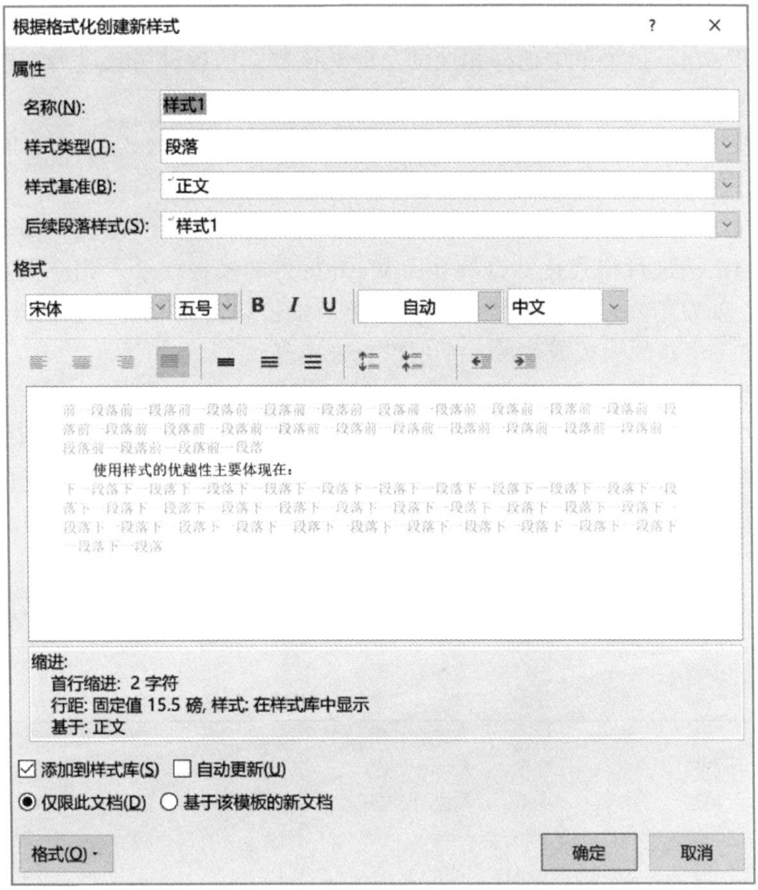

图 3-30　"根据格式化创建新样式"对话框

（3）查看样式内容

在"样式"对话框中，滚动查找并选中要查看的样式，如"正文"，单击底部的"样式检查器"按钮，这时在"说明"框中会自动显示出样式所定义的段落格式和文字级别格式内容。

（4）应用样式编排文档

实际上，Word 2016 预定义了许多标准样式，如各级标题、正文、页眉、页脚等，这些样式可适用于大多数类型的文档。在应用已有样式编排文档时，首先选定段落或字符，然后在"样式"选项组的"样式"下拉列表框中选择所需要的样式，所选定的段落或字符便按照该样式格式来编排；或者单击"开始"→"样式"→"其他"按钮，在下拉列表中选择"应用样式"命令，在打开的"应用样式"对话框中"样式名"列表框选择所需要的样式后单击"重新应用"按钮即可。当然，也可以先选定样式，再输入文字。在"样式"选项组中的名称列表中仅列出部分标准样式，而"应用样式"对话框会列出所有的已定义样式。

（5）样式的修改

应用样式之后，如果某些格式需要修改，不必分别设置每一段文字的格式，只需修改其所引用的样式即可。样式修改完成后，所有使用该样式的文字格式都会做相应的修改。

修改样式的方法是：首先在"样式"选项组的"样式"下拉列表框中选择"应用样式"命令，在打开的"应用样式"对话框中单击"修改"按钮，然后在打开的"修改样式"对话框中单击"格式"按钮，在下拉菜单中选择相应的命令对该样式的各种格式进行选择修改。

7. 模板及其应用

模板是一种特殊的 Word 文档（*.dotx）或者启用宏的模板（*.dotm），它提供了制作最终文档外观的基本工具和文本，是多种不同样式的集合体。

Word 针对不同的使用情况，预先提供了丰富的模板文件，使得在大部分情况下，不需要对所要处理的文档进行格式化，直接套用 Word 提供的模板，录入相应文字，即可得到比较专业的效果，如发传真、新闻稿、报表、简历、报告和信函等。如果需要新的文章格式，也可以通过创建一个新的模板或修改一个旧模板来实现。

（1）利用模板建立新文档

Word 2016 中还内置了多种文档模板，如书法字帖模板等。另外，Office.com 网站还提供了证书、奖状、名片、简历等特定功能模板。在 Word 2016 中使用模板创建文档的步骤如下：

其操作要领是选择"文件"→"新建"命令，在"建议的搜索"Office 模板中选择类别（业务、卡、传单、信函……），如图 3-31 所示，在出现的模板列表中选择所需的模板，再单击"创建"按钮即可修改编辑。

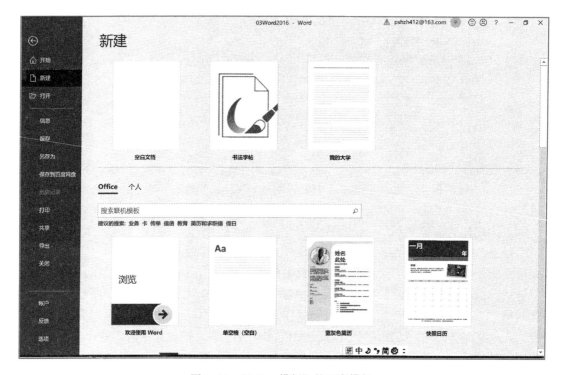

图 3-31　"Office 模板"的现有模板

（2）新模板文件的制作

所有的 Word 文档都是基于模板建立的，Word 2016 为用户提供了许多精心设计的模板，但对于一些特殊的需求格式，可以根据自己的实际工作需要制作一些特定的模板。例如，建立自己的简历、试卷、文件等的模板。用户可以将自定义的 Word 模板保存在"自定义 Office 模板"文件夹（C：\Users\Administrator\Documents\ 自定义 Office 模板）中，以便随时使用。以 Windows 10 系统为例，在 Word 2016 文档中新建模板可采用以下两种方法。

方法 1：通过修改已有的模板或文档建立新的模板文件。

用已有的模板或文档制作新模板是一种最简便的制作模板的方法，其操作步骤如下。

① 打开一个要作为新模板基础的文档或模板；编辑修改其中的元素格式，如文本、图片、表格、样式等；选择"文件"→"另存为"命令，在"另存为"对话框中选择存储的"保存位置"为"自定义 Office 模板"文件夹。

② 单击"保存类型"下拉按钮，在下拉列表中选择"Word 模板"选项。在"文件名"文本框中输入模板名称，并单击"保存"按钮即可，如图 3-32 所示。

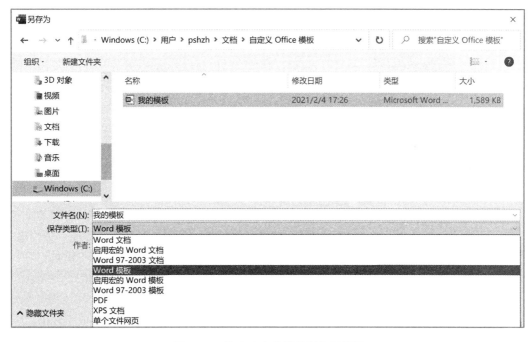

图 3-32 修改已有的模板制作新模板

③ 选择"文件"→"新建"命令，在模板类别中选择"个人"选项。在个人模板列表可以看到新建的自定义模板。选中该模板并单击"确定"按钮即可新建一个文档。

方法 2：创建新模板。

当文档的格式与已有模板格式差异过大时，可以直接创建模板。模板的制作方法与一般文档的制作方法完全相同，选择"文件"→"新建"命令，选择"空白文档"图标，如图 3-33 所示。

设计好格式和样式后，选择"文件"→"另存为"命令，在打开的"另存为"对话框设置保存位置、文件名和保存类型（Word 模板）即可完成。

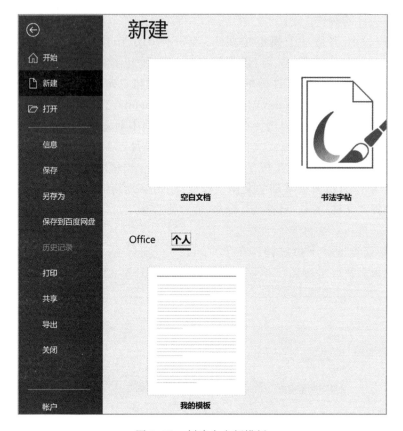

图 3-33　创建个人新模板

3.3.4　页面格式

　　页面格式主要包括页中分栏，插入页眉、页脚、页面边框和背景设置等，用以美化页面外观。页面格式将直接影响文档的最后打印效果。"设计"选项卡功能区主要有"文档格式"和"页面背景"等选项组，"布局"选项卡功能区的主要选项组有"页面设置""稿纸""段落"和"排列"等选项组。也可以打开"页面设置"和"段落"对话框进行页面格式设置。

　　1. 设置分栏

　　所谓多栏文本，是指在一个页面上，文本被安排为自左至右并排排列的续栏形式。

　　选中需分栏文本，单击"布局"→"页面设置"→"栏"按钮，在下拉列表中选择"更多栏"命令，在打开的"栏"对话框中设置栏数、各栏的宽度及间距、分隔线等，如图 3-34所示。也可以使用栏"预设"列表中快速设置按钮进行 1~3 栏的分栏设置。

　　2. 设置页眉和页脚

微课 3-6
设置页眉和
页脚

　　在实际工作中，常常希望在每页的顶部或底部显示页码及一些其他信息，如文章标题、作者姓名、日期或某些标志等。这些信息若在页的顶部，称为页眉；若在页的底部，称为页脚。可以从库中快速添加页眉或页脚，也可以添加自定义页眉或页脚。设置页眉和页脚可以在"插入"选项卡的"页眉和页脚"组中，单击"页眉"按钮或"页脚"按钮，在下拉列表中选择要添加到文档中的页眉或页脚类型，并显示一虚线页眉（脚）区，如图 3-35 所示，可以在其中插入页码，

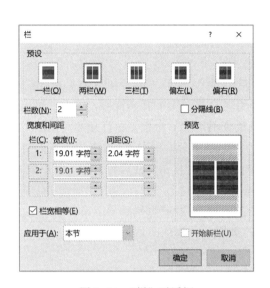

图 3-34 "栏"对话框

图 3-35 "页眉"列表框

输入、排版文本,甚至插入图片。设置页眉(页脚)后,单击"页眉和页脚工具|设计"→"关闭"→"关闭页眉和页脚"按钮,返回正文。

(1)页眉和页脚的"设计"选项卡

"页眉和页脚工具|设计"选项卡(图3-36)中的"导航"选项组(初始为页眉项)用以切换转至页眉或页脚信息;"上一条"或"下一条"按钮用以显示前面或后面页的页眉(脚)内容。

图 3-36 "页眉和页脚工具|设计"选项卡

若要将信息放置到页面中间或右侧,单击"页眉和页脚工具|设计"→"位置"→"插入对齐制表位"按钮,在打开的"对齐制表位"对话框中选中"居中"(或"右对齐")单选按钮,再单击"确定"按钮。

(2)给页眉(脚)添加页码、日期和时间

"页眉和页脚工具|设计"选项卡中的"页码""日期和时间""图片"等插入到页眉(脚)中,使用时先把插入点定位于页眉(脚)相应位置,或添加后用"位置"组中的"插入对齐制表位"按钮进行修改。

(3)设置在首页不设置页眉(脚)和奇偶页不同的页眉(脚)

可以在文档的第2页开始编号,也可以在其他页面上开始编号。

①"首页不同"页码。双击页码,在"页眉和页脚工具 | 设计"选项卡"选项"组中,选中"首页不同"复选框。若要从 1 开始编号,单击"页眉和页脚"→"页码"下拉按钮,在下拉列表中选择"设置页码格式"命令,在打开的对话框中选中"起始页码"单选按钮并输入"1"。单击"关闭"→"关闭页眉和页脚"按钮返回正文。

② 在其他页面上开始编号。若要从其他页面而非文档首页开始编号,在要开始编号的页面之前需要添加分节符,以"节"为单位进行,设置应用于本节的节内页码。

单击要开始编号的页面的开头,单击"布局"→"页面设置"→"分隔符"下拉按钮,在下拉列表中选择"分节符"→"下一页"选项。

双击页眉区域或页脚区域(靠近页面顶部或页面底部)。显示"页眉和页脚工具 | 格式"选项卡。单击"导航"→"链接到前一节"按钮以禁用它。若要从 1 开始编号,单击"页眉和页脚"→"页码"下拉按钮,在下拉列表中选择"设置页码格式"命令,在打开的对话框中选中"起始编号"单选按钮并输入"1"。单击"关闭"→"关闭页眉和页脚"按钮,返回正文。

③ 奇偶页不同的页眉(页脚)。双击页眉区域或页脚区域,显示"页眉和页脚工具 | 格式"选项卡。在"选项"组中,选中"奇偶页不同"复选框。

在其中一个奇数页上,添加要在奇数页上显示的页眉、页脚或页码编号。

在其中一个偶数页上,添加要在偶数页上显示的页眉、页脚或页码编号。

(4)删除页眉和页脚

要删除页眉(页脚),把光标定位到页眉(页脚)区,选择所有页眉(页脚)文本,按 Delete 键即可。

3. 设置页面边框和底纹

设置方法与段落边框和底纹相同,单击"设计"→"页面背景"→"页面边框"按钮,打开"边框和底纹"对话框,如图 3-37 所示,其中多了"艺术型"边框,应用范围为"整篇文档"。

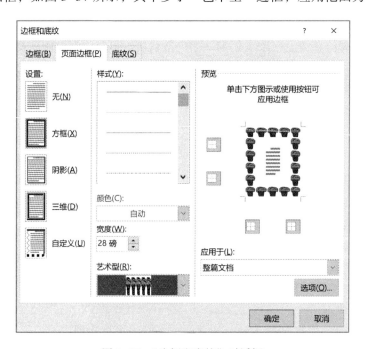

图 3-37   "边框和底纹"对话框

3.4　制 作 表 格

制作表格

PPT

通过 Word 2016 可以制作和编辑表 3-5 效果的表格，并可以对表格数据进行简单的计算。

表 3-5　兴隆农资公司下半年销售统计表（单位：万元）

农资种类 季度　月份		棉种	尿素	甲胺磷	复合肥	总计
三季度	七月	3 025	5 744	235	5 336	
	八月	6 005	4 035	368	6 017	
	九月	3 017	3 204	520	7 788	
四季度	十月	4 240	6 106	417	8 140	
	十一月	5 009	5 120	511	4 150	
	十二月	6 240	7 023	451	8 203	
最高额						
平均额						

在中文文字处理中，常采用表格的形式将一些数据分门别类、有条有理、集中直观地表现出来。Word 2016 所提供的制表功能非常简单有效。建立一个表格，一般的步骤是先定义好一个规则表格，再对表格线进行调整，而后填入表格内容，使其成为一个完整的表格。

微课 3-7

创建表格

3.4.1　创建表格

Word 2016 的表格由水平的表行和竖直的表列组成，行与列相交的方框称为单元格。在单元格中，用户可以输入及处理有关的文字符号、数字以及图形、图片等。

表格的建立可以使用"插入"→"表格"→"表格"命令选项。在表格建立之前要把插入点定位在表格制作的前一行。

1. 利用"插入表格"网格

单击"插入"→"表格"→"表格"下拉按钮,弹出如图 3-38 所示的网格示意图。在图中拖动鼠标选择需要的行列数（网格下方显示当前的"行 × 列"数），这部分网格将反色显示，鼠标单击后即在插入点处建立了一个指定行列数的空表格。

2. 利用"插入表格"对话框

单击"插入"→"表格"→"表格"下拉按钮，在下拉列表中选择"插入表格"命令，打开"插入表格"对话框，如图 3-39 所示，根据需要输入行数、列数及列宽，列宽的默认设置为"自动"，表示左页边距到右页边距的宽度除以列数作为列宽。单击

图 3-38　"插入表格"网格图

"确定"按钮后即可在插入点处建立一个空表格。

3. 利用"快速表格"菜单选项

可以通过单击"插入"→"表格"→"表格"下拉按钮，在下拉列表中选择"快速表格"命令，在级联菜单中选择所需选项来建立一些特殊样式的表格，如表格式列表、带副标题、矩阵、日历和双表等。

4. 利用"绘制表格"绘制工具

确定插入点后，单击"插入"→"表格"→"表格"下拉按钮，在下拉列表中选择"绘制表格"命令，启动画笔工具来自行绘制（注意完成后按"边框"选项命令或按 Ese 键取消画笔工具）。此外，还可以直接单击"插入"→"表格"→"表格"下拉按钮，在下拉列表中选择"Excel 电子表格"命令来生成 Excel 组件表格并按 Excel 来编辑计算。

图 3-39 "插入表格"对话框

3.4.2 表格编辑

为了制作更漂亮、更具专业水平的表格，在建立表格之后，经常要根据需要对表格中的文字和单元格进行格式化，进行表格的格式化同文档文字的格式化。格式化表格包括添加行或列、改变表格列宽、改变表格行高、单元格的拆分与合并、删除单元格等。

表格调整，可以使用"表格工具 | 布局"选项卡，如图 3-40 所示。

图 3-40 "表格工具 | 布局"选项卡

1. 单元格的选定

对表格处理时，一般都要求首先选定操作对象，包括单元格、表行、表列或整个表格。

① 在单元格中左侧，当鼠标变为右上实心箭头➚时，单击或拖动选定一个或多个单元格。

② 在行左外侧选定栏中，当鼠标变为右上空心箭头"⇗"时，单击选定一行或拖动选定连续多行。

③ 在表格上边线处，当鼠标变为向下的实箭头"⬇"时，单击或拖动选定一列或多列。

④ 单击"表格工具 | 布局"→"表"→"选择"按钮，在下拉列表中选择相关命令，可以选定当前插入点所在单元格、列、行或表格。

⑤ 当鼠标在表格内，且表格左上角出现一个十字方框⊞时，用鼠标单击该十字方框即选定整个表格。

2. 调整列宽和行高

（1）利用表格框线

将鼠标移到表格的竖框线上，当鼠标指针变为垂直分隔箭头时，拖动框线到新位置，松开鼠标后该竖线即移至新位置，该竖线右边各表列的框线不动。采用同样的方法也可以调整表行高度。

若拖动的是当前被选定的单元格的左右框线，则将仅调整当前单元格宽度。

（2）利用标尺

当把光标移到表格中时，Word 在标尺上用交叉槽标识出表格的列分隔线，如图 3-41 所示。用鼠标拖动列分隔线，与使用表格框线一样可以调整列宽，所不同的是使用标尺调整列宽时，其右边的框线进行相应的移动。同样，用鼠标拖动垂直标尺的行分隔线可以调整行高。

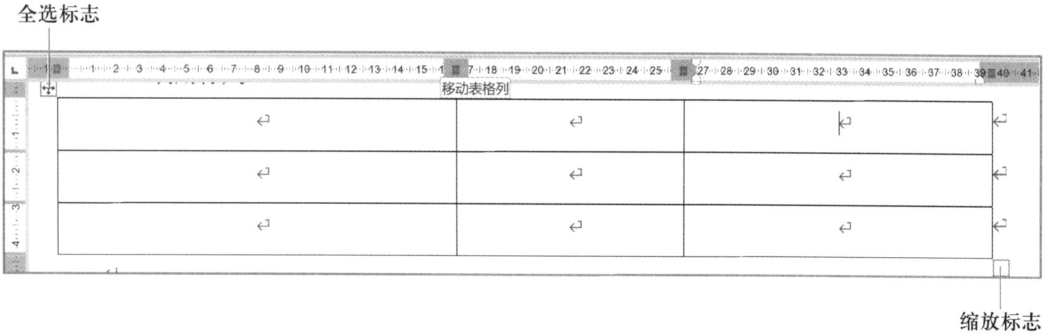

图 3-41　Word 标尺及表格分隔线图

以上两种方法可以进行列宽和行高的粗略调整，按下 Alt 键的同时拖动表格标尺或框线，可以根据标尺显示的具体尺寸按要求进行一定程度的精确调整。

（3）利用"表格"菜单精确调整

当要调整表格的列宽时，应先选定该列或单元格，单击"表格工具 | 布局"→"单元格大小"→对话框启动器，打开"表格属性"对话框，如图 3-42 所示，在"列"选项卡中指定列宽度。"前一列"和"后一列"按钮用来设置当前列前一列或后一列的宽度。行高的设置基本与列宽设置方法相同，可通过"表格属性"对话框"行"选项卡调整行高。

要平均分布各列 / 行，可以使用"表格工具 | 布局"选项卡"单元格大小"选项组中的"分布列"按钮和"分布行"按钮，来平均分布表格中选定的列 / 行。利用"自动调整"命令菜单还可以根据具体的表格内容或窗口进行列 / 行的自动调整，如图 3-43 所示。

3. 插入 / 删除表格行或列

（1）插入 / 删除表格行

在表格的指定位置插入新行时，常用方法如下：

① 先定位插入点于欲插入行的上或下单元格，单击"表格工具 | 布局"→"行和列"→"在上（下）方插入"按钮或"在左（右）侧插入"按钮（图 3-44（a））。

② 单击"表格工具 | 布局"→"行和列"→对话框启动器。增加行时，应先选定插入新行的下一行的任意一个单元格，然后在"插入单元格"对话框（图 3-44（b））中选中"整行插入"单选按钮，单击"确定"按钮后即可插入一新行。

③ 当插入点在表外行末时，可以直接按 Enter 键，则在本表行下面插入一个新的空表行。

选定要删除的几行后，删除表格指定行的方法如下：

方法 1：单击"表格工具 | 布局"→"行和列"→"删除"按钮，在下拉列表中选择"删除行"（图 3-45（a））。

微课 3-8

插入和删除
表格的行和
列

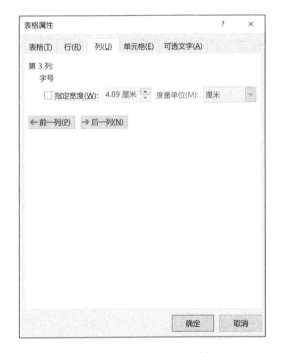

图 3-42   "表格属性"对话框

图 3-43   "自动调整"命令菜单

(a)"行和列"选项组

(b)"插入单元格"对话框

图 3-44   "插入单元格"菜单和对话框

方法 2：单击"表格工具 | 布局"→"行和列"→"删除"按钮，在下拉列表中选择"删除单元格"，打开"删除单元格"对话框，如图 3-45（b）所示，从中选中"删除整行"单选按钮，单击"确定"按钮。

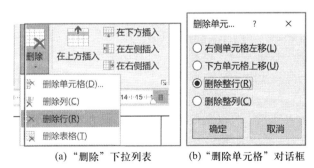

(a)"删除"下拉列表

(b)"删除单元格"对话框

图 3-45   "删除行"菜单和对话框

方法3：右击该行，从快捷菜单中选择"删除单元格"命令，即可删除这些被选定的表行。

（2）插入/删除表格列

插入/删除表格列的操作与插入/删除表格行的操作基本相同，所不同的只是选定的对象不同，插入的位置不同（一般是当前列的左边）。

（3）删除整个表格

当插入点在表格中时，单击"表格工具|布局"→"行和列"→"删除"按钮，在下拉列表中选择"删除表格"命令，或选定整个表格后单击"开始"→"剪贴板"→"剪切"按钮 ✂，都可以删除整个表格。

> 📖 注意：
>
> 当选择了表格后按 Delete 键，删除的是表格中的内容。

（4）在表格中插入表格（嵌套表格）

嵌套表格就是在表格中创建新的表格。嵌套表格的创建与正常表格的创建方法完全相同。

4. 合并和拆分单元格

（1）合并单元格

Word 2016 可以把同一行或同一列中两个或多个单元格合并起来。在操作时，首先选定要合并的单元格，常用方法如下：

方法1：单击"表格工具|布局"→"合并"→"合并单元格"按钮。

方法2：右击，在快捷菜单中选择"合并单元格"命令。

方法3：单击"表格工具|布局"→"绘图"→"橡皮擦"按钮 🖉，可以擦除相邻单元格的分隔线，实现单元格的合并。

（2）拆分单元格

当需要把一个单元格拆分成若干个单元格时，首先选定要拆分的单元格，然后采用下列方法之一即可完成。

方法1：单击"表格工具|布局"→"合并"→"拆分单元格"按钮，在打开的"拆分单元格"对话框（图3-46）中输入拆分成的"行数"或"列数"后单击"确定"按钮，即可完成拆分单元格。

方法2：单击"表格工具|布局"→"边框"→"绘制表格"按钮 🖉，在单元格中绘制水平或垂直直线，实现单元格的拆分。

图3-46　"拆分单元格"对话框

（3）拆分表格

将光标定位于要拆分表格的这一行处，单击"表格工具|布局"→"合并"→"拆分表格"按钮，或按 Ctrl+Shift+Enter 组合键，Word 将在当前行的上方将表格拆分成上下两个表格。

5. 表格排列

当表格的宽度比当前文本宽度小时，可以对整个表格进行对齐排列。操作时，首先选定整个表格，然后采用下列方法之一即可完成。

方法1：单击"表格工具|布局"→"对齐方式"选项组中的各个对齐按钮，如图3-47所示。

图3-47　"对齐方式"选项组

方法 2：单击"开始"→"段落"选项组中的各个水平对齐按钮（无垂直对齐方式）。

方法 3：右击该表格，从弹出的快捷菜单中选择"表格属性"命令，或单击"表格工具丨布局"→"单元格大小"中的对话框启动器，打开"表格属性"对话框，在"表格"选项卡中选择所需的对齐方式，即可完成表格的排列。

6. 绘制斜线

首先选定要斜线拆分的单元格，然后采用下列方法之一即可完成。

方法 1：单击"表格工具丨设计"→"边框"→"边框"按钮，在下拉列表中可以选择"斜下框线"或"斜上框线"命令进行绘制，如图 3-48 所示。

方法 2：单击"表格工具丨设计"→"边框"→"边框"按钮，在下拉列表中选择"边框和底纹"命令，在打开的"边框和底纹"对话框（图 3-49）中单击相应的"斜线"按钮，在"应用于"列表框中选择"单元格"项，可以在当前单元格制作对角斜线。

图 3-48　"边框"下拉列表　　　　图 3-49　"边框和底纹"对话框

方法 3：单击"表格工具丨设计"→"边框"→"边框"按钮，在下拉列表中选择"绘制表格"命令 📝，拖动鼠标在一个单元格中绘制对角斜线。

7. 给表格添加边框和底纹

为了美化、突出表格内容，可以适当地给表格添加边框和底纹。在设置之前要先选定需要处理的表格或单元格。

① 给表格添加边框。单击"表格工具丨设计"→"边框"→"边框"按钮，在下拉列表中选择所需选项给表格添加内外边框。

② 设置表格边框。单击"表格工具|设计"→"边框"→"边框"按钮，在下拉列表中选择"边框和底纹"命令，在打开的对话框中可以设置表格边框的线型、颜色和宽度。

③ 为表格添加底纹。单击"表格工具|设计"→"表格样式"→"底纹"按钮，在下拉列表中进行颜色选择；在"边框"下拉列表中选择"边框和底纹"命令，在打开的"边框和底纹"对话框（图3-49）中的"底纹"选项卡中进行设置。

8. 表格的移动与缩放

当鼠标在表格内移动时，在表格左上角新增"带方框的十字箭头"状表格全选标志"⊞"，在右下角新增"方框"状缩放标志□，如图3-41所示。

拖动表格全选标志⊞，可将表格移动到页面上的其他位置；当鼠标移动到缩放标志□上时，鼠标指针变为斜对的双向箭头，拖动可成比例地改变整个表格的大小。

9. 表格数据的输入与编辑

（1）表格中插入点的移动

在表格操作过程中，经常要使插入点在表格中移动。表格中插入点的移动有多种方法，可以使用鼠标在单元格中直接移动，也可以使用快捷键在单元格间移动。

（2）在表格中输入文本

在表格中输入文本同输入文档文本一样，把插入点移动到要输入文本的单元格，再输入文本即可。在输入过程中，如果输入的文本比当前单元格宽，Word会自动增加本行单元格的宽度，以保证始终把文本包含在单元格中。

表格中的文字方向可分为水平排列、垂直排列两类，共有5种排列方式。设置表格中文本方向的操作是：选定需要修改文字方向的单元格，单击"布局"→"页面设置"→"文字方向"按钮，在下拉列表中选择合适的方向选项，还可以选择"文字方向选项"命令，或右击，在其快捷菜单中选择"文字方向"命令，在打开的"文字方向－表格单元格"对话框（图3-50）中选定所需要的文字方向，单击"确定"按钮即可。

竖排文本除用于表格外，也可用于整个文档。

图3-50　"文字方向－表格单元格"对话框

（3）编辑表格内容

在正文文档中使用的增加、修改、删除、编辑、剪切、复制和粘贴等编辑命令大多可直接用于表格。

（4）表格内容的格式设置

Word 2016允许对整个表格、单元格、行、列进行字符格式和段落格式的设置，如进行字体、字号、缩进、排列、行距、字间距等设置。但在设置之前，必须首先选定对象。单击"表格工具|布局"→"对齐方式"组中的相关按钮，如图3-51所示，或单击"表格工具|布局"→"单元格大小"→对话框启动器，打开"表格属性"对话框，在其中可以对选定单元格中的

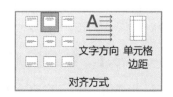

图3-51　表格内容对齐按钮

文本在水平和垂直两个方向进行靠上、居中或靠下对齐排列。

10. 表格数据的排序

Word 2016 不仅具有对表格数据计算的功能，而且还具有对数据排序的功能。

排序前先将插入点定位至表格中，单击"表格工具|布局"→"数据"→"排序"按钮，在打开的"排序"对话框（图 3-52）中分别进行以下设置。

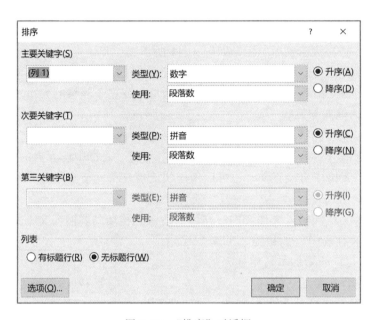

图 3-52　"排序"对话框

① 关键字：排序关键字最多 3 个，主要关键字相同的，按次要关键字进行，以此类推。

② "类型"：排序按所选列的笔画、数字、拼音或日期等不同类型进行。

③ "升序 / 降序"：按所选排序类型的递增 / 递减进行排列。

④ 单击"确定"按钮后，表格中各行重新进行了排列。

3.5　插入图形和艺术字

通过 Word 2016 可以绘制简单图形，示例如图 3-53 所示，还可以实现图文混排，示例如图 3-54 所示。

Word 2016 提供的绘图工具可使用户按需要在其中制作图形、标志等，并将它们插入到文档中。可以通过单击"插入"→"插图"→"形状"按钮，如图 3-55 所示，或在进入绘图环境后单击"绘图工具|格式"选项卡"插入形状"选项组中的工具按钮进行绘制。"形状样式"选项组中有多种已定义样式和自定义形状的填充、轮廓和效果。

3.5.1　绘制图形

图形的删除、移动、复制、加边框和底纹的操作方法和文档中字和句子的操作基本相同，但也有一些不同之处。操作前提仍然是先选定要编辑的图形。

纸上终觉浅
绝知须躬行
方正
读书破万卷
下笔如有神

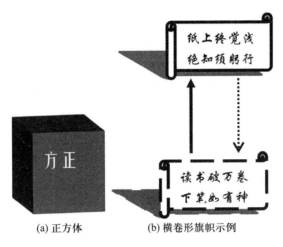

(a) 正方体　　(b) 横卷形旗帜示例

图 3-53　绘制简单图形示例

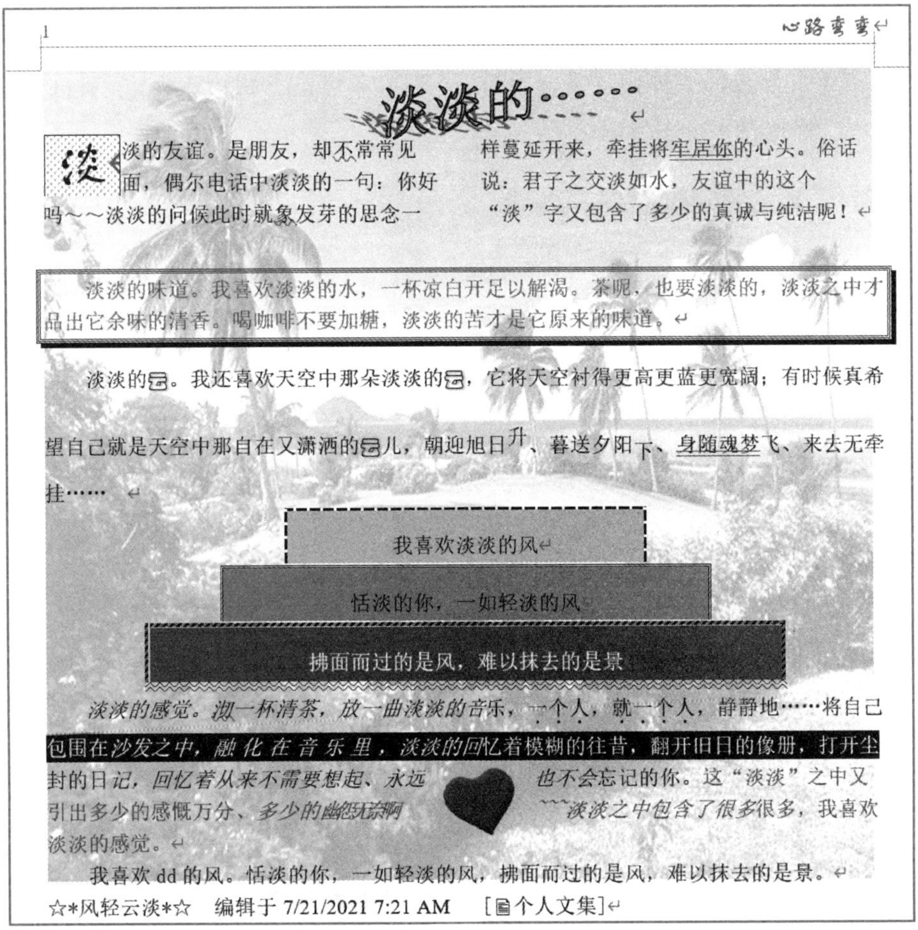

心路弯弯
淡淡的……
淡淡的友谊。是朋友，却不常常见面，偶尔电话中淡淡的一句：你好吗～～淡淡的问候此时就象发芽的思念一样蔓延开来，牵挂将牢居你的心头。俗话说：君子之交淡如水，友谊中的这个“淡”字又包含了多少的真诚与纯洁呢！
淡淡的味道。我喜欢淡淡的水，一杯凉白开足以解渴。茶呢，也要淡淡的，淡淡之中才品出它余味的清香。喝咖啡不要加糖，淡淡的苦才是它原来的味道。
淡淡的云。我还喜欢天空中那朵淡淡的云，它将天空衬得更高更蓝更宽阔；有时候真希望自己就是天空中那自在又潇洒的云儿，朝迎旭日升、暮送夕阳下、身随魂梦飞、来去无牵挂……
我喜欢淡淡的风
恬淡的你，一如轻淡的风
拂面而过的是风，难以抹去的是景
淡淡的感觉。沏一杯清茶，放一曲淡淡的音乐，一个人，就一个人，静静地……将自己包围在沙发之中，融化在音乐里，淡淡的回忆着模糊的往昔，翻开旧日的像册，打开尘封的日记，回忆着从来不需要想起、永远也不会忘记的你。这“淡淡”之中又引出多少的感慨万分、多少的幽怨无奈啊~~~淡淡之中包含了很多很多，我喜欢淡淡的感觉。
我喜欢dd的风。恬淡的你，一如轻淡的风，拂面而过的是风，难以抹去的是景。
☆*风轻云淡*☆　编辑于 7/21/2021 7:21 AM　[个人文集]

图 3-54　图文混排示例

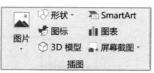

(a) "插图" 选项组

(b) "绘图工具 | 格式" 选项卡

图 3-55 常用绘图工具

1. 图形的绘制和选定

① 图形的绘制。单击 "绘图工具 | 格式" 选项卡 "插入形状" 选项组中的 "直线" "箭头" "矩形" 和 "椭圆" 等按钮，或在 "形状" 下拉列表中选择各种图形 (图 3-56 (a))，在文本编辑区鼠标变成 "+"，拖动鼠标就可以绘制图形了，按住 Shift 键的同时拖动鼠标可以绘制高、宽等比例的图形，如正方形、正圆、等边三角形和立方体等。

② 图形的选择很简单，单击该图即可。一个图形被选定后，由一个方框包围。方框的 4 条边线和 4 个角上各有一个控制点 (控点)，如图 3-56 (c) 所示；按 Shift 键的同时单击各个图形可以一次性选择多个图形。

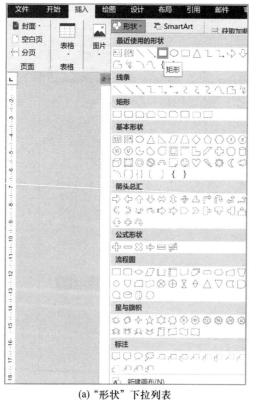

(a) "形状" 下拉列表

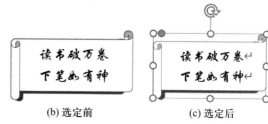

(b) 选定前　　　　(c) 选定后

图 3-56 图形的绘制和选定

2. 图形的放大与缩小

使用鼠标拖动控点可以改变图形的大小，按 Alt 键的同时拖动控点可精确调整大小。

3. 给图形添加文字

右击图形后，在弹出的快捷菜单中选择"添加文字"命令（未输入文字）或"编辑文字"命令（已输入文字），在图形区域中输入文字即可。适当调整图形和文字大小，使它们融为一体。

4. 图形的删除

选定图形后，按 Delete 键即可删除图形。

5. 图形的移动和复制

选定图形后，直接拖动即可实现移动操作；按住 Ctrl 键的同时拖动完成复制操作；或使用"剪切"—"粘贴"法进行移动，使用"复制"—"粘贴"法进行复制。按组合键 Ctrl+（←→↑↓）可以进行小范围的精确定位。

6. 设置线型、虚线线型和箭头样式

选中图形后，单击"绘图工具 | 格式"→"形状样式→"形状轮廓"按钮，在下拉菜单中选择"粗细" 级联选项可以改变线条的线型和粗细；选择"虚线"选项 可以改变虚线的线型和粗细；选择"箭头"选项 可以改变前端、后端箭头的形状和大小，如图 3-57 所示。

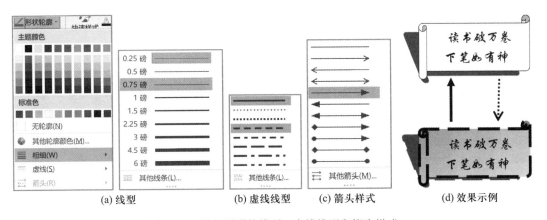

(a) 线型　　　　(b) 虚线线型　　　(c) 箭头样式　　　　(d) 效果示例

图 3-57　设置图形的线型、虚线线型和箭头样式

7. 设置线条的颜色和填充颜色

选中图形后，单击"绘图工具 | 格式"→"形状样式"→"形状轮廓"按钮，弹出颜料盒，从中可以直接选取主体颜色或选择"其他轮廓颜色"命令后进行图形边框颜色调整。

单击"绘图工具 | 格式"→"形状样式"→"形状填充"下拉按钮，可以弹出颜料盒，从中可以直接选取图形内部填充主题颜色或选择"其他填充颜色"命令，在打开的对话框中选择更丰富的色调，还可选择"图片""渐变""纹理"等选项，在其中选择多彩的填充效果图案。"颜色"对话框如图 3-58 所示，与"线条颜色"对话框类同。

以上操作步骤还可以通过右击对象，选择"设置形状格式"命令，在弹出的"设置形状格式"任务窗格中的"形状选项"→"填充与线条"选项卡下的"填充"和"线条"选项组中进行具体的设置，如图 3-59 所示。还可以通过右击对象，在快捷菜单中选择"其他布局选项"命令，在打开的"布局"对话框中设置图形的"位置"和"大小"等。

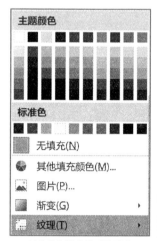

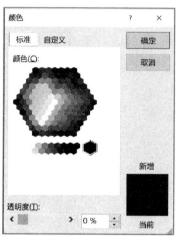

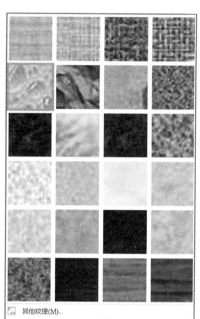

(a)"形状填充"下拉列表　　　　(b)"颜色"对话框　　　　(c)"纹理"级联菜单

图 3-58　形状填充

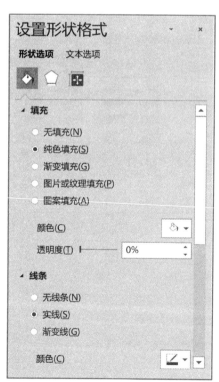

(a)"形状"快捷菜单　　　　(b)"设置形状格式"任务窗格

图 3-59　设置形状格式

8. 组合图形、取消组合

组合图形前,首先按"Shift 键 + 逐个单击"选中这些图形,单击"绘图工具 | 格式"→"排列"→"组合"按钮,在下拉列表中选择"组合"命令或右击图形,在快捷菜单中选择"组合"命令,即可把多个简单图形组合起来形成一个整体,如图 3-60 所示。

(a) 组合前　　　　　　　　(b) "组合"命令　　　　　　(c) 组合后

图 3-60　组合图形

取消图形组合时,选中组合后的图形,单击"绘图工具 | 格式"→"排列"→"组合"按钮,在下拉列表中选择"取消组合"命令或右击图形,在快捷菜单中选择"组合"→"取消组合"命令,即可把一个图形拆分为多个图形,分别处理。

3.5.2　插入图片

在 Word 2016 中插入图片等对象的方法主要有以下几种。在插入图片之前应当将插入点定位,然后按下述方法插入图片。

微课 3-9
插入图片

1. 将图片文件插入文档

将图片文件插入到文档中的操作步骤如下:

① 将插入点定位于要插入图片的位置。

② 单击"插入"→"插图"→"图片"按钮,选择"此设备"命令后打开如图 3-61 所示的"插入图片"对话框。

③ 在对话框中确定查找范围,选定所需要的图片文件。

④ 单击"插入"按钮,此图片就插入到文本插入点位置。

2. 利用剪贴板插入图片

Word 2016 允许将其他 Windows 应用软件所产生的图形和图片剪切或复制到剪贴板上,再使用"粘贴"命令粘贴到文档的插入点位置。

3. 图形的编辑

剪切图形的操作方法为:选定要剪切的图形(图 3-62(a)),单击"图片工具 | 格式"→"大小"→"裁剪"按钮 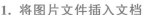(图 3-62(b)),拖动图形控制点即可进行剪切操作,操作结果如图 3-62(c)所示。

3.5.3　插入艺术字

有时在输入文字时会希望文字有一些特殊的显示效果,让文档显得更加生动活泼、富有

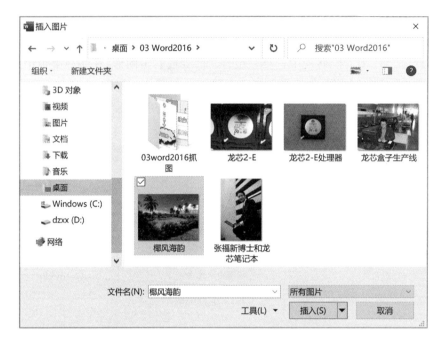

图 3-61   "插入图片"对话框

(a) 图形剪切前   (b) "大小"选项组   (c) 图形剪切后

图 3-62   "图形剪切"示例

艺术色彩,例如产生弯曲、倾斜、旋转、拉长和阴影等效果。插入艺术字的操作步骤如下:

① 单击"插入"→"文本"→"艺术字"按钮,屏幕即显示"艺术字"下拉列表,如图 3-63 所示。

② 在"艺术字"下拉列表中选择艺术字样式。

③ 在"艺术字"文本框中输入、编辑文本。

④ 输入的文字按所设置的艺术字样式显示,单击"绘图工具 | 格式"→"艺术字样式"→对话框启动器,弹出"设置形状格式"任务窗格,如图 3-64(a)所示。

图 3-63   "艺术字"下拉列表

⑤ 单击"艺术字样式"→"文字效果" [A] 按钮可以设置特殊文本效果,可以同时添加多种效果,可以编辑文本并为文本设置形状转换、文本轮廓颜色和文本填充颜色等。因此可以不断试验直到满足要求为止,如图 3-64(b)所示。也可以通过快捷菜单选择"设置形状格式"命令,在弹出的任务窗格中进行修改和修饰。其最终效果如图 3-65 所示。

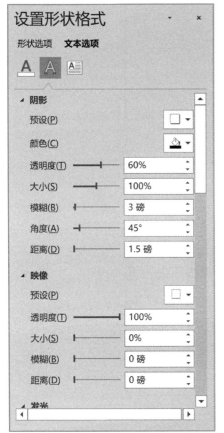

(a) "设置形状格式"任务窗格

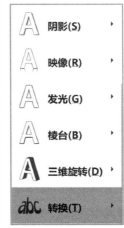

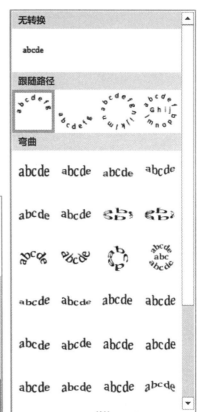

(b) "文字效果"下拉菜单

图 3-64 艺术字效果

图 3-65 艺术字示例

3.5.4 公式编辑器

使用 Word 2016 的公式编辑器,可以在 Word 文档中加入分数、指数、微分、积分、级数以及其他复杂的数学符号,创建数学公式和化学方程式。启动公式编辑器创建公式的步骤如下:

① 在文档中定位要插入公式的位置。

② 依次单击"插入"→"符号"→"公式"按钮,弹出如图 3-66 所示的"公式"下拉列表。

③ 从"公式"下拉列表中选择"插入新公式"命令,屏幕将显示"公式工具|设计"选项卡(图 3-67)和输入公式的文本框。

④ 从工具栏中挑选符号或结构并输入变量和数字来建立复杂的公式。

在创建公式时,公式编辑器会根据数学上的排印惯例自动调整字体大小、间距和格式,

微课 3-10
公式编辑器

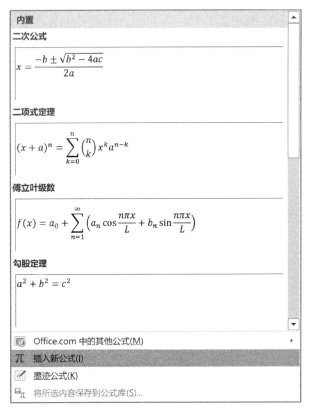

图 3-66　"公式"下拉列表

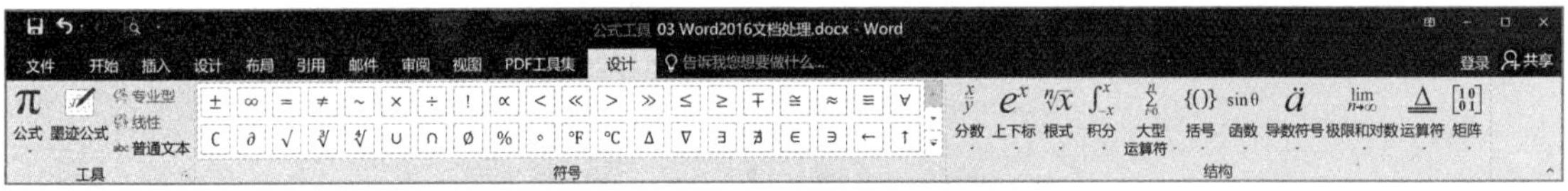

图 3-67　"公式工具 | 设计"选项卡

而且可以自行调整格式设置并重新定义自动样式。

　　"公式工具 | 设计"选项卡由"工具""转换""符号"栏和"结构"选项组组成。

　　"符号"选项组中的每个按钮都包含了许多相关的符号,在插入符号时,只需单击相应的工具按钮,在弹出的工具面板中选取要加入的符号,该符号便会加入公式输入文本框中的插入点处。

　　"符号"选项组中有关系符号、间距和省略号、修饰符号、运算符号、箭头符号、逻辑符号、集合论符号、其他符号、大写小写希腊字母。如果要在公式中插入符号,用户可以单击"符号"列表栏中相关按钮,然后在弹出的工具面板上选取所需的符号。

　　"结构"选项组中有分式、上下标、根式、积分、大型运算符、括号、函数、标注符号、极限和对数、运算符、矩阵等命令选项。

　　用户可以在对应结构的插槽内再插入其他样板以便建立复杂层次结构的多级公式,如图 3-68 和图 3-69 所示。

　　在文本框中创建完公式之后,单击公式以外的任何区域即可返回文档状态。

$$\int \frac{\mathrm{d}x}{\sqrt{1-x^2}} = \arcsin x + c$$

$$2H_2O \overset{\text{电解}}{=\!=\!=} 2H_2\uparrow + O_2\uparrow$$

图 3-68 "数学公式"示例　　　　　图 3-69 "化学方程式"示例

3.5.5 图文混排

Word 2016 具有强大的图文混排功能，它提供了许多图形对象，如图片、图形、艺术字体、数学公式、图文框、文本框、图表等，使文档图文并茂，引人入胜。利用这些功能，可以使文档和图形合理安排，增强文档的视觉效果。图 3-70 给出了文字环绕的效果。

图 3-70 文字环绕效果示例

1. 设置文字环绕

设置文字环绕的操作步骤如下：

① 插入图片。

② 右击图片，在弹出的快捷菜单中选择"其他布局选项"命令或单击"图片工具|格式"→"排列"→"环绕文字"按钮。

③ 在"布局"对话框的"文字环绕"选项卡中选用"四周型"或"紧密型"环绕方式，如图 3-71（a）所示或单击"图片工具|格式"→"排列"→"环绕文字"按钮，弹出其下拉菜单，如图 3-71（b）所示，选择"紧密型环绕"或"四周型"命令即可。

④ 移动调整图形位置，完成设置。

微课 3-11
设置文字环绕

2. 设置水印背景效果

水印是显示在已经存在的文档文字前面或后面的任何文字和图案。如果想要创建能够打印的背景，就必须使用水印，因为背景色和纹理默认设置下都是不可打印的。

① 单击"设计"→"页面背景"→"水印"按钮，在下拉菜单中选择"自定义水印"命令。

② 在打开的"水印"对话框中选中"图片水印"单选按钮，单击"选择图片"按钮，单击"从文件"超链接，打开"插入图片"对话框，如图 3-72 所示，浏览或搜索图片保存位置，找到并选择作为水印图片后单击"插入"按钮，即可插入水印图片。

③ 调整水印图片的亮度、大小和位置。单击"插入"→"页眉和页脚"→"页眉"按钮，在下拉菜单中选择"编辑页眉"命令（如果只需在其中某一页或某段文字下添加水印图片，则水印区域前后分别提前添加分节符，方法如下：单击"布局"→"页面设置"→"分隔符"按钮，在下拉菜单中选择"下一页"或"连续"分页符，并在页眉和页脚工具|设计"选项卡的"导航"选项组中取消"链接到前一条页眉"）。

④ 选中水印图片，在"图片工具|格式"选项卡中调整对比度和亮度，适当裁剪后，拖动或指定高度和宽度后完成设置，如图 3-73 所示。

⑤ 单击"设计"→"页面背景"→"水印"按钮，在下拉菜单中选择"删除水印"命令。

(a) "布局"对话框

(b) "环绕文字"下拉菜单

图 3-71　设置文字环绕

图 3-72　设置水印图片

图 3-73　设置水印图片

3.6　页面设置和文档输出

对已有的文档可以继续页面设置和文档打印设置，如图 3-74 所示。

图 3-74　页面设置示例

3.6.1　页面设置

1. 定义纸张规格

单击"布局"→"页面设置"→对话框启动器，在打开的"页面设置"对话框的"纸张"选项卡，如图 3-75 所示，可以选择纸张大小（A4、A5、B4、B5、16K、8K、32K、自定义大小等）、应用范围（本节、插入点之后及整篇文档）等。

2. 设置页边距

在一般情况下，文档打印时的边界与所选页的外缘总是有一定的距离，称为页边距。页边距分上、下、左、右 4 种。设置合适的页边距，既可规范输出格式，便于阅读，美化页面，也可合理地使用纸张，便于装订。

单击"布局"→"页面设置"→对话框启动器，在打开的"页面设置"对话框的"页边距"选项卡，如图 3-76 所示，定义页边距（上、下、左和右页边距）、装订线位置、输出文本的方向（纵向、横向）、对称页边距及应用范围等。

微课 3-12
页面设置

图 3-75 "纸张"选项卡

图 3-76 "页边距"选项卡

3. 设置版式

在长文档编辑排版中，有时首页不需要页眉和页脚，而在正文页面中，奇数页与偶数页的页眉内容不同，例如在偶数页的页眉中需要将文档的名称添加上去，而在奇数页的页眉中则包含章节标题。这样就需要在"版式"中对相应选项进行设置。

单击"布局"→"页面设置"→对话框启动器，在打开的"页面设置"对话框中选择"版式"选项卡，在"页眉和眉脚"选项区中选中"奇偶页不同"和"首页不同"两个复选框，以备将来对页眉和页脚做进一步的设置。设置完成后单击"确定"按钮关闭"页面设置"对话框。

3.6.2 文档打印

Word 2016 提供了文档打印功能，还提供了在屏幕模拟显示实际打印效果的打印预览功能。

1. 打印预览

在文档正式打印之前，一般先要进行打印预览。打印预览可以在一个缩小的尺寸范围内显示全部页面内容。如果对编辑效果不满意，可以退出打印预览状态继续编辑修改，从而避免不适当打印而造成的纸张和时间的浪费。

　　选择"文件"→"打印"命令或在"快速访问工具栏"中单击"打印预览和打印"按钮，屏幕右侧将显示打印预览窗口。在打印预览窗口中可以使用滚动条进行翻页显示。

2. 打印文档

　　打印机的设置一般在 Windows"开始"→ Windows 系统→"控制面板"→"硬件和声音"→"设备和打印机"窗口中进行。在 Word 2016 中也可以查看或修改当前打印机的设置，在正式打印前应连通打印机，装好打印纸，并打开打印机电源开关。打印操作步骤如下：

　　① 选择"文件"→"打印"命令，弹出"打印"窗格，如图 3-77 所示。

图 3-77　"打印"窗格

　　② 在"打印"窗格中，选择打印机名称、打印页面范围（全部、当前页、页码范围）、打印内容、打印份数等。

　　③ 单击"确定"按钮，即开始打印。

　　也可以单击"快速访问工具栏"中的"打印"按钮，不进行设置而直接打印全部内容。

3.6.3　发布 PDF 格式文档

　　将已有的 Word 文档转换为 PDF 文档的基本步骤如下：

　　① 首先用 Word 2016 打开要转换的 Word 文档，然后在 Word 2016 主界面中选择"文件"→"导出"命令，在弹出的"导出"窗格中单击右侧的"创建 PDF/XPS"按钮，如图 3-78 所示。

　　② 在打开的"发布为 PDF 或 XPS"对话框中，如图 3-79 所示，设置保存位置和 PDF 文件名，保存类型选择为"PDF"，同时还可以优化生成的 PDF 文档，一般选择标准项即可，单击"发布"按钮完成转换。

图 3-78 "导出"窗格

图 3-79 "发布为 PDF 或 XPS"对话框

3.7　邮件合并和协同编辑文档

3.7.1　邮件合并

微课 3-13
邮件合并

在日常工作中，可能需要一次性制作上百份座位标签、准考证、录取通知书等文档，下面以"录用通知书"（80分以上）为例，介绍如何使用 Word 中的邮件合并功能高效完成创建主文档、选择数据源、插入合并域、预览结果和生成新文档等 5 大过程。

（1）创建主文档

主文档就是用户使用的 Word 模板，常见文档类型有信函、标签和普通 Word 文档等。编辑"录用通知书主文档 .docx"，单击"邮件"→"开始邮件合并"→"开始邮件合并"按钮，在下拉菜单中选择"普通 Word 文档"选项，如图 3-80 所示。

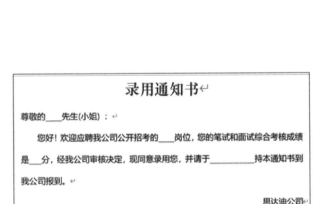

图 3-80　"开始邮件合并"下拉菜单和"录用通知书"主文档示例

（2）选择数据源

数据源中存放主文档所需要的数据。数据源的来源有很多，如 Word 文档、Excel 表格、文本文件、Access 数据库、Outlook 联系人、SQL 数据库、Oracle 数据库等多种类型的文件。编辑"录用通知书数据源 .xlsx"并保存，单击"邮件"→"开始邮件合并"→"选择收件人"按钮，出现下拉菜单，可知具体有如图 3-81 所示的几种命令。

选择"使用现有列表"命令，打开"选取数据源"对话框，选择"录用通知书"数据源并打开，单击"编辑收件人列表"按钮，在打开的"邮件合并收件人"对话框中单击"筛选"超链接，在打开的"筛选和排序"对话框中设置"考核成绩大于或等于80"条件后单击"确定"按钮，如图 3-82 所示。

（3）插入合并域

将光标移至主文档需输入合并域的位置，单击"邮件"→"编写和插入域"→"插入合并域"下拉按钮，在下拉列表中选择插入需要的域，如图 3-83 所示。

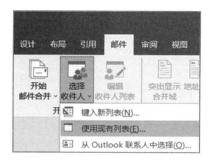

图 3-81　"录取通知书数据源"示例和"选择收件人"下拉菜单

图 3-82　"邮件合并收件人"对话框和"筛选和排序"对话框

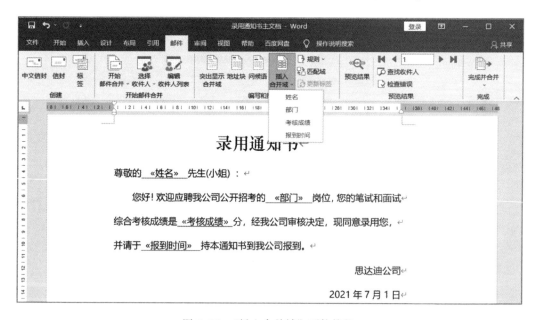

图 3-83　"插入合并域"下拉按钮

（4）预览结果

单击"预览结果"按钮就可看到邮件合并的结果，如图 3-84 所示。

（5）生成新文档

单击"邮件"→"完成"→"完成并合并"下拉按钮，在下拉列表中选择"编辑单个文档"

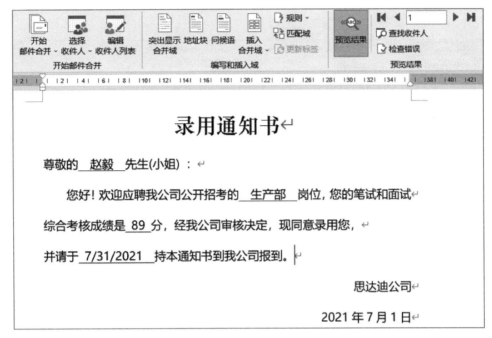

图 3-84 "预览结果" 按钮

命令，在打开的"合并到新文档"对话框中选中"全部"单选按钮，如图 3-85 所示，确定生成"信函 1"并保存为"录取通知书新文档 .docx"。

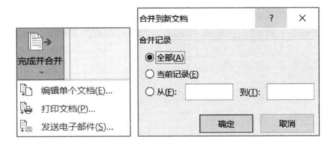

图 3-85 "合并到新文档" 对话框

3.7.2 多人协同编辑文档

协同编辑文档除了使用"审阅"选项卡中的"批注"和"修订"选项组外，还可以使用 OneDrive 真正实现在线交互编辑文档。

① 首先注册并登录自己的 OneDrive 账号，将 Word 文档保存到 OneDrive 或 SharePoint Online，如图 3-86 所示。

② 在 Word 窗口中，单击右上角的"共享"按钮，然后输入要与其共享的人员的一个或多个电子邮件地址，如图 3-87 所示。

③ 将其权限设置为"可编辑"（默认情况下选择）。如果有必要可添加消息，并且对于"自

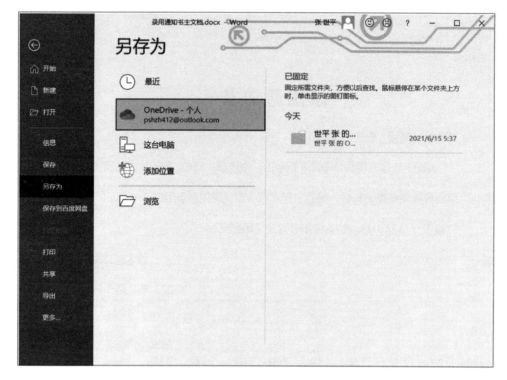

图 3-86　"另存为"对话框 Onedrive 项

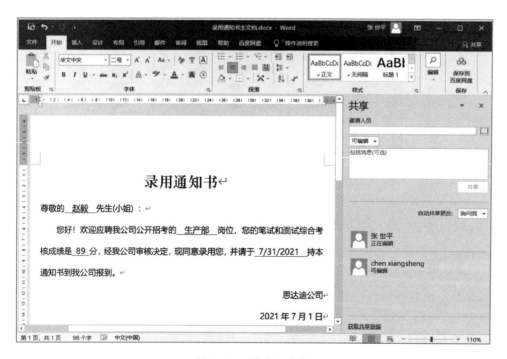

图 3-87　"共享"窗格

动共享更改",选择"总是"选项。"总是"选项意味着其他人会在制作时实时看到并进行更改。如果共同作者选择"询问我"选项,则会在文档打开时自动提示分享更改。

④ 单击"获取共享链接"超链接,复制共享链接让拥有此链接的人都可以编辑可共享的文档,如图 3-88所示。

⑤ 当开始更改文本时,Word 将锁定该区域以防止任何人覆盖更改,以先到先得的原则运作。如果有其他人在同一时间更改相同的文本,Word 将在下次显示冲突保存,可以选择保留。

图 3-88 "获取共享链接"窗格

本 章 小 结

Word 2016 是微软公司出品的、受市场欢迎度很高的文档处理软件,本章重点介绍了文件的创建、文本的输入、格式的编排、页面的设置、表格的插入和编辑、图片的插入和处理、图片和文字的混合排版、邮件的合并和多人协同办公。通过本章的学习,能够熟练掌握Word 的基本操作和技巧,为以后的文档处理节约大量的时间,提高工作效率。

习 题 3

一、单项选择题

1. 首次启动 Word 2016 时,系统自动创建一个(   )的新文档。
   A. 以用户输入的前 8 个字符作为文件名
   B. 没有名称
   C. 名称为"*.docx"
   D. 名称为"文档 1.docx"

2. 当一个 Word 2016 窗口被关闭后,被编辑的文件将(   )。
   A. 被从磁盘中清除
   B. 被从内存中清除
   C. 被从内存或磁盘中清除
   D. 不会从内存和磁盘中被清除

3. 用"文件"选项卡中的"另存为"命令保存文件时,不可以(   )。
   A. 将新保存的文件覆盖原有的文件
   B. 修改文件的扩展名 docx
   C. 将文件保存为无格式的纯文本文件
   D. 将文件存放到非当前驱动器的目录中

4. 在 Word 2016 中,选定行文本块一般是通过鼠标单击与(   )键配合操作。
   A. Ctrl   B. Shift   C. Alt   D. Tab

5. 下列关于 Word 2016 文档中"段落"的说法正确的是(   )。

A．段落是以回车符作为标记的　　　　　　　B．段落是以空格作为标记的

C．段落是以句号作为标记的　　　　　　　D．段落是以空行作为标记的

6．在 Word 2016 中，利用标尺可改变段落缩排方式、调整左右边界、改变表格栏宽度，对标尺描述不正确的有（　　　　）。

A．标尺可以设置成隐藏　　　　　　　　　B．标尺可以有横标尺和竖标尺

C．可以通过标尺进行定位　　　　　　　　D．可以利用标尺画任意直线图形

7．在 Word 中，若要对表格的一行数据求平均值，正确的公式是（　　　　）。

A．sum（above）　　　　　　　　　　　B．average（left）

C．sum（left）　　　　　　　　　　　　D．average（above）

8．在 Word 2016 表格中，如果输入的内容超过了单元格的宽度，则（　　　　）。

A．多余的文字放在下一单元格中

B．多余的文字被视为无效

C．单元格自动增加宽度，以保证文字的输入

D．单元格自动换行，增加高度，以保证文字的输入

9．在 Word 2016 中，为设定精确的页边距可用（　　　　）。

A．"文件"选项卡中的"页面设置"选项组

B．"布局"选项卡中的"页面设置"选项组

C．标尺上的"页边距"符号

D．打印预览中的"标尺"按钮

10．Word 2016 文档在"打印预览"状态时，如果要执行打印操作，则（　　　　）。

A．必须退出预览状态才能打印　　　　　　B．可直接从预览状态去执行打印

C．从预览状态不能直接打印　　　　　　　D．只能在预览后转为打印

11．移动光标到文件末尾的组合键是（　　　　）。

A．Ctrl+Page Down　　　　　　　　　　B．Ctrl+Page Up

C．Ctrl+Home　　　　　　　　　　　　D．Ctrl+End

12．选中文本框后，将鼠标指向（　　　　），鼠标右击，在快捷菜单中选择"设置自选图形 / 图片格式"命令。

A．文本框的任意位置　　　　　　　　　　B．文本框外边

C．文本框的边界位置　　　　　　　　　　D．文本框内部

13．单击水平标尺左端特殊制表符按钮，可切换（　　　　）种特殊制表符。

A．1　　　　　　　B．2　　　　　　　C．4　　　　　　　D．5

14．选中文本框后，文本框边界显示（　　　　）个控制块。

A．2　　　　　　　B．4　　　　　　　C．1　　　　　　　D．8

15．要取消利用"字符边框"按钮为一段文本所添加的文本框,（　　　　）,再单击"字符边框"按钮。

A．先选定已加边框的文本　　　　　　　　B．不选定文本

C．将插入点置于任意位置　　　　　　　　D．选定整篇文档

16．在单击文本框后，按（　　　　）键可以删除文本框。

A．Enter　　　　　　B．Alt　　　　　　C．Delete　　　　　　D．Shift

17. 如果要删除文本框中的部分字符，插入点应置于（　　）位置。

A．文档中的任意 　　　　　　　　　　B．文本框中需要删除的字符

C．文本框中的任意 　　　　　　　　　D．文本框的开始

18. 对文本框的内容选择"查找"命令时，应切换到（　　）视图。

A．普通 　　　　　　　　　　　　　　B．页面或 Web 版式

C．打印预览 　　　　　　　　　　　　D．大纲

19. 当插入点位于文本框中时，（　　）中的内容进行查找。

A．既可对文本框又可对文档 　　　　　B．只能对文档

C．只能对文本框 　　　　　　　　　　D．不能对任何部分

20. 在设置文本框格式时，文本框对文档的环绕方式有（　　）种。

A．1 　　　　　　　B．2 　　　　　　　C．5 　　　　　　　D．4

二、操作题

1. 基本编辑操作。参考图 3–11，完成以下基本操作。

① 打开 Word 2016，选择"文件"→"新建"命令，创建新空白文档"文档 1.docx"。

② 按 Ctrl+Shift 组合键循环切换输入法，选择"搜狗输入法"，输入"淡淡的 .doc"正文中的汉字内容。

③ 按 Ctrl+Space 组合键进行中 / 英文输入法之间的切换，定位插入点，输入正文中的西文字母。

④ 定位插入点，利用键盘输入符号"~"和顿号"、"，注意按 Shift + Space 组合键进行符号全角 / 半角转换；右击软键盘，在快捷菜单中选择"标点符号"键盘输入省略号"……"。

⑤ 选择"文件"→"保存"命令，保存新建文档。文件名为"淡淡的……"；保存位置为"我的文档"。

⑥ 将插入点定位到文尾（按 Ctrl+End 组合键），输入最后一段说明文字。

⑦ 定位插入点，单击"插入"→"符号"→"符号"按钮，插入符号"☆"和"▤"（"字体"为 Wingdings）。

⑧ 定位插入点，单击"插入"→"文本"→"日期和时间"按钮，插入当前编辑日期和时间。语言：英文；有效格式：3/25/2007 8：36 AM。

⑨ 选择"文件"→"选项"命令，在打开的"Word 选项"对话框"保存"选项卡中，设置系统自动保存时间间隔为：5 min。

⑩ 选择"文件"→"另存为"命令，另存修改后的文档。保存位置为"D：\"。

⑪ 单击"工具"按钮，在下拉列表中选择"常规选项"命令，打开"常规选项"对话框，设置打开权限密码为 ABC123，保存后退出 Word 程序。

⑫ 选择"文件"→"打开"命令，设置查找范围为"D：\"；再次打开文件，验证密码设置效果。

2. 基本格式编排。参考图 3–17，设置字符、段落和页面格式。

① 设置标题段为"三号、华文新魏"字体，粗线下画线，"居中"对齐，段后 6.5 磅。

② 设置文本输入状态为"改写"，定位插入点后，将正文第 1 段中的"dd"改写为"淡淡"。

③ 将正文第 1 段分为两栏，右半部分字体颜色为"深蓝，文字 2，淡色 40%"（单击"布局"→"页面设置"→"栏"按钮）。

④ 设置正文第 1 段首字下沉两行，字体为"方正舒体"，设置边框为 0.5 磅单线，底纹为淡蓝色 20% 图案（单击"插入"→"文本"→"首字下沉"按钮）。

⑤ 为正文第 2 段加蓝色三线阴影边框，上下左右距离边框 3 磅，设置字体颜色为橙色（单击"开始"→"段落"→"框线"或"边框和底纹"按钮）。

⑥ 将正文第 3 段中的"云"字设置字体为"华文彩云"，带"阴影"。将文本"升"字符位置提升 3 磅;"下"字位置降低 3 磅（单击"开始"→"字体"→对话框启动器，选择"高级"选项卡）。

⑦ 将文本"融化在音乐里"的字符间距加宽 2 磅，"幽怨无奈"间距紧缩 2 磅（单击"开始"→"字体"→对话框启动器，选择"高级"选项卡）。

将"包围在……"所在行设置"黑色"底纹和白色字体（文本选定区右向单击选中）。

⑧ 选中"这'淡淡'……感觉"一句，设置字体颜色为紫色（按 Ctrl 键在句中单击选中）。

⑨ 将"淡淡的感觉"所在段中的矩形区域文字设置为"斜体"（按 Alt 键同时拖动选中）。

⑩ 查找内容"dd"和"DD"，替换为"淡淡"。比较使用"区分大小写"复选框前后的不同之处（单击"开始"→"编辑"→"替换"按钮）。

⑪ 复制文本"我喜欢……的是景"到正文后面（按 Ctrl 键同时拖动）。

⑫ 将文本"我喜欢……的是景"分成 3 个自然段。行间距都设置为固定值 24 磅；段宽分别为：11、17、24 字符；底纹分别设置为 20%、40%、60%；第 1 段设置边框线为自定义三面 1.5 磅虚线，第 2 段设置边框线为自定义三面 0.75 磅双线，第 3 段设置边框线为自定义三面 3 磅如图线型，最下面用 0.75 磅双波浪线（设置段宽单击"开始"→"段落"→对话框启动器，选择"缩进与间距"选项卡，输入左、右缩进量，确定段宽；然后单击"开始"→"段落"→"边框"或"边框和底纹"按钮，选择"边框"和"底纹"选项卡）。

⑬ 设置页眉"心路弯弯"，居右;插入页码，居左（单击"插入"→"页眉和页脚"→"页眉"按钮）。

⑭ 将正文 2、3、5 段设置为首行缩进 2 字符，行间距为"固定值"14 磅（单击"开始"→"段落"→对话框启动器，选择"缩进与间距"选项卡）。

⑮ 将文档设置为艺术型边框（单击"开始"→"段落"→"边框"或"边框和底纹"按钮，选择"页面边框"选项卡）。

⑯ 依次插入文本框，将相应的文字复制粘贴到文本框内，插入相应的图片（图片排列位置分别为中间居左、中间居右、中间居中，四周型文字环绕方式），适当调整文本框和图片的大小和位置。

⑰ 插入形状（圆：空心，形状大小：4.2 厘米；心形，形状大小：1.4 厘米），插入艺术字（文本"淡然最美 平淡是真"，转换效果跟随路径：圆，字体：方正姚体，字号：28 磅；文本"淡淡的幸福"，无转换跟随路径效果：圆，字体：方正姚体，字号：三号），适当调整形状和艺术字的位置并组合。

第 **4** 章

Excel 2016 电子表格处理

【本章工作任务】

✓ 数据的输入、工作表和工作簿的基本操作
✓ 公式和函数的使用
✓ 图表的建立与编辑
✓ 数据透视表和数据透视图
✓ 页面设置与打印输出

【本章知识目标】

✓ 理解 Excel 的数据、单元格、工作表和工作簿
✓ 理解 Excel 的公式、函数和图表

【本章技能目标】

✓ 熟练掌握数据的输入、工作表和工作簿的基本操作
✓ 熟练掌握公式和函数的使用
✓ 掌握图表的建立与编辑
✓ 掌握数据透视表和透视图
✓ 掌握 Excel 2016 的页面设置与打印

【本章重点难点】

✓ 不同类型数据的输入方法
✓ 公式和函数的应用
✓ 数据的管理和分析方法
✓ 图表的应用
✓ 数据透视表和透视图的应用

【本章项目案例】

利用 Excel 2016，创建一个名称为"学生成绩簿 .xlsx"的工作簿。数据和格式如图 4-1 所示。

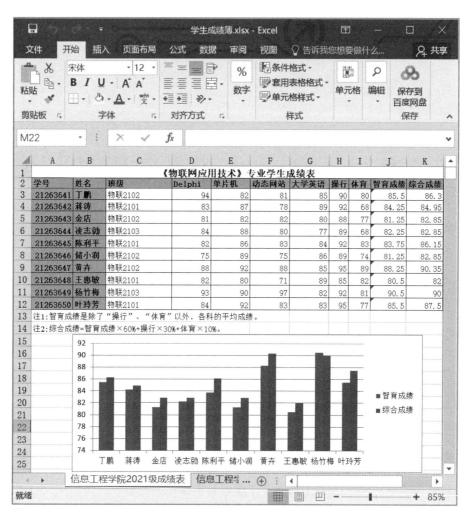

图 4-1　"学生成绩簿"的工作簿

4.1　认识 Excel 2016

认识
Excel 2016

Excel 2016 是 Office 2016 的重要组件之一，它是一款功能强大、技术先进、使用方便的电子表格处理软件。

启动 Excel 2016 后，其主界面的组成如图 4-2 所示，操作界面各组件的说明见表 4-1。

图 4-2　Excel 2016 主界面

表 4-1　Excel 2016 操作界面各组件说明

序号	名称	功能
1	快速访问工具栏	集成了多个常用的按钮，默认的有"保存""撤销"和"恢复"按钮
2	自定义快速访问工具栏	在快速访问工具栏中添加需要的命令
3	标题栏	显示工作簿的名称
4	功能区显示选项	选择功能区显示的内容
5	控制按钮栏	用于控制一个工作簿的窗口
6	共享	多人一起编辑工作簿
7	功能区	不同的选项卡下面包含多个选项组，每个选项组中有多个命令按钮
8	名称框	显示当前单元格区域的地址；在输入公式时为"函数"框
9	编辑栏	显示当前单元格中输入的内容
10	垂直滚动条	垂直方向滚动表格窗口
11	水平滚动条	水平方向滚动表格窗口
12	缩放和缩放级别	可改变页面显示的比例
13	视图按钮	单击某按钮即可切换到对应的视图方式下
14	"新工作表"按钮	单击可插入一个新工作表
15	工作表标签	用于识别工作表名称
16	工作表选择	单击其中的按钮可实现工作表的滚动
17	状态栏	可以展现出当前操作的各种相关信息

4.1.1 Excel 2016 的启动和退出

1. Excel 2016 的启动

方法 1：若桌面上已经存在 Excel 2016 的快捷方式，直接双击快捷方式图标即可启动 Excel 2016。

方法 2：单击"开始"按钮，在"开始"菜单中选择"Excel 2016"命令，即可启动 Excel 2016。

方法 3：双击任何一个已保存的 Excel 2016 文档，在启动 Excel 2016 的同时也打开该文件。

2. Excel 2016 的退出

方法 1：单击控制按钮栏的"关闭"按钮。

方法 2：双击"快速访问工具栏"左侧 Excel 的控制菜单，或者右击该菜单，在弹出的菜单中选择"关闭"命令。

方法 3：按 Alt+F4 组合键。

> 📖 注意：
>
> 当选择"文件"→"关闭"命令时，不是退出 Excel 2016 应用程序，而只是关闭当前的工作簿窗口。

4.1.2 Excel 2016 工作窗口

启动 Excel 2016 后，用户将看到如图 4-2 所示的窗口界面。它主要由标题栏、功能区、编辑区、工作表格区和状态栏等组成。

1. 标题栏

标题栏位于窗口的最上方，标题栏从左到右依次由控制菜单（鼠标单击最左侧可见）、快速访问工具栏、自定义快速访问工具栏、标题、功能区显示选项、控制按钮栏。其中"Excel"是电子表格应用程序的名称，"工作簿 1"是默认的工作簿名称。

2. 功能区

Excel 2016 的功能区位于标题栏之下，由"文件""开始""插入""页面布局""公式""数据""审阅"和"视图"8 个选项卡、"告诉我您想做什么…"输入框和"共享"按钮组成，如图 4-3 所示。其中任意一个选项卡中包括若干个选项组，例如在"开始"选项卡中有"剪贴板""字体""对齐方式""数字""样式""单元格"和"编辑"等选项组，在每个选项组中有相关的命令按钮。

3. 编辑区

编辑区如图 4-4 所示，包括"名称框""插入函数"按钮和"编辑栏"组成。

图 4-3　Excel 2016 功能区

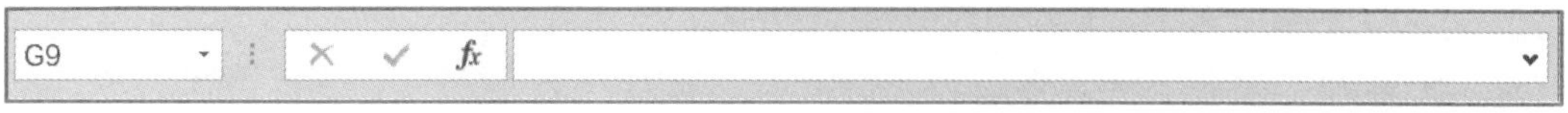

图 4-4　编辑区

可以输入或编辑活动单元格的数据或公式。左边是名称框,用于显示活动单元格的名称。右边是编辑栏,可以输入内容,该内容将输入到左边名称框所指定的单元格中。

名称框与编辑栏中间的"√"按钮用于确认向单元格中输入的信息(与 Enter 键功能相同);"×"按钮用于取消向单元格中输入的信息(与 Esc 键功能相同)。如果向活动单元格输入函数,则需要先单击"f_x"按钮或者直接输入函数名称;如果向活动单元格输入公式,直接输入"="即可。

4. 工作表格区

工作表格区简称工作区,是 Excel 的主要工作区域,由单元格组成,所有的数据都存放在该区域中。工作表区域是学习的重点内容,具体的知识点将在后面的章节中做详细介绍。

5. 状态栏

状态栏位于窗口的底部,用于显示当前状态的相关信息。当工作表准备接收信息时,状态栏就显示"就绪";输入数据时,状态栏就显示"输入"。

4.1.3　工作簿、工作表、单元格的概念

1. 工作簿

工作簿是指在 Excel 2016 中用来存储和处理数据的文件,一个工作簿就是一个 Excel 文件,它的文件扩展名是 xlsx。启动 Excel 2016 后,默认的工作簿名是"工作簿 1"。对应的存储在磁盘上的文件就是"工作簿 1.xlsx"。

微课 4-1
工作簿、工作表、单元格的概念

在一个工作簿中,可以同时拥有多张工作表。Excel 2016 中一个工作簿中相互独立的工作表的数目没有限制,但是它受可用内存的制约,系统默认的工作表数目是 1 张,如果要改变默认工作表的数目,可以选择"文件"→"选项"命令,在打开的如图 4-5 所示的"Excel 选项"对话框左侧的窗格中,选择"常规"选项卡,在右侧窗格中,设置"包含的工作表数"的数目(数字介于 1~255 之间)。

2. 工作表

工作表(Sheet)是一个二维表格,即通常所说的电子表格。它是 Excel 用于存储和处理数据的具体表格页,可以说 Excel 中一切操作都是在工作表上进行的。

工作表是由 1 048 576 行和 16 384 列组成,行和列分别用行号和列号来标识。行号用阿拉伯数字表示,分别是 1~1 048 576。列号用字母表示,分别是 A~Z、AA~AZ、BA~BZ…XFA~XFD。由此可见工作表可以存储大量的数据。

工作表默认的名称是 Sheet1、Sheet2、Sheet3…。工作表名称在工作表标签中显示,工作表标签位于工作表格区的左下角。工作表标签中白色的表示活动工作表,单击相应的工作表标签,即可在同一工作簿中进行工作表的切换。当工作表很多,标签不能全部显示时,可以单击工作表选择滚动按钮,选定所需的工作表。

3. 单元格

单元格是工作表行和列交汇的区域,是组成电子表格的基本元素,也是数据存储和处理

图 4-5　"Excel 选项"对话框

的基本单位。每个单元格可以存储多种格式的数据,每个单元格最多可以输入 32 767 个字符。只有 1 024 个字符会显示在单元格内,而所有的字符会显示在编辑栏中。

每一个单元格都有自己的行、列位置,称为地址。单元格地址用"列号 + 行号"来表示,例如,B5 表示第 B 列第 5 行的单元格。

由相邻的单元格组成的矩形块称为单元格区域,单元格区域的地址用它的左上角单元格地址和右下角单元格地址来表示,中间用冒号":"分隔。例如,如图 4-6 所示单元格区域用 B2:E8 表示,即是左上角从 B2 开始到右下角 E8 结束的一片矩形区域。

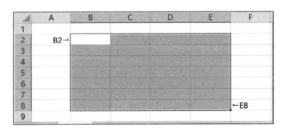

图 4-6　单元格区域

4.2 工作簿的基本操作

4.2.1 创建工作簿

方法 1：启动 Excel 2016 后，系统将自动建立一个全新的工作簿，名称为"工作簿 1"。

方法 2：若用户要另建一个空工作簿，可以直接按快捷键 Ctrl+N。

方法 3：用户也可以选择"文件"→"新建"命令，建立一个空工作簿或者带有模板的工作簿。

① 如图 4-7 所示，单击"空白工作簿"图标，创建一个新的空白的工作簿。

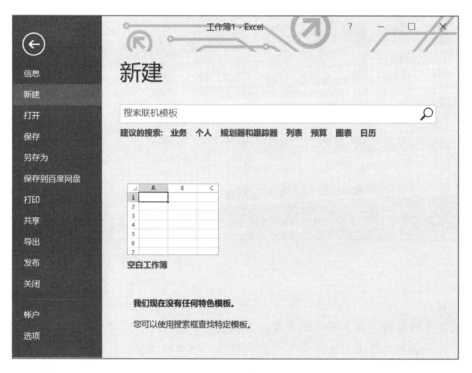

图 4-7 "新建"视图

② 也可以搜索联机模板，从而利用微软网站提供的大量的模板来创建具有专业水准的工作簿。

4.2.2 保存工作簿

为了以后进一步使用工作簿文件，用户必须对工作簿进行保存，保存工作簿的方法主要有以下几种。

方法 1：在"快速访问工具栏"中单击"保存"按钮 📷。

方法 2：使用快捷键 Ctrl+S。

方法 3：选择"文件"→"保存"命令。

方法 4：选择"文件"→"另存为"命令。

如果保存的文件是新建的工作簿,使用上面任意一种方法,都会打开如图 4-8 所示的"另存为"对话框。在该对话框中，选择"此电脑"C 盘根目录，在"文件名"组合框中，输入工作簿文件的名称"学生成绩簿 .xlsx"，然后单击"保存"按钮。这样就在 C 盘根目录中创建名称为"学生成绩簿 .xlsx"的工作簿。

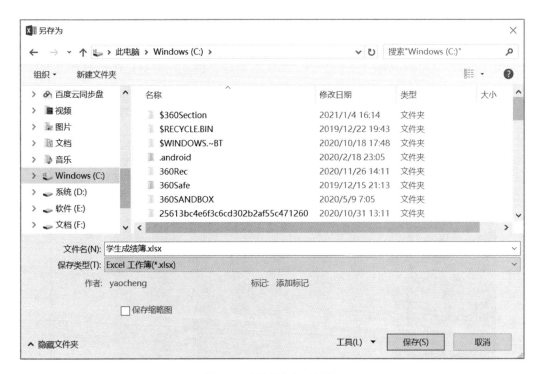

图 4-8　"另存为"对话框

📖 **注意：**

　　在保存工作簿时，该工作簿所含有的工作表将一起保存，工作表无须单独保存。如果是保存已经存在的工作簿，使用前 3 种方法都不会弹出对话框，它将按照文件原来的位置和名称进行保存。若使用方法 4,将会打开"另存为"对话框,可以改变原来文件的保存位置、名称和保存类型。

4.2.3　工作簿的打开与关闭

1. 打开工作簿

　　方法 1：在"此电脑"或者 Windows 资源管理器中直接双击需要打开的工作簿文件，即可打开该工作簿。

　　方法 2：启动 Excel 2016 应用程序,选择"文件"→"打开"命令,或单击"快速访问工具栏"中的"打开"按钮。

　　方法 3：启动 Excel 2016 应用程序，选择"文件"→"打开"命令，在窗口的"最近"列表中显示最近使用的工作簿，单击其中某个文件来打开相应的工作簿。

2. 关闭工作簿

当工作簿使用完毕后，应该将其关闭，关闭工作簿的方法主要有以下几种。

方法 1：选择“文件”→“关闭”命令。

方法 2：按快捷键 Ctrl+W。

> 📖 注意：
>
> 这里介绍的是关闭工作簿文档，而不是退出 Excel 2016 应用程序。请注意与 4.1.1 节介绍的退出 Excel 2016 的区别。

4.3 单元格的基本操作

单元格的基本操作

PPT

本节将在“学生成绩簿.xlsx”工作簿中的“信息工程学院 2021 级成绩表”工作表中输入数据并且进行格式化，如图 4-9 所示。

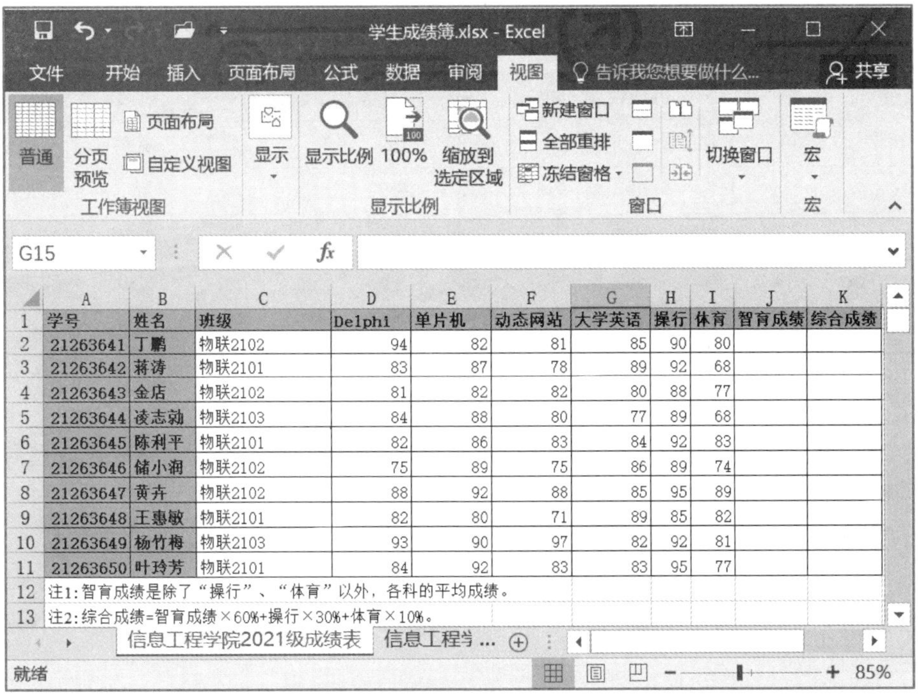

	A	B	C	D	E	F	G	H	I	J	K
1	学号	姓名	班级	Delphi	单片机	动态网站	大学英语	操行	体育	智育成绩	综合成绩
2	21263641	丁鹏	物联2102	94	82	81	85	90	80		
3	21263642	蒋涛	物联2101	83	87	78	89	92	68		
4	21263643	金店	物联2102	81	82	82	80	88	77		
5	21263644	凌志勍	物联2103	84	88	80	77	89	68		
6	21263645	陈利平	物联2101	82	86	83	84	92	83		
7	21263646	储小润	物联2102	75	89	75	86	89	74		
8	21263647	黄卉	物联2102	88	92	88	85	95	89		
9	21263648	王惠敏	物联2101	82	80	71	89	85	82		
10	21263649	杨竹梅	物联2103	93	90	97	82	92	81		
11	21263650	叶玲芳	物联2101	84	92	83	83	95	77		
12	注1：智育成绩是除了“操行”、“体育”以外，各科的平均成绩。										
13	注2：综合成绩=智育成绩×60%+操行×30%+体育×10%。										

图 4-9 学生成绩表的数据输入

4.3.1 选定数据区域

要向单元格输入数据，首先要选择单元格，使其成为当前工作的单元格，即活动单元格。在任何时候，工作表中有且只有一个活动单元格。活动单元格可以接收键盘的输入和单元格的移动、复制和删除等操作。

1. 单个单元格的选定

一个单元格的选定就是单元格的激活，选择单个单元格，主要有以下 4 种方法。

方法 1：直接用鼠标单击要选定的单元格。

方法 2：在名称框中输入单元格的地址，如 D2。

方法 3：单击"开始"→"编辑"→"查找和选择"按钮，在下拉列表中选择"转到"命令，在打开的"定位"对话框中输入单元格的地址，如图 4-10 所示，在"引用位置"文本框中输入 AA10，即可选中 AA10 单元格。

方法 4：利用键盘选择单元格，常用的按键见表 4-2。

2. 单元格区域的选定

单元格区域的选定主要有 3 种方法。

方法 1：单击要选定区域的第 1 个单元格，沿对角线方向拖动鼠标至最后一个的单元格，就可以选中连续的矩形区域内的单元格。

图 4-10　"定位"对话框

表 4-2　常用的按键说明

按键	功能说明	按键	功能说明
Enter	下移一个单元格	→	右移一个单元格
Shift+ Enter	上移一个单元格	←	左移一个单元格
Tab	左移一个单元格	↑	上移一个单元格
Shift+ Tab	右移一个单元格	↓	下移一个单元格
Home	移动至行首	Page Up	上移一屏
Ctrl+ Home	工作表的第 1 个单元格	Page Down	下移一屏

方法 2：先选中要选择区域的第 1 个单元格，然后按住 Shift 键，选中要选择区域的最后一个单元格，就可以选择这些连续的单元格。

方法 3：在名称框输入要选择区域的单元格区域的地址，然后按 Enter 键确认。

3. 非连续的单元格或单元格区域的选定

选定要选择区域的第 1 个单元格或单元格区域，按住 Ctrl 键，用鼠标再次选择其余的单元格或单元格区域。

4. 按行（列）选择

（1）单行（列）

单击行号（列标）按钮就可以选定工作表中的整行（列）的单元格。

（2）多行（列）

选定工作表中的起始行（列），按住 Shift 键，选择要选择区域的最后一行（列），可以选择连续的多行（列）。如果要选择不连续的多行（列），可以选定工作表中的起始行（列），按住 Ctrl 键，用鼠标再选择其他行（列）。

5. 选择整张工作表

方法 1：单击表格左上角的"全选"按钮 ▨ ，该按钮位于行标题和列标题的交汇处，如

图 4-2 所示。

方法 2：使用快捷键 Ctrl+A。

4.3.2　数据的输入

开始输入数据之前，应考虑好工作表的基本框架，即要对行和列有一个简单的安排，然后开始输入数据。输入数据比较简单，用鼠标单击或将光标移动到该单元格，然后开始输入。输入的数据可以包括文本、数字、日期、时间等各种不同的数据类型。在输入之前，用户不必先设置类型，Excel 2016 会自动识别所输入的数据类型，进行适当的处理。

微课 4-2
数据的基本
输入

1. 数据的基本输入

（1）输入文本

文本包含字母、汉字、数字字符以及其他的字符等。默认状态下，输入的文本在单元格中左对齐。每个单元格最多可容纳 32 767 个字符。

📖 注意：

① 当第 1 个字符是"="时，应先输入一个单撇号"'"（必须为英文半角字符的单引号），再输入"="，否则按输入公式处理。

② 输入的文本若由数字字符组成，如学号、编号、电话号码等，应先输入一个单撇号"'"，再依次输入各个数字字符，否则按输入数字类型处理。

③ 输入的内容会同时在单元格和编辑栏中出现，按 Backspace 键或 Delete 键可以在输入过程中随时删除插入点前后的字符。如果单元格的内容超过默认的宽度，超过部分是否显示要视右边的单元格有无内容而定，有则隐藏多余的部分，没有则全部显示。

（2）输入数字

数字包含 10 个阿拉伯数字 0~9 和 =、-、/、,、（、）、$、% 等符号。所有单元格都采用默认的通用数字格式。确认后按默认格式自动向右对齐，具体输入时要注意以下两点：

① 在最前面的"+"号，被忽略。如输入"+86"，单元格将显示"86"。

② 负数可以使用"-"号或用圆括号括起来。如"-86"可以表示为"-86"或者（86）。

（3）输入时间

输入时间时，采用的形式是"时：分：秒"。例如，要输入时间"8 时 32 分 45 秒"，在当前单元格中输入"08：32：45"（其中的"0"可以省略）即可。输入时间后，时间数据在单元格中自动右对齐。输入的时间一般按上午处理，如果在时间的后面加一个空格和"PM"或"P"，那么输入的时间按下午处理。如输入"08：32：45 P"，单元格中保存的时间则是"20：32：45"，而在单元格中显示的数据则可能是"8：32：45 PM"。

2. 数据的快速输入

（1）利用自动填充快速输入数据

Excel 2016 提供了自动填充序列的功能，可以表示前后顺序的一组数据称为序列，其常用的序列类型有以下几种：

• 文字序列：数据属于文本类型，如相同的文字，或者一些有序的文字序列等。如星期一、星期二、星期三……；各种有序的编号等。

- 数字序列：数据属于数值类型，如数学中的等差数列、等比数列等。
- 日期序列：数据属于日期类型，如 2 月 2 日、2 月 3 日等。

为了提高工作效率，针对这种有规律数据的输入，Excel 2016 提供了"自动填充"功能，从而加快了输入序列数据的速度。

以下介绍几种输入方法，可以根据不同的类型来选择。

① 使用"填充"命令：首先在序列所在的第 1 个单元格输入起始值，假定是 0；单击"开始"→"编辑"→"填充"按钮，在下拉列表中选择"序列"命令，打开"序列"对话框，如图 4-11 所示。

在对话框的"序列产生在"选项区域中选中"行"或"列"单选按钮，在"类型"选项区域中选择一种填充类型。例如，假定在"序列产生在"选项区域中选中"列"单选按钮，在"类型"选项中选中"等差数列"单选按钮；在"步长值"文本框中输入 5，"终止值"中输入 50，最后单击"确定"按钮，就会得到如图 4-12 所示的结果。

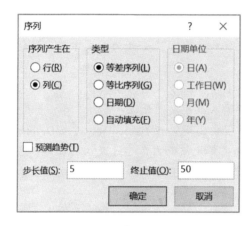

图 4-11　"序列"对话框　　　　　　　　图 4-12　等差序列填充结果

② 鼠标拖放：当选定一个单元格或一个单元格区域时，右下方有一个小黑方块"■"，称为填充柄。当鼠标指针指向它时将变成黑色的小"+"字形，然后按住鼠标左键进行拖放，松开鼠标，就会在拖放的单元格区域里输入了预定义的自动填充序列。例如，在图 4-9 中的"学号"输入就可以使用这种方法。

③ 自定义序列：对于有些经常使用的文字序列或日期序列，Excel 2016 已经预先设定，用户可以直接使用。同时可以通过选择"文件"→"选项"命令，在打开的"Excel 选项"对话框中，选择"高级"选项卡，单击"编辑自定义列表"按钮来实现。

（2）不同的序列填充方法

① 填充相同的值：在序列所在的第 1 个单元格内输入文本或数字，然后按住鼠标左键开始拖动，可以使拖动过程中扫过的单元格填入相同的数据。

② 填充自动增 1 的数值：在序列所在的第 1 个单元格输入起始值，按住 Ctrl 键，然后按住左键开始拖动。可以使拖动过程中扫过的单元格填入自动增 1 的数值。

③ 填充等差、等比数列：先连续输入两个数据后选中，按住鼠标右键拖动，松开后将弹出快捷菜单，如图 4-13 所示，在快捷菜单中再选择不同的序列选项。

④ 填充月或日的序列：在序列产生的第 1 个单元格内输入任意一种格式的起始月或日，然后开始拖动。可以使拖动过程中扫过的单元格填入自动增加 1 月或 1 日的序列。

⑤ 填充日期序列：在序列产生的第 1 个单元格内输入任意一种格式的起始日期，然后开始按住左键拖动。

（3）自定义序列设定的方法

方法 1：添加序列。

选择"文件"→"选项"命令，在打开的"Excel 选项"对话框中，选择"高级"选项卡，单击"编辑自定义列表"按钮，打开"选项"对话框，如图 4-14 所示。在"输入序列"列表框中输入要设定的序列，每行一个数据，输入后，单击"添加"按钮，如添加新的序列"1、2、3、4、5、4、3、2、1"。

方法 2：导入序列。

在工作表中选定已经输入序列的字符类型单元格区域，在"选项"对话框中单击"导入"按钮即可，如图 4-14 所示的"$D$1:$D$9"。

图 4-13 "填充序列"快捷菜单

图 4-14 "选项"对话框

4.3.3 修改、复制、移动和清除数据

在工作表中输入了文字、数字、时间日期、公式等内容，如果在输入过程中出现错误，则需要对输入错误进行纠正；或由于实际情况的变化，在工作表中相应数据也要发生变化，都需要对其进行必要的编辑。Excel 2016 提供了强大的数据编辑功能。编辑单元格内容的操作既可以在单元格中进行，也可以在编辑栏中进行。

1. 单元格中数据的修改

单元格中数据的修改，可以有两种方法实现。

方法 1：双击待修改数据所在的单元格，对其中的内容进行修改。

方法 2：先选定单元格，然后选定编辑栏中要修改的字符，最后输入新的内容。

2. 单元格中数据的移动和复制

首先选定要移动或复制的单元格或单元格区域。

方法 1：通过剪贴板操作完成移动或复制。

① 选中需要移动或复制的单元格区域。

② 单击"开始"→"剪贴板"→"剪切"（或"复制"）按钮。

③ 到指定的位置粘贴。

方法 2：用鼠标指向被移动单元格或单元格区域的边沿，指针由空十字形变为↖，然后拖放到目的位置后松开鼠标即可完成移动；如果是复制，只要在拖放过程中按住 Ctrl 键即可，鼠标指针为↖。

3. 单元格的清除

单元格的清除指从单元格中去掉原来存放在单元格中的数据、批注或数据格式等。清除后，单元格还留在工作表中。清除的操作步骤如下：

① 选定要清除的单元格。

② 单击"开始"→"编辑"→"清除"按钮，在下拉菜单中包含"全部清除""清除格式""清除内容""清除批注"和"清除超链接"等选项，如图 4-15 所示。

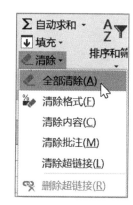

图 4-15　"清除"
下拉菜单

选择其中之一选项，即完成选定单元格的清除。如果选择"全部清除"选项，则清除单元格中的所有信息，包括内容、格式、批注和超链接；如果选择其他选项，则只清除某一项。

单元格内容的清除，除了上面的方法外，也可先选定单元格，然后直接按 Delete 键，清除内容。

在图 4-9 中，依次在单元格区域 A1：K1、A2：C11、A12：A13 中输入"学号""姓名""班级"等文本格式的数据。在 D2：I11 相应的单元格中输入"94""82"等数值格式的数据。其中"学号"列可以使用 Excel 2016 提供的填充功能来完成，其余数据需要用户自己输入，具体步骤就不再赘述了，其结果如图 4-9 所示。

4.3.4　单元格、行、列的插入和删除

在图 4-9 的表格中插入标题行，并对表格进行格式设置，结果如图 4-16 所示。

1. 插入单元格、行和列

在 Excel 2016 中，可以在指定的位置插入空白的单元格或单元格区域。

（1）插入单元格

常用的方法有以下两种。

方法 1：命令操作。

选定需要插入的单元格的位置，单击"开始"→"单元格"→"插入"下拉按钮·，弹出如图 4-17 所示的下拉菜单，在其中选择"插入单元格"命令，打开"插入"对话框，如图 4-18 所示，选择一种插入方式，单击"确定"按钮即可。

图 4-16 学生成绩表的格式设置

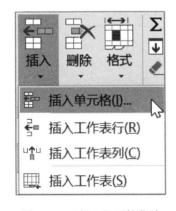

图 4-17 "插入"下拉菜单　　　　图 4-18 "插入"对话框

方法 2：拖动"填充柄"。

选定需要插入的单元格，拖动选定区域右下角的"填充柄"，同时按住 Shift 键。

（2）插入行、列

常用方法有以下两种。

方法 1：如果在某行上方插入一行，则选定该行或它的任意单元格。如果需要插入多行，则选定需要插入的新行之下相邻的若干行，单击"插入"按钮，弹出如图 4-17 所示的下拉菜单，选择"插入工作表行"命令即可。插入列的方法与此类似。

方法 2：在执行插入单元格操作时，使用方法 1"命令操作"时，在图 4-18 中，选中"整行"或"整列"单选按钮，然后单击"确定"按钮，同样可以在工作表中插入空白行或列。

> **注意：**
>
> 　　在插入单元格时，插入的单元格数目与选择的单元格数目相同。插入行或列，插入的行数或列数也与选择的行数或列数相同。

2. 删除单元格、行和列

（1）删除单元格

首先选定要删除的单元格或单元格区域，单击"开始"→"单元格"→"删除"下拉按钮，弹出如图 4-19 所示的下拉菜单，在其中选择"删除单元格"命令，打开"删除"对话框，如图 4-20 所示，选择一种删除方式，单击"确定"按钮即可。

图 4-19　"删除"下拉菜单　　　　图 4-20　"删除"对话框

（2）删除行、列

选定要删除的行或列，弹出如图 4-19 所示的列表，在其中选中"删除工作表行"或"删除工作表列"命令，则选定的行、列被删掉，下边的行或右边的列自动前移。或者在执行删除单元格操作时，在如图 4-20 所示的"删除"对话框中，选中"整行"或"整列"单选按钮，同样可以将选中的单元格所在的行或列整个删除。

> **注意：**
>
> 　　"清除"和"删除"是两种不同的操作。"清除"是将单元格里的内容、格式、批注之一或全部删除掉，而保留单元格本身。"删除"则是将单元格和单元格里的全部内容一起删除。

4.3.5　单元格格式

在建立和编辑工作表后，就可以对工作表中的各单元格进行格式设置，从而使工作表的外观更加美观，排列更整齐，重点更突出、醒目。单元格的格式设置包括行高、列宽的设置，数字格式，文本的对齐，字体的设置以及边框、颜色的设置。

1. 行高、列宽的调整

（1）行高的调整

在 Excel 2016 中，行高以磅为单位，可以用以下 3 种方法设置行高。

方法 1：利用命令输入行高值。

选定要设置行高的行,单击"开始"→"单元格"→"格式"按钮,打开如图 4-21 所示的下拉菜单,选择"行高"命令,打开"行高"对话框,在"行高"文本框中输入值,如图 4-22 所示,然后单击"确定"按钮。输入值的范围是 0~409。

方法 2：用鼠标拖动。

将鼠标指针指向要改变行高的行号之间的分隔线上,当鼠标变成 ✛ 形状时,按住鼠标左键上下拖动即可。

方法 3：鼠标双击。

把鼠标直接定位在需调整行高的某行号的下边界,然后双击,可以把本行自动调整到最合适的行高。

（2）列宽的调整

在 Excel 2016 中,列宽以字符作为单位（每个字符的宽度是行高默认的字体宽度）,范围取值在 0~255 之间。设置列宽和设置行高一样,可以使用以上 3 种方法。

2. 单元格数字格式

在 Excel 2016 内部,数字、日期和时间都是以纯数字存储的。Excel 2016 将日期存储为一系列连续的序列数,将时间存储为小数,因为时间被看作天的一部分。系统以 1900 年的 1 月 1 日作为数值 1,如果在单元格中输入 1900-1-20,则实际存储的是 20。如果单元格格式设置为日期格式,则显示为"1900 年 1 月 20 日"或者其他日期格式（如"1900/1/20"）;如果单元格设置为数值格式,则显示为"20"。因此,对于数字、日期和时间的数据,它们在单元格中的显示形式可以通过"设置单元格格式"对话框来设置。

打开"设置单元格格式"对话框常用以下两种方法：

方法 1：打开如图 4-21 所示的下拉菜单,选择"设置单元格格式"命令,打开"设置单元格格式"对话框。

方法 2：右击,在快捷菜单中选择"设置单元格格式"命令。

设置单元格数据格式步骤如下：

① 选定要修改格式的单元格。

② 打开"设置单元格格式"对话框,选择"数字"选项卡,可以对各种类型的数据进行相应的显示格式设置,如图 4-23 所示。

3. 单元格数据的对齐方式

打开"设置单元格格式"对话框,选择"对齐"选项卡,如图 4-24 所示,根据需要设置"水平对齐""垂直对齐""文本控制""从右到左""方向"（按度）选项,对所选定区域的对齐方式进行设置。

① "水平对齐"：用来设置单元格水平方向的对齐方式,包括"常规""靠左（缩进）""居中""靠右（缩进）""填充""两端对齐""跨列居中""分散对齐（缩进）"。其中"填充"是以当前单元格的内容填满整个单元格;"跨列居中"为将选定的同一行的多个单元格（只有

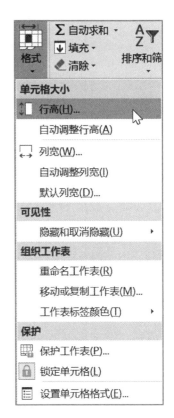

图 4-21　"格式"下拉菜单

图 4-22　"行高"对话框

微课 4-3
单元格数字
格式

图 4-23　"数字"选项卡

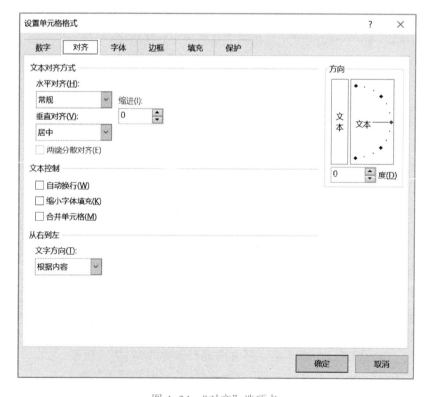

图 4-24　"对齐"选项卡

一个单元格有数据）的唯一的数据居中显示。其他方式与 Word 类似。

②"垂直对齐"：用来设置单元格垂直方向的对齐方式，包括"靠上""居中""靠下""两端对齐""分散对齐"，其用法与 Word 类似。

③"自动换行"：对于输入的文本根据单元格的列宽自动换行。如果单元格中需要人工换行，按 Alt+Enter 键即可。

④"缩小字体填充"：减小字符的大小，在不改变列宽的情况下，在单元格内用一行显示所有的数据。

⑤"合并单元格"：将已选定的多个单元格合并为一个单元格，与"水平对齐"方式中的"居中"合用，相当于"对齐方式"选项组中的"合并后居中"按钮 的功能。

⑥"方向"（按度）：改变单元格文本的旋转角度，范围是 –90°~90°。具体效果如图 4-25 所示。

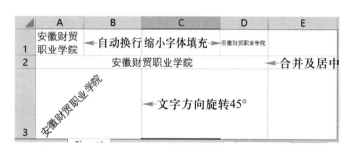

图 4-25　单元格对齐方式示例

4. 单元格字体设置

在表格中，通过字体、字形、字号、颜色的设置，可以使表格条理清晰、界面美观。Excel 2016 提供了多种字体和字形，还允许在单元格或单元区域内设置颜色。其设置方法与 Word 2016 中字体的格式设置基本相同。在"设置单元格格式"对话框中，选择"字体"选项卡，如图 4-26 所示。

根据需要对所选定区域的字符进行字体、字形、字号、颜色等格式的设置。具体设置方法与 Word 2016 类似。

5. 单元格边框的设置

在默认的情况下，Excel 2016 表格的边框都是虚框，在打印时没有边框。用户如果需要打印边框，则必须进行相应的设置。有以下两种常用方法：

方法 1：使用"字体"选项组中的命令按钮。

具体操作步骤如下：

① 选择需要设置边框的单元格或单元格区域。

② 单击"开始"→"字体"→"下框线"下拉按钮，弹出如图 4-27 所示的下拉菜单，选择所需要的边框样式即可。

方法 2：使用对话框操作。

具体操作步骤如下：

① 选择需要设置边框的单元格区域。

② 打开"设置单元格格式"对话框，选择"边框"选项卡，如图 4-28 所示。在"线条"

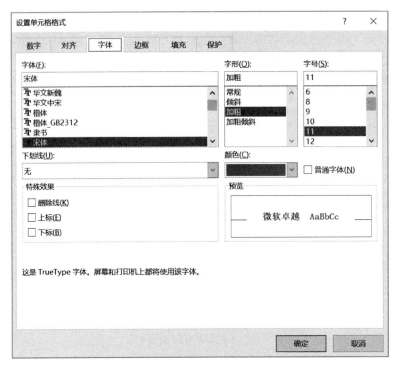

图 4-26　"字体"选项卡

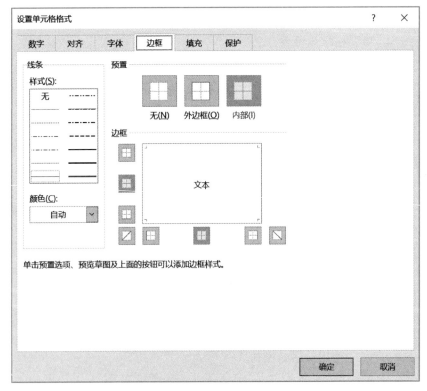

图 4-27　"边框"
　　　下拉菜单

图 4-28　"边框"选项卡

选项区域中指定线型样式和线条的颜色。在"预置"选项区域中指定是外边框还是内部边框。在"边框"选项区域中分别单击指定边框位置的按钮，也可以直接单击"边框"选项区域预览区视图中相应位置。

③ 单击"确定"按钮完成设置。

6. 底纹的设置

在默认情况下，单元格既无颜色，又无底纹图案。用户可以给工作表中的单元格添加颜色、底纹或者图案，使工作表更加醒目、美观。

方法 1：使用"字体"选项组中的命令按钮。

① 选定需要添加底纹的单元格或单元格区域。

② 单击"开始"→"字体"→"填充颜色"下拉按钮 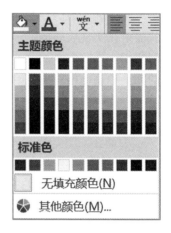，弹出如图 4-29 所示的"填充颜色"菜单，选择所需要的背景颜色即可。

图 4-29 "填充颜色"菜单

方法 2：使用"填充"选项卡。

① 选定需要加底纹的单元格或单元格区域。

② 设置底纹同样是在"设置单元格格式"对话框中，选择"填充"选项卡，首先在"颜色"区域中选择背景色，如果想进一步设置底纹的图案，可以单击"填充效果"和"其他颜色"按钮，在打开的对话框中选择花纹的样式及颜色，如图 4-30 所示。

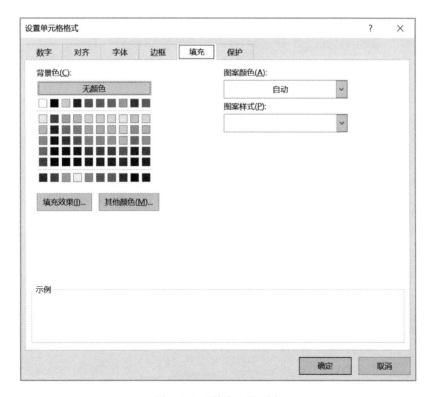

图 4-30 "填充"选项卡

例如在图 4-9 的工作表中插入标题行,选中 A1:K1 合并单元格,输入"《物联网应用技术》专业学生成绩表",选中 A2:K14 将字体设置为 10 磅,选中 A1,A2:K2,A3:B12 将字形设置为粗体,选中 A2:K2,A3:B12 将底纹设置为"浅灰色",选中 A2:K12 设置"内部"和"外边框",结果如图 4-16 所示。

7. 自动套用格式

在 Excel 2016 中提供了一些精心设计的表格格式,可以将它们应用到正在编辑的表格上,从而可以实现表格的快速格式化,不仅节省了用户进行格式化的时间,而且使得表格更加美观实用。Excel 2016 共提供了多种默认的不同风格的表格格式,用户可以根据需要选择其中的某一种表格格式应用到自己的表格上。

具体实现套用的步骤如下:

① 选定要套用格式的单元格区域。

② 单击"开始"→"样式"→"套用表格格式"按钮,弹出如图 4-31 所示的下拉菜单,选择一种样式单击即可。

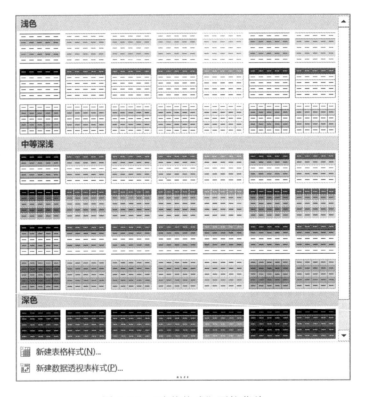

图 4-31　"表格格式"下拉菜单

③ 这时会自动打开"表格工具"上下文选项卡,如图 4-32 所示,在其中可以进一步设置表格样式,在该选项卡中当鼠标在表格样式中划过时可以实时显示效果,单击选择满意的效果即可。

8. 条件格式

条件格式化是指规定单元格中的数据达到设定的条件时,按规定的格式显示。这样使表

图 4-32 "表格工具"上下文选项卡

格将更加清晰、易读，具有很强的实用性。如在现金收支账中，当出现超支的情况时，希望用红色显示超支额。再如在学生成绩登记表中，成绩优秀的学生姓名用绿色，成绩不及格的学生姓名用红色等。

具体实现的步骤如下：

① 选择要进行条件格式的单元格或单元格区域。

② 单击"开始"→"样式"→"条件格式"按钮，弹出如图 4-33 所示的下拉菜单，选择一种选项，例如选择"突出显示单元格规则"子列表，在其中选择"小于"命令，打开"小于"对话框，在"为小于以下值的单元格设置格式"文本框中输入数值，单击"确定"按钮即可，如图 4-34 所示。

③ 如果有其他的条件，选择相应的选项，输入相关的数值即可。

图 4-33 "条件格式"下拉菜单

图 4-34 "小于"对话框

④ 单击"确定"按钮以后。满足条件的单元格的数据会以所设置的格式显示出来，而其他的单元格格式不改变。

⑤ 修改条件格式。首先要选定需要更改条件格式的单元格或单元格区域，再打开相关的对话框，然后改变已输入的条件，最后单击"确定"按钮即可。

4.3.6　查找和替换

在一张工作表中，有时候需要找出指定的一些数据，如果用人工来查找是一件很烦琐的事，若使用 Excel 2016 提供的"查找/替换"命令就可以快速、准确地完成操作。

1. 定位

单击"开始"→"编辑"→"查找和选择"按钮，弹出如图 4-35 所示的下拉菜单，选择"转到"命令，打开"定位"对话框，如图 4-36 所示。在"引用位置"文本框中输入定位的单

图 4-35 "查找和选择"下拉菜单　　　　　　图 4-36 "定位"对话框

元格或单元格区域的地址，单击"确定"按钮，则输入的单元格或区域被指定为当前单元格或区域。

2. 查找

查找是根据指定的内容，寻找单元格或区域的一种快速方法。具体操作如下：

① 选定要查找数据的区域，若没有选定操作区域，则在整个工作表中进行查找。

② 单击"开始"→"编辑"→"查找和选择"按钮，在弹出的"查找和选择"下拉列表中，选择"查找"命令，打开"查找和替换"对话框，如果单击其中的"选项"按钮则显示扩展的对话框，如图 4-37 所示。在"查找内容"文本框中输入或选择相应的内容，如"黄卉"。在"搜索"下拉列表框中选择"按行"或"按列"，在"查找范围"下拉列表框中从"公式""值"或"批注"中选择其中的一项，其他的操作与 Word 2016 中的操作相似。

图 4-37 扩展的"查找和替换"对话框

3. 替换

替换操作与查找操作类似。只需要在"查找和替换"对话框中选择"替换"选项卡，如图 4-38 所示。在对话框中输入查找内容或替换值，然后单击"查找下一个"按钮，找到查找的值，单击"替换"按钮，可逐一替换；也可以单击"全部替换"按钮，一次性替换所有查找到的内容。

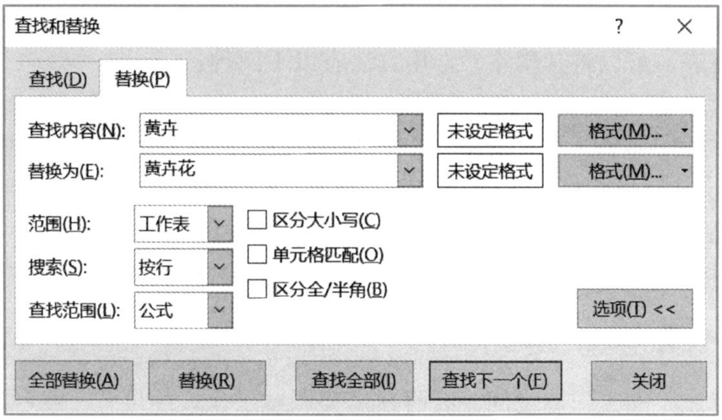

查找和替换

| 查找(D) | **替换(P)** |

查找内容(N): 黄卉 ▼ 未设定格式 格式(M)... ▾

替换为(E): 黄卉花 ▼ 未设定格式 格式(M)... ▾

范围(H): 工作表 ▼ ☐ 区分大小写(C)

搜索(S): 按行 ▼ ☐ 单元格匹配(O)

查找范围(L): 公式 ▼ ☐ 区分全/半角(B) 选项(T) <<

| 全部替换(A) | 替换(R) | 查找全部(I) | 查找下一个(F) | 关闭 |

图 4-38　扩展的"查找和替换"对话框

4.4　工作表的管理

4.4.1　选定和重命名工作表

1. 选定工作表

新建的常用工作簿，默认情况下，包括 1 张工作表 Sheet1。当新建一个工作簿或打开一个已有的工作簿时，Excel 2016 自动激活第 1 个工作表，处于激活状态的工作表称为活动工作表或当前工作表，用户可以在其中进行数据输入、编辑等操作。按住 Shift 键，同时单击工作表标签可以选定多张工作表。

2. 重命名

系统为每一个工作簿中的工作表给定一个默认名称 Sheet1、Sheet2…，用户可以根据需要重新命名。例如，在"学生成绩簿"工作簿中，可以将 Sheet1、Sheet2 分别用"信息工程学院 2021 级成绩表""信息工程学院 2020 级成绩表"来命名，以增加易读性。

重命名工作表操作步骤如下：

① 双击需要重新命名的工作表标签，进入工作表命名编辑状态。

② 输入新的工作表名，按 Enter 键确定。

另外，也可在工作表标签上右击，在快捷菜单中选择"重命名"命令或单击"开始"→"单元格"→"格式"按钮，在下拉列表中选择"重命名工作表"命令，来完成命名操作。

4.4.2　添加和删除工作表

1. 工作表的插入

若要在工作簿中插入一个或多个新的工作表，具体操作步骤如下：

① 选定一个或多个工作表。

② 单击"开始"→"单元格"→"插入"下拉按钮，在下拉列表中选择"插入工作表"命令，完成工作表的插入。

微课 4-4
选定和重命
名工作表

工作表的管
理

PPT

2. 工作表的删除

不需要的工作表，可以将其删除，常用方法有以下两种：

方法 1：

① 用鼠标首先激活要删除的工作表（如删除 Sheet1），使其成为活动工作表。

② 单击"开始"→"单元格"→"删除"下拉按钮，在下拉列表中选择"删除工作表"命令，完成工作表的删除。

方法 2：用鼠标右击工作表标签，在弹出的快捷菜单中选择"删除"菜单命令。

4.4.3　复制和移动工作表

在同一工作簿或不同工作簿之间，有时候需要调整工作表的位置，或者复制工作表，成为一个新工作表。这时可以单击"开始"→"单元格"→"格式"按钮，在下拉列表中选择"移动或复制工作表"命令，完成工作表的复制和移动。下面通过实例来说明在不同工作簿之间移动和复制工作表的操作。

例如，在 C 盘创建一个工作簿"信息工程学院 2020 级 .xlsx"，其中建一个"学生简历表"，其工作表标签为 ◄ ► ｜学生简历表｜ ⊕ 。

再创建一个工作簿 "文化创意学院 2020 级 .xlsx"，其中建一个"学生成绩表"，工作表标签为 ◄ ► ｜学生成绩表｜ ⊕ 。

要求把前者中的"学生简历表"复制到后者的"学生成绩表"之前。设置后的工作表标签为 ◄ ► ｜学生简历表｜学生成绩表｜ ⊕ 。

其操作步骤如下：

① 打开两个工作簿文件。

② 使"信息工程学院 2020 级"工作簿为当前窗口，右击"学生简历表"工作表标签。

③ 在快捷菜单中选择"移动或复制"菜单命令，打开"移动或复制工作表"对话框。

④ 在对话框的"工作簿"下拉列表框中选择目标工作簿"文化创意学院 2020 级 .xlsx"（如果复制在同一工作簿中，则省略），在对话框的"下列选定工作表之前"列表框中选择"学生成绩表"选项，选中"建立副本"复选框，如图 4-39 所示，单击"确定"按钮。

图 4-39　"移动或复制工作表"对话框

📖 **注意**：

① 如果不选中"建立副本"复选框，结果就会把"学生简历表"移动到当前位置。

② 对同一工作簿的工作表进行移动或复制，最简捷的方法是用鼠标拖动工作表标签或拖动工作表标签的同时按住 Ctrl 键。

4.4.4 保护工作表和工作簿

1. 利用"保护工作表"和"保护工作簿"对话框

保护工作表的操作步骤如下：

① 选定一个或者多个需要保护的工作表。

② 单击"审阅"→"更改"→"保护工作表"按钮，则会打开"保护工作表"对话框，如图 4-40 所示。

③ 在此对话框中，用户可以设置保护的选项。然后设置密码，单击"确定"按钮，在弹出的对话框中再输入一遍密码，再次单击"确定"按钮，这样工作表保护的选项就设置完成了。

当被保护的工作表需要撤销保护时，可按下述步骤操作：

① 单击"审阅"→"更改"→"撤销工作表保护"按钮，则会打开"撤销工作表保护"对话框，如图 4-41 所示。

② 在此对话框中输入原来设置的密码，单击"确定"按钮，即可撤销对工作表的保护。

保护工作簿的操作步骤与此类似，不再赘述。

图 4-40 "保护工作表"对话框

2. 利用"保存选项"对话框

为了保护自己的文件，避免被别人打开或修改，还可以给文件添加密码或把文件设置为只读。具体设置方法是，选择"文件"→"另存为"命令，打开"另存为"对话框，在其中单击"工具"按钮，在下拉列表框中选择"常规选项"命令，打开"常规选项"对话框，如图 4-42 所示，逐一进行设置即可。这样，当有人试图打开或修改该文件时，将会自动启动密码输入框，不能正确输入密码将会被拒绝打开或修改。

图 4-41 "撤销工作表保护"对话框

图 4-42 "常规选项"对话框

4.4.5 隐藏和显示工作表

1. 隐藏工作表

隐藏工作表的操作步骤如下：

① 选定一个或多个工作表。

② 单击"开始"→"单元格"→"格式"按钮,弹出下拉菜单,选择"隐藏和取消隐藏"命令,在其子列表中选择"隐藏工作表"命令,如图 4-43 所示。

2. 显示工作表

当被隐藏的工作表需要恢复时,只需要在图 4-43 所示的"隐藏和取消隐藏"列表中选择"取消隐藏工作表"命令,在打开的"取消隐藏"对话框中选择隐藏的工作表后单击"确定"按钮即可,如图 4-44 所示。

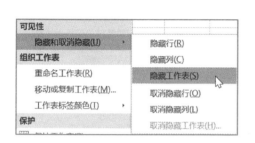

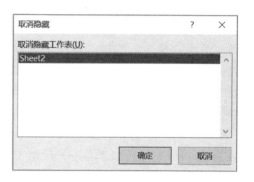

图 4-43　"隐藏和取消隐藏"下拉菜单　　　　图 4-44　"取消隐藏"对话框

4.5　公式和函数的使用

在"学生成绩簿 .xlsx"工作簿中的"信息工程学院 2021 级成绩表"工作表中,可以利用函数和公式计算"智育成绩"和"综合成绩"。其中"智育成绩"是除了"操行""体育"以外,各科的平均成绩;而"综合成绩"是由下列公式计算而来:综合成绩 = 智育成绩 ×60%+ 操行 ×30%+ 体育 ×10%,计算前的工作表如图 4-16 所示,计算后的结果如图 4-1 所示的"智育成绩"和"综合成绩"两列。

Excel 2016 的强大计算功能,是通过在单元格中使用公式或函数实现的。用户除了可以用公式完成诸如加、减、乘、除等简单的计算外,还可以结合系统所提供的多种类型的函数,在不需要编制复杂的计算程序的情况下,完成像财务计算、数理统计分析以及科学计算等复杂的计算工作。本节介绍公式的组成与输入、函数的调用以及在操作过程中易发生的问题及处理方法。

4.5.1　单元格的引用

微课 4-5
单元格的引用

1. 相对引用

是指当把一个含有单元格或单元格区域地址的公式复制到新的位置时,公式中的单元格地址或单元格区域会随着改变,公式的值将会依据改变后的单元格或单元格区域的值重新计算。例如,在图 4-45 中,A1:D2 区域中首先输入已知的数据,在 A3 中输入的是公式"=A1+A2",结果显示"3"。现在把此公式复制到 B3、C3 和 D3(可以使用"复制"→"粘贴"命令或用鼠标拖动"自动填充柄"),结果依次是公式"=B1+B2""=C1+C2"和"=D1+D2"的计算结果。这是因为在复制的过程中行号没有变化,而列标依次相对偏移了 1 列、2 列、3 列,所以公式中使用的相对引用的单元格地址 A1、A2 将依次变成 B1、B2，C1、C2 和 D1、D2。

2. 绝对引用

如果希望公式复制后引用的单元格或单元格区域的地址不发生变化，那么就必须采用绝对引用。所谓绝对引用，是指在公式中的单元格地址或单元格区域的地址不会随着公式引用位置的改变而发生改变。实际上只把公式中的单元格或单元格区域地址表示改变一下，即在行号或列标的前面加上一个"$"符号就可以将它改为绝对引用的地址。例如，在图 4-46 中，将 A3 中输入的公式改为"=$A$1+$A$2"，结果 A3 单元格中显示"3"。当把此公式复制到 B3、C3 和 D3 时，在这 3 个单元格中的公式全部为"=$A$1+$A$2"，所以 B3、C3 和 D3 中显示的结果全是"3"。

图 4-45 单元格的相对引用	图 4-46 单元格的绝对引用

3. 混合引用

如果把单元格或单元格区域的地址表示为部分是相对引用，部分是绝对引用，如行号为相对引用、列标为绝对引用，或者行号为绝对引用、列标为相对引用，这种引用称为混合引用。例如，单元格地址"$B3"和"A$5"，前者表示保持列不发生变化，而行会随着公式行位置的变化而变化，后者表示保持行不发生变化，而列标会随着公式列位置的变化而变化。

4. 相对引用与绝对引用之间的切换

如果创建了一个公式并希望将相对引用更改为绝对引用（反之亦然），则先选定包含该公式的单元格，然后在编辑栏中选择要更改的引用并按 F4 键。每次按 F4 键时，Excel 2016 会在以下组合间顺序切换：绝对列与绝对行（如 $C$1），相对列与绝对行（如 C$1），绝对列与相对行（如 $C1）以及相对列与相对行（如 C1）。

4.5.2 公式的使用

1. 公式

公式是以等号开头，用一个或多个运算符将运算量连接起来的有意义的式子。

2. 运算符

公式中常用的运算符有算术运算符、比较运算符、文本运算符和引用运算符。

表 4-3 列出了 Excel 2016 常用运算符及其含义。

公式中常用的运算符的运算次序见表 4-4。

3. 运算量

公式中由运算符连接的常量、引用、函数等。

表 4–3　Excel 2016 常用运算符及其含义

分类	运算符	功能	示例	结果
算术运算符	+	加法	=2+3	5
	–	减法	=2–3	–1
	*	乘法	=2×3	6
	/	除法	=2/3	0.666 666 667
	%	百分比	=20%	20%
	^	乘方	=2^3	8
比较运算符	=	等于	=3=2	FALSE
	>	大于	=3>2	TRUE
	<	小于	=3<2	FALSE
	>=	大于等于	=3>=2	TRUE
	<=	小于等于	=3<=2	FALSE
	<>	不等于	=3<>2	TRUE
文本运算符	&	将两个文本值连接成一个新的连续的文本值	="Micro"&"soft"	"Microsoft"
引用运算符	:	冒号，区域运算符，产生对包括在两个引用之间的所有单元格的引用	A1 值为 1，A2 值为 2，= SUM（A1：A2）	3
	␣	空格，交叉运算符产生对两个引用共有的单元格的引用	A1 值为 1，A2 值为 2，B2 值为 3，则 =SUM（A1：A2 A2：B2）	2
	,	逗号，联合运算符，将多个引用合并成一个引用	A1 值为 1，A2 值为 2，B2 值为 3，则 =SUM（A1：A2，A2：B2）	8

表 4–4　Excel 2016 中常用运算符的运算次序

运算符	说明
:（冒号） （空格） ,（逗号）	引用运算符
–	负号（如 –1）
%	百分比
^	乘幂
* 和 /	乘和除
+ 和 –	加和减
&	连接两个文本字符串（连接）
= < > < = > = < >	比较运算符

4. 公式的种类

Excel 最基本的公式有以下 3 种。

① 算术公式：其值为数值的公式。

例如，=5*4/2^2-A1，其中 A1 的值是 5，结果是 0。

② 文本公式：其值为文本数据的公式。

例如 B2&B4，其中 B2 的值是"汉字"，B4 的值是"输入法"，结果为"汉字输入法"。

③ 比较公式（关系式）：其值为逻辑值 TRUE 或 FALSE 的公式。

例如 3>2，结果是 TRUE。

5. 公式的输入

向单元格中输入公式，必须以一个等号"="开头，具体操作如下：

选定要输入公式的单元格，输入"="（在编辑栏和单元格中同时显示），接着依次输入公式中各个字符，输入完毕，单击编辑栏的"确认"按钮 ✔ 或按 Enter 键。如取消当前的输入可以单击编辑栏中的"取消"按钮 ✖ 或按 Esc 键。从图 4-45 和图 4-46 中可以看出，在单元格中显示的是公式计算的值，而公式本身显示在编辑栏中。

微课 4-6
公式的输入和复制

在图 4-16 中计算前的学生成绩表中，"综合成绩"是由公式"综合成绩 = 智育成绩 × 60%+ 操行 ×30%+ 体育 ×10%"计算得出的。例如，在 K3 单元格中输入"=J3*60%+H3*30%+I3*10%"，输入完成以后，按 Enter 键即可。

> 📖 注意：
>
> J 列的智育成绩将在 4.5.3 节中介绍，没有数据的单元格参加算术运算，默认值为 0。随着数据的更新，结果也会随之更新，不会影响公式的正确性。

6. 公式的复制

公式的复制和前面介绍过的单元格或单元格区域数据的复制操作方法是相同的。不同的是，公式中含有单元格地址或单元格区域地址时，由于引用方式的不一样，将会对公式复制的结果产生不同的影响。

在用鼠标拖动填充柄复制公式时，默认是将源单元格的全部内容复制到目标单元格。如果只需要复制部分内容，如"值""格式"等，可以用鼠标右键拖动填充柄，再释放鼠标时，会出现如图 4-47 所示的菜单，选择相应的菜单命令即可。只复制公式而不需要格式，可以选择"不带格式填充"命令。学生成绩表中的 K4：K12 单元格中的公式可以通过复制的方法输入。

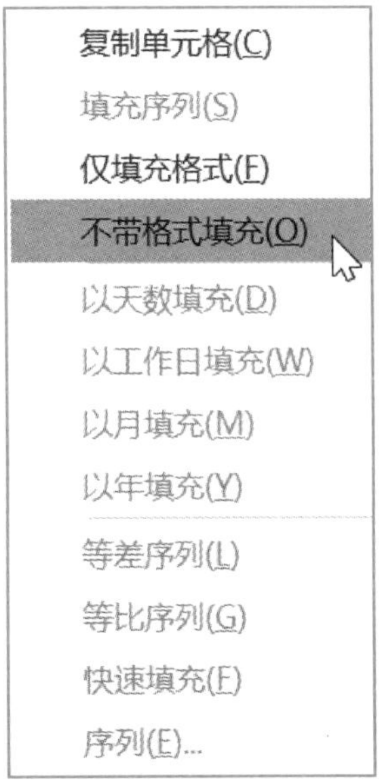

复制单元格(C)
填充序列(S)
仅填充格式(F)
不带格式填充(O)
以天数填充(D)
以工作日填充(W)
以月填充(M)
以年填充(Y)
等差序列(L)
等比序列(G)
快速填充(F)
序列(E)...

4.5.3　函数的使用

函数是 Excel 预先定义，执行计算、分析等处理数据任务的特殊公式。共有 12 类，几百种函数，包括了财务、日期与时间、数学和三角函数、统计、查找与引用、数据库、文本、逻辑、信息、工程、多维数据集和兼容性等方面。只要有可能，应该尽量地使

图 4-47　选择性填充菜单

用 Excel 系统所提供的函数。这样不仅可以减少输入公式占用的时间，而且能节省内存空间，减少错误的发生，提高问题处理的速度。

1. 函数的结构

函数由函数名和相应的参数组成，函数名由 Excel 系统规定，用户不能改变，参数放在函数名后的圆括号内。参数可以是一个或多个，多个参数之间用逗号分隔。大多数参数的数据类型是确定的；参数可以是能产生所需数据类型的任意值。例如，对 AVERAGE 函数，可以取 1~255 个参数；参数的类型可以是数值、名称、数组或包含数值的引用（这里的引用指的是单元格或单元格区域，名称与数组本书没有涉及）。

可以把一个函数作为另外一个函数的参数使用，称为函数嵌套。

极个别的函数没有参数，称为无参函数。对于无参函数，函数名后面的圆括号不能够省略。例如，NOW（）函数返回的是电子信息系统内部时钟的当前日期与时间。

2. 函数的输入

当用户对某个函数名及使用很熟悉时，可以像输入公式那样直接输入函数。

一般情况下，可以使用函数向导来引导一步步输入，其操作步骤如下：

① 选中需输入函数的单元格，如 J3。

② 单击"公式"→"函数库"选项组的相关函数，如果单击"插入函数"按钮，或单击"编辑栏"中的"插入函数"按钮 *fx*，将会打开"插入函数"对话框，如图 4-48 所示。

图 4-48　"插入函数"对话框

在"搜索函数"文本框中输入，或者在"或选择类别"下拉列表框中选择函数的类别，然后再在下边的"选择函数"列表框中选择要使用的函数（如选择常用函数 AVERAGE）。单击"确定"按钮，打开如图 4-49 所示的"函数参数"对话框。

③ 在此对话框的参数域中，输入各个参数。输入参数时可以直接在 Number1、Number2

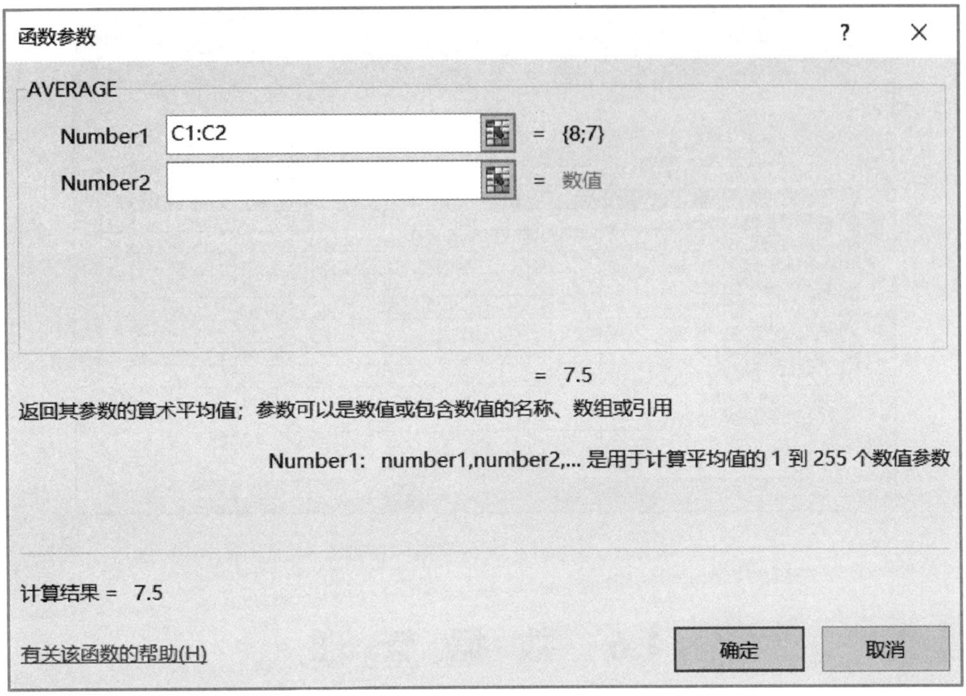

图 4-49 "函数参数"对话框

输入框中输入。也可以单击输入框右侧的"折叠"按钮图，在工作表内用鼠标拖动来选择数据区域，选定后单击"折叠"按钮图返回，参数值便填入到当前的参数框中。

④ 单击"确定"按钮，这样就计算出第 1 位学生的智育成绩，再利用"填充柄"把 J3 单元格的函数复制到 J4：J12 单元格区域中。

3. 自动求和

系统提供了自动求和的功能，在"公式"选项卡"函数库"选项组的相关函数中有一个"自动求和"命令按钮，利用它可以对工作表中所选定的单元格进行自动求和，它实际上相当于使用 SUM 求和函数，但是比插入函数的方法方便得多。如果单击其下拉按钮，在下拉列表中选择相应命令，还可以求平均值、计数、最大值、最小值和插入其他函数。

下面分两种情况说明自动求和的使用。

① 单行或单列相邻单元格的求和：这种应用最简便。先选定要求和的单元格行或单元格列，然后单击"公式"→"函数库"→"自动求和"按钮，求和结果将自动放在选定行下方的单元格中或选定列右方的单元格中。例如，对单元格区域 A1：A4 进行求和，并将结果放入 A5 中，首先选定单元格区域 A1：A4，单击"自动求和"按钮，在 A5 中即会得到结果。

② 多行多列相邻单元格的求和：对多行或多列单元格求和，也可以使用此项功能，但是应包括目标单元格所在的行或列。例如，图 4-50 是对信息工程学院 2021 级的学生成绩求总分。首先选定 D3：I12 单元格区域，单击"自动求和"按钮，这时每门课程的总分都被求出，并放入该门课程的下方。

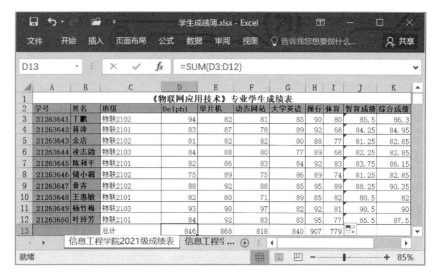

图 4-50　多行多列相邻单元格的求和

4.6　数　据　管　理

数据管理

PPT

　　　　在"信息工程学院 2021 级成绩表"工作表中,可以按照"综合成绩"(降序)、"学号"(升序)进行排序,结果如图 4-51 所示;将班级为"物联 2101"的学生筛选出来,并且将综合成绩大于等于 80 分的同学筛选出来,结果如图 4-52 所示;最后按照班级进行分类汇总,计算班级的平均分数,结果如图 4-53 所示。

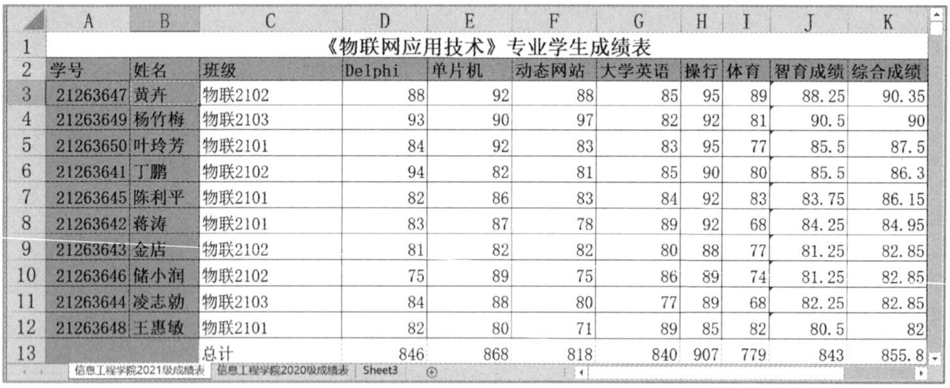

	A	B	C	D	E	F	G	H	I	J	K
1				《物联网应用技术》专业学生成绩表							
2	学号	姓名	班级	Delphi	单片机	动态网站	大学英语	操行	体育	智育成绩	综合成绩
3	21263647	黄卉	物联2102	88	92	88	85	95	89	88.25	90.35
4	21263649	杨竹梅	物联2103	93	90	97	82	92	81	90.5	90
5	21263650	叶玲芳	物联2101	84	92	83	83	95	77	85.5	87.5
6	21263641	丁鹏	物联2102	94	82	81	85	90	80	85.5	86.3
7	21263645	陈利平	物联2101	82	86	83	84	92	83	83.75	86.15
8	21263642	蒋涛	物联2101	83	87	78	89	92	68	84.25	84.95
9	21263643	金店	物联2102	81	82	82	80	88	77	81.25	82.85
10	21263646	储小润	物联2102	75	89	75	86	89	74	81.25	82.85
11	21263644	凌志勋	物联2103	84	88	80	77	89	68	82.25	82.85
12	21263648	王惠敏	物联2101	82	80	71	89	85	82	80.5	82
13			总计	846	868	818	840	907	779	843	855.8

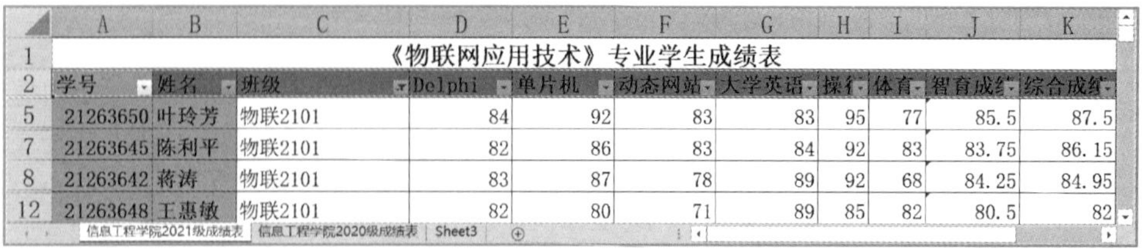

信息工程学院2021级成绩表　信息工程学院2020级成绩表　Sheet3

图 4-51　排序的结果

	A	B	C	D	E	F	G	H	I	J	K
1				《物联网应用技术》专业学生成绩表							
2	学号	姓名	班级	Delphi	单片机	动态网站	大学英语	操行	体育	智育成绩	综合成绩
5	21263650	叶玲芳	物联2101	84	92	83	83	95	77	85.5	87.5
7	21263645	陈利平	物联2101	82	86	83	84	92	83	83.75	86.15
8	21263642	蒋涛	物联2101	83	87	78	89	92	68	84.25	84.95
12	21263648	王惠敏	物联2101	82	80	71	89	85	82	80.5	82

信息工程学院2021级成绩表　信息工程学院2020级成绩表　Sheet3

图 4-52　筛选结果

	A	B	C	D	E	F	G	H	I	J	K
1				《物联网应用技术》专业学生成绩表							
2	学号	姓名	班级	Delphi	单片机	动态网站	大学英语	操行	体育	智育成绩	综合成绩
3	21263650	叶玲芳	物联2101	84	92	83	83	95	77	85.5	87.5
4	21263645	陈利平	物联2101	82	86	83	84	92	83	83.75	86.15
5	21263642	蒋涛	物联2101	83	87	78	89	92	68	84.25	84.95
6	21263648	王惠敏	物联2101	82	80	71	89	85	82	80.5	82
7			物联2101 平均值	82.75	86.25	78.75	86.25	91	77.5	83.5	85.15
8	21263647	黄丹	物联2102	88	92	88	85	95	89	88.25	90.35
9	21263641	丁鹏	物联2102	94	82	81	85	90	80	85.5	86.3
10	21263643	金店	物联2102	81	82	82	80	88	77	81.25	82.85
11	21263646	储小润	物联2102	75	89	75	86	89	74	81.25	82.85
12			物联2102 平均值	84.5	86.25	81.5	84	90.5	80	84.0625	85.5875
13	21263649	杨竹梅	物联2103	93	90	97	82	92	81	90.5	90
14	21263644	凌志勤	物联2103	84	88	80	77	89	68	82.25	82.85
15			物联2103 平均值	88.5	89	88.5	79.5	90.5	74.5	86.375	86.425
16			总计平均值	84.6	86.8	81.8	84	90.7	77.9	84.3	85.58

信息工程学院2021级成绩表　信息工程学院2020级成绩表　Sheet3

图 4-53 分类汇总的结果

4.6.1 数据的排序

排序是根据数据清单中的一列或多列数据的大小重新排列记录的顺序。这里的一列或多列称为排序的关键字段。排序分为升序（递增）和降序（递减）。

1. 排序规则

（1）数字

默认的是从小到大进行排序。

（2）文本

按照 0~9、空格、标点符号、a~z、A~Z 的顺序排列。汉字可以按照拼音的字母顺序排列，也可以按照笔画多少排列，具体可以在"排序选项"对话框中设置。具体步骤是：单击"数据"→"排序和筛选"→"排序"按钮，打开"排序"对话框，如图 4-54 所示，单击"选项"按钮，在打开的"排序选项"对话框中进行设置，如图 4-55 所示。

图 4-54 "排序"对话框　　　　图 4-55 "排序选项"对话框

（3）逻辑值

假（FALSE）排在前，真（TRUE）排在后。

（4）错误值

所有错误值的优先级相同。

（5）空格

空格始终排在最后。

2. 排序的方法

（1）单个关键字段的排序

如果只按一个字段的大小进行排序（此字段称为关键字段），具体操作步骤如下：

① 选定数据清单中关键字段所在列的任意一个单元格，例如，选择 A 列（即"学号"）中任意一个单元格。

② 单击"数据"→"排序和筛选"→"升序"按钮 或"降序"按钮 。如单击"降序"按钮，数据清单按照"学号"降序排列，结果如图 4-56 所示。

	A	B	C	D	E	F	G	H	I	J	K
1	《物联网应用技术》专业学生成绩表										
2	学号	姓名	班级	Delphi	单片机	动态网站	大学英语	操行	体育	智育成绩	综合成绩
3	21263650	叶玲芳	物联2101	84	92	83	83	95	77	85.5	87.5
4	21263649	杨竹梅	物联2103	93	90	97	82	92	81	90.5	90
5	21263648	王惠敏	物联2101	82	80	71	89	85	82	80.5	82
6	21263647	黄齐	物联2102	88	92	88	85	95	89	88.25	90.35
7	21263646	储小润	物联2102	75	89	75	86	89	74	81.25	82.85
8	21263645	陈利平	物联2101	82	86	83	84	92	83	83.75	86.15
9	21263644	凌志勤	物联2103	84	88	80	77	89	68	82.25	82.85
10	21263643	金店	物联2102	81	82	82	80	88	77	81.25	82.85
11	21263642	蒋涛	物联2101	83	87	78	89	92	68	84.25	84.95
12	21263641	丁鹏	物联2102	94	82	81	85	90	80	85.5	86.3

信息工程学院2021级成绩表　信息工程学院2020级成绩表　Sheet3

图 4-56　按"学号"降序排列

（2）多个关键字段的排序

如果在数据清单中首先被选定的关键字段的值有相同的（此字段称为主要关键字段），需要再按另一个字段的值来排序（此字段称为次要关键字段），依此类推，还有第三关键字段。具体操作步骤如下：

① 单击数据清单中任意一个单元格，或者选定满足数据清单要求的某个区域。

② 单击"数据"→"排序和筛选"→"排序"按钮，打开"排序"对话框，如图 4-54 所示。

③ 单击"添加条件"按钮，添加"主要关键字"和"次要关键字"，并在下拉列表框中选中字段名，以及确定排序的方式"升序"或"降序"。另外，选中"数据包含标题"复选框，以免标题行被排序。

例如，选定 A2:K12，确定排序次序：在"主要关键字"列表框中选择"综合成绩""降序"；"次要关键字"列表框中选择"学号""升序"，在"次要关键字"列表框中选择"姓名""升序"，然后单击"确定"按钮。这样就会得到如图 4-51 所示的排序的结果。

4.6.2　数据的筛选

1. 筛选

通常是根据给定的条件，从数据清单中挑选出满足条件的记录并且显示出来，不满足的记录被隐藏。

2. 条件

一般分为简单条件和多重条件两种。简单条件指的是由一个比较运算符所连接的比较式，例如，班级 = "物联 2102"。多重条件是指多个简单条件通过"与"或"或"连接组成的比较式，例如，班级 = "物联 2102"与 综合成绩 >=80 且 <90。当用"与"连接成多重条件时，只有每个简单条件都满足，这个多重条件才能够满足。当用"或"连接成多重条件时，只要有一个简单条件满足，这个多重条件就能够满足。

3. 筛选的方法

（1）自动筛选

自动筛选记录的步骤如下：

① 单击数据清单中任意单元格。

② 单击"数据"→"排序和筛选"→"筛选"按钮，执行自动筛选命令。数据清单标志行的字段名右端都有一个按钮。然后单击条件中字段名所在列的按钮，显示其下拉列表框，如图 4-57 所示。

例如，单击"班级"所在列的按钮，选择"物联 2102"，则只显示"物联 2102 班"的学生记录，其余记录隐藏，如图 4-58 所示。

图 4-57 "自动筛选"下拉列表框

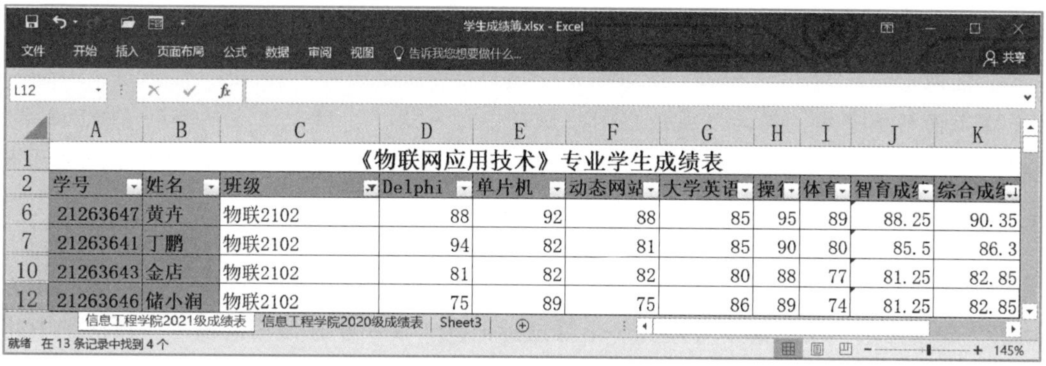

图 4-58 按班级自动筛选

③ 单击"综合成绩"列的按钮，在下拉列表中选择"数字筛选"命令，在其子列表中选择"大于或等于"命令，打开"自定义自动筛选方式"对话框，如图 4-59 所示，输入"80"选中"与"单选按钮，选择"小于"并输入"90"，单击"确定"按钮，则显示物联 2102 班综合成绩大于或等于 80 且小于 90 的学生记录，如图 4-60 所示。

在此对话框中，用户可以建立由"与"或"或"连接的多重条件，在本例中输入由"与"连接的一个多重条件。具体操作步骤是，首先在第 1 个下拉列表框中选定一个比较符"大于或等于"，在右侧组合框中输入一个值"80"，或者从下拉列表框选择一个值，然后选中"与"单选按钮，最后选定第 2 个比较运算符和第 2 个值，这里为"小于""90"，单击"确定"按钮，则显示物联 2102 班综合成绩大于或等于 80 且小于 90 的学生记录，如图 4-60 所示。利

图 4-59 "自定义自动筛选方式"对话框

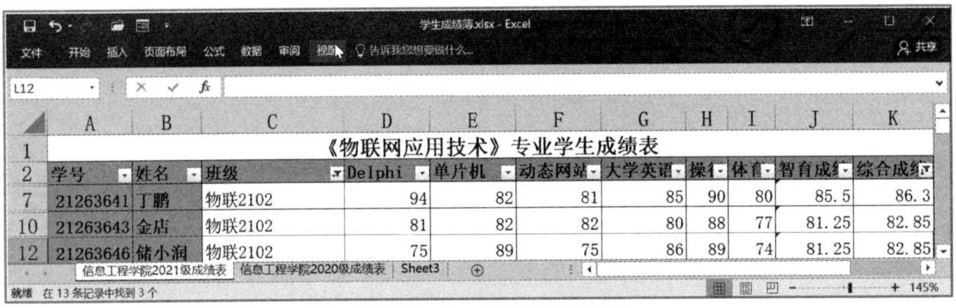

图 4-60 自定义自动筛选结果

用自动筛选的方法，读者可以试着筛选出图 4-52 的结果。

📖 注意：

在上面的例子中，因为之前已经对班级进行过筛选了，所以只显示物联 2102 班综合成绩大于或等于 80 且小于 90 的学生的记录。如果显示所有班级综合成绩大于或等于 80 且小于 90 的学生的记录，则必须取消对班级的筛选。

自动筛选注意的问题：

① "自动筛选"菜单命令旁边有一个筛选标记🔽，说明正在使用此命令。再次选中此命令，复选标记消失，取消"自动筛选"。

② 如存在多个筛选条件，这些条件之间为"与"的关系，即所筛选出的记录是满足所有条件的记录，实现的方法是多次使用"自动筛选"命令。

③ 如果要显示全部记录并清除全部"自动筛选"中的条件，可以单击字段的"自动筛选"按钮，在弹出的下拉列表中选择"从'字段名'中清除筛选"命令，这里"字段名"是"班级""综合成绩"等。

（2）高级筛选

对多列进行筛选即多个筛选条件，虽然可以多次使用"自动筛选"命令解决"与"的操作，但比较麻烦。"高级筛选"不仅能快速地解决"与"的问题而且还可以快速地解决"或"的问题，同时还能把符合条件的数据输出到其他单元格中，和原数据清单分开。

使用"高级筛选"要保证在数据清单的上方或下方至少有 3 个能用作条件区域的空行和

准备存放输出数据的空行。

下面以筛选"物联 2101"班"综合成绩"大于等于 80 分的同学为例，介绍"高级筛选"使用的方法。具体操作步骤如下：

① 将条件中涉及的字段名（本例是"班级""综合成绩"）粘贴到条件区域的某一空行。

② 本例在"班级"下面输入"物联 2101"，"综合成绩"下面输入">=80"，如图 4-61 所示。

Excel 2016 规定条件在同一行出现，表示"与"关系；不在同一行，表示"或"的关系。此时"物联 2101"和">=80"在同一行，表示"物联 2101 班综合成绩大于或等于 80 的学生成绩记录"。

③ 单击数据清单中的任一单元格。单击"数据"→"排序和筛选"→"高级"按钮，选择"高级筛选"命令，打开"高级筛选"对话框，如图 4-62 所示。

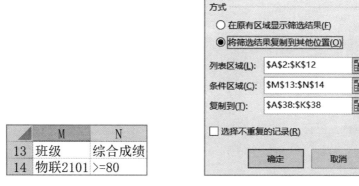

图 4-61　筛选条件的输入　　　　图 4-62　"高级筛选"对话框

在此对话框中：

• "方式"表示筛选结果出现的位置，本例选中"将筛选结果复制到其他位置"单选按钮。

• 在"列表区域"框中输入"$A$2：$K$12"。或者单击"折叠"按钮，然后在表格中选择数据区域。

• 在"条件区域"框中输入"$M$13：$N$14"。也可以通过单击"折叠"按钮选择条件区域。

• 在"复制到"框中只要输入目的区域所在的左上角单元格地址即可，这里是"$A$38：$K$38"。

④ 单击"确定"按钮，即为筛选结果，如图 4-63 所示。

	A	B	C	D	E	F	G	H	I	J	K
38	学号	姓名	班级	Delphi	单片机	动态网站	大学英语	操行	体育	智育成绩	综合成绩
39	21263650	叶玲芳	物联2101	84	92	83	83	95	77	85.5	87.5
40	21263645	陈利平	物联2101	82	86	83	84	92	83	83.75	86.15
41	21263642	蒋涛	物联2101	83	87	78	89	92	68	84.25	84.95
42	21263648	王惠敏	物联2101	82	80	71	89	85	82	80.5	82

图 4-63　"高级筛选"结果

4.6.3 分类汇总

微课 4-8
分类汇总

1. 分类汇总

是把数据清单中的数据分门别类地予以统计处理。不需要用户自己建立公式，Excel 将会自动对各类别的数据进行求和、求平均等多种计算，并且把汇总的结果以"分类汇总"和"总计"显示出来。在 Excel 2016 中，分类汇总可以进行的计算有和、平均值、最大值、最小值、乘积、计数值、标准偏差、总体标准偏差、方差和总体方差等。

2. 创建分类汇总

下面以按照班级进行分类汇总，计算各班级的各科的平均分数为例，来说明如何创建分类汇总。具体操作步骤如下：

① 首先应按"班级"为关键字段进行排序（升序或降序均可）。

② 选中数据清单。单击"数据"→"分级显示"→"分类汇总"按钮，打开"分类汇总"对话框，如图 4-64 所示。

③ 在"分类字段"下拉列表框中选择"班级"字段；在"汇总方式"下拉列表框中选择"平均值"；在"选定汇总项"中选中"Delphi""单片机""动态网站""大学英语""操行""体育""智育成绩""综合成绩"8 个复选框；选中"替换当前分类汇总"和"汇总结果显示在数据下方"两个复选框。

图 4-64 "分类汇总"对话框

④ 单击"确定"按钮，即可得到如图 4-53 所示的分类汇总图。

3. 汇总数据的分级显示

如图 4-53 所示在行号按钮的左边出现了分级显示区。在此处可以对工作表展开或折叠，从而既可以只显示汇总结果，也可以包括明细数据，以满足不同用户的需要。在分级显示区，按钮 1 2 3 为不同的层次等级：单击 1 按钮，只显示全部记录汇总；单击 2 按钮，显示全部记录汇总和各类别的汇总结果；单击 3 按钮，从全部记录汇总到记录数据全部显示。 ＋ 、 － 为展开或折叠各级上不同类别的数据。通过汇总后的分级显示，可以建立起动态的数据汇总表格，用户可以根据需要显示或隐藏数据或汇总结果。如图 4-65 所示为单击 2 显示级别。

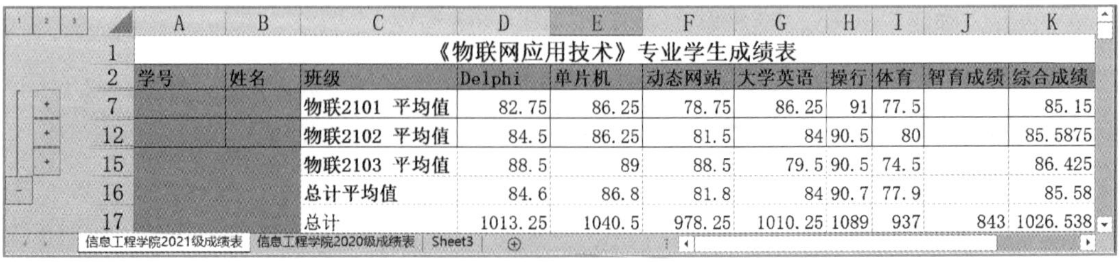

	A	B	C	D	E	F	G	H	I	J	K
1				《物联网应用技术》专业学生成绩表							
2	学号	姓名	班级	Delphi	单片机	动态网站	大学英语	操行	体育	智育成绩	综合成绩
7			物联2101 平均值	82.75	86.25	78.75	86.25	91	77.5		85.15
12			物联2102 平均值	84.5	86.25	81.5	84	90.5	80		85.5875
15			物联2103 平均值	88.5	89	88.5	79.5	90.5	74.5		86.425
16			总计平均值	84.6	86.8	81.8	84	90.7	77.9		85.58
17			总计	1013.25	1040.5	978.25	1010.25	1089	937	843	1026.538

信息工程学院2021级成绩表　信息工程学院2020级成绩表　Sheet3

图 4-65 "分类汇总"分级显示

如果用户希望进行多级汇总,可以多次应用前述的汇总方法,但是必须注意,多次汇总前应按汇总关键字进行多关键字段的排序。为了在工作表中保持各次汇总的结果,需在"分类汇总"对话框中取消选中"替换当前分类汇总"复选框。

如果用户希望取消分级显示,可以按下面步骤进行操作。选中数据清单,单击"数据"→"分级显示"→"取消组合"下拉按钮,在弹出的下拉菜单中选择"清除分级显示"菜单命令即可。

4. 删除分类汇总

如果用户刚刚进行了"分类汇总"就发现有问题,可以选中数据清单,单击"数据"→"分级显示"→"分类汇总"按钮,在打开的"分类汇总"对话框中,单击"全部删除"按钮即可。

4.7　图　　表

图表 PPT

图表实际上是数据表格的形象化表示,如图 4-66 所示的成绩统计图表。它可以把数据和数据间的关系直观、形象地表示出来。不但使得打印出来的文档丰富多彩,而且有利于分析和比较。这是 Excel 2016 的另一个重要功能。本节重点讨论简单图表和组合图表的建立与修改过程。

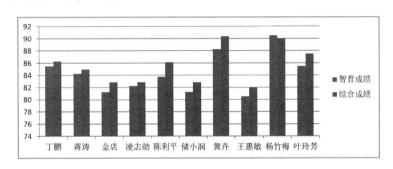

图 4-66　成绩统计图表

4.7.1　创建图表

下面通过一个实例介绍图表的创建过程,在图 4-67 中,以选择 10 名学生为例,依据他们的"智育成绩"和"综合成绩"数据创建簇状柱形图。

微课 4-9
创建图表

	A	B	C	D	E	F	G	H	I	J	K
1				《物联网应用技术》专业学生成绩表							
2	学号	姓名	班级	Delphi	单片机	动态网站	大学英语	操行	体育	智育成绩	综合成绩
3	21263641	丁鹏	物联2102	94	82	81	85	90	80	85.5	86.3
4	21263642	蒋涛	物联2101	83	87	78	89	92	68	84.25	84.95
5	21263643	金店	物联2102	81	82	82	80	88	77	81.25	82.85
6	21263644	凌志勋	物联2103	84	88	80	77	89	68	82.25	82.85
7	21263645	陈利平	物联2101	82	86	83	84	92	83	83.75	86.15
8	21263646	储小润	物联2102	75	89	75	86	89	74	81.25	82.85
9	21263647	黄齐	物联2102	88	82	88	85	95	89	88.25	90.35
10	21263648	王惠敏	物联2101	82	80	71	89	85	82	80.5	82
11	21263649	杨竹梅	物联2103	93	90	97	82	92	81	90.5	90
12	21263650	叶玲芳	物联2101	84	92	83	83	95	77	85.5	87.5

信息工程学院2021级成绩表　信息工程学院2020级成绩表　Sheet3

图 4-67　创建图表的数据表格

具体操作步骤如下：

① 选择创建图表的数据所在的单元格区域。选择"姓名""智育成绩"和"综合成绩"的前 10 行。

② 单击"插入"→"图表"→"柱形图"按钮，在下拉列表中选择需要的图形样式，例如，单击"二维柱形图"中的"簇状柱形图"图形按钮即可，如图 4-68 所示，图 4-69 是自动生成的柱状图，如果需要设置图形的参数，可以在"图表工具"上下文选项卡中设置，该选项卡包括"设计"和"格式"2 个选项卡。

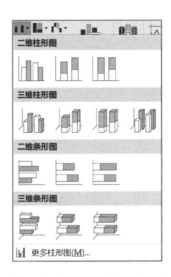

图 4-68 "柱形图"下拉列表

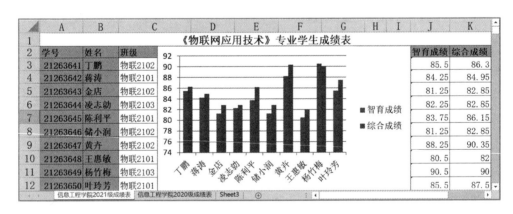

图 4-69 成绩统计图表

4.7.2 编辑图表

微课 4-10
编辑图表

当建好图表以后，用户还可以对它进行修改，如改变图表的大小、类型或数据系列，移动或复制图表中的某些内容等。再如为了更进一步美化图表，增加视觉效果，可以修改数据表及图表，并对图表各项进行必要的格式设置等。

1. 选定图表

图表是作为一种对象插入在工作簿中的。在编辑图表时，可单击要选定的图表，这时图表框的边角上将出现 8 个称为尺寸柄的黑色小正方形，同时窗口中出现"图表工具"上下文选项卡。

2. 改变图表的类型

选定图表，单击"图表工具|设计"→"类型"→"更改图标类型"按钮，打开"更改图标类型"对话框，在该对话框中选择满意的图表类型，单击"确定"按钮即可，如图 4-70 所示。

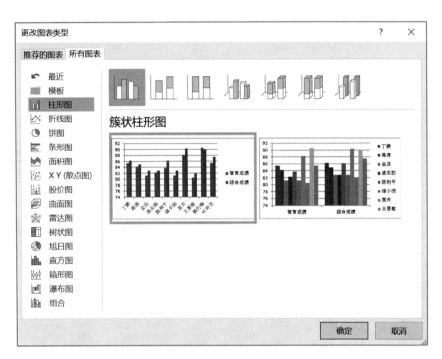

图 4-70 "更改图表类型"对话框

3. 改变数据和数据对应的图形

当修改数据表中单元格的数据时，图表上所对应的图形也随之发生改变。

4. 增加和删除数据系列

如果要增加数据系列，只要在创建图表的数据中插入一行或一列数据即可。如果删除数据系列，只要删除数据表中的某行或某列，这时图表中对应的数据系列也随即被删除。

5. 修改图表标题和坐标轴标题等辅助信息

单击选中图表后，在图表的右上侧显示"图表元素""图表样式"和"图表筛选器"按钮，用鼠标单击"图表元素"，在弹出的列表中选中"图表标题"和"坐标轴标题"复选框，再在图表中的"图表标题"和"坐标轴标题"文本框中输入需要的标题即可。

4.7.3 图表的格式化

格式化图表，实际上是对图表中所包括的标题、坐标轴、网格线、图例、数据系列、图表区等各项重新进行有关属性的设置。要格式化图表，选定该项后，单击"图表工具|格式"选项卡的各个选项组中相关命令按钮即可。

数据透视表

PPT

4.8　数据透视表

数据透视表是一种可以快速汇总大量数据的交互式方法。可用于深入分析数值数据和回答有关数据的一些预料之外的问题。数据透视表专门针对以下用途设计：

① 以多种用户友好的方式查询大量数据。

② 分类汇总和聚合数值数据，按类别和子类别汇总数据，以及创建自定义计算和公式。

③ 展开和折叠数据级别以重点关注结果，以及深入查看感兴趣区域的汇总数据的详细信息。

④ 可以通过将行移动到列或将列移动到行（也称为"透视"），查看源数据的不同汇总。

⑤ 通过对最有用、最有趣的一组数据执行筛选、排序、分组和条件格式设置，可以重点关注所需信息。

⑥ 提供简明、有吸引力并且带有批注的联机报表或打印报表。

下面以成绩为例，用数据透视表功能实现，按照班级对智育成绩进行分析汇总出总分、平均分、平均分排名等，如图 4-71 所示。

图 4-71　按照班级对智育成绩进行分析汇总出总分、平均分、平均分排名的数据透视表

4.8.1　创建数据透视表

数据透视表是计算、汇总和分析数据的强大工具，可帮助用户了解数据中的对比情况、模式和趋势。数据透视表的运行方式会有所不同，具体取决于用于运行数据透视表 Excel。

1. 在 Excel 中创建数据透视表

① 选择要据其创建数据透视表的单元格。

> 📖 注意：

数据不应有任何空行或列。它必须只有一行标题。例如，如图 4-72 所示中的 A2：K12。

	A	B	C	D	E	F	G	H	I	J	K
1	《物联网应用技术》专业学生成绩表										
2	学号	姓名	班级	Delphi	单片机	动态网站	大学英语	操作	体育	智育成绩	综合成绩
3	21263641	丁鹏	物联2102	94	82	81	85	90	80	85.5	86.3
4	21263642	蒋涛	物联2101	83	87	78	89	92	68	84.25	84.95
5	21263643	金店	物联2102	81	82	82	80	88	77	81.25	82.85
6	21263644	凌志勃	物联2103	84	88	80	77	89	68	82.25	82.85
7	21263645	陈利平	物联2101	82	86	83	84	92	83	83.75	86.15
8	21263646	储小润	物联2102	75	89	75	86	89	74	81.25	82.85
9	21263647	黄齐	物联2102	88	92	88	85	95	89	88.25	90.35
10	21263648	王惠敏	物联2101	82	80	71	89	85	82	80.5	82
11	21263649	杨竹梅	物联2103	93	90	97	82	90	81	90.5	90
12	21263650	叶玲芳	物联2101	84	92	81	83	95	77	85.5	87.5

图 4-72　数据透视表的数据不应有任何空行或列，它必须只有一行标题

② 单击"插入"→"表格"→"数据透视表"按钮，如图 4-73 所示。

③ 在"请选择要分析的数据"栏选中"选择一个表或区域"单选按钮，如图 4-74 所示。

④ 在"选择放置数据透视图的位置"栏选中"新工作表"单选按钮，将数据透视图放置在新工作表中；或选中"现有工作表"单选按钮，然后选择要显示数据透视表的位置，如图 4-74 所示。

图 4-73　"数据透视表"按钮

图 4-74　在"创建数据透视表"对话框中选中"现有工作表"单选按钮

⑤ 单击"确定"按钮。其结果如图 4-75 所示。

图 4-75 选择"现有工作表"创建的数据透视表

2. 构建数据透视表

① 若要向数据透视表中添加字段，请在"数据透视表字段"任务窗格中选中字段名称复选框。

📖 注意：

所选字段将添加至默认区域：非数字字段添加到"行"，日期和时间层次结构添加到"列"，数值字段添加到"值"。

② 若要将字段从一个区域移到另一个区域，请将该字段拖到目标区域。

以图 4-71 为例，构建数据透视表的操作步骤如下。

a. 在如图 4-75 所示右侧的"数据透视表字段"任务窗格中，把"班级"字段拖到"行"标签，"智育成绩"字段拖到"值"标签中，并且连续拖 3 次，如图 4-76 所示。

b. 设置平均分。在右侧窗格中，单击"值"标签中的第 2 个求和项，在弹出的下拉菜单中选择"值字段设置"命令，打开对话框，在"计算类型"中选择"平均值"，最后单击"确定"按钮，如图 4-77 所示。

c. 计算排名。在右侧窗格中，单击"值"标签中的第 3 个求和项，在弹出的下拉菜单中选择"值字段设置"命令，打开对话框，在"计算类型"中选择"平均值"，在"值显示方式"

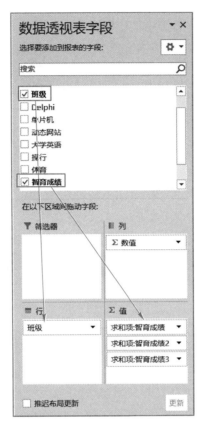

图 4-76 把"班级"字段拖到"行"标签,"智育成绩"
字段拖到"值"标签中,并且连续拖 3 次

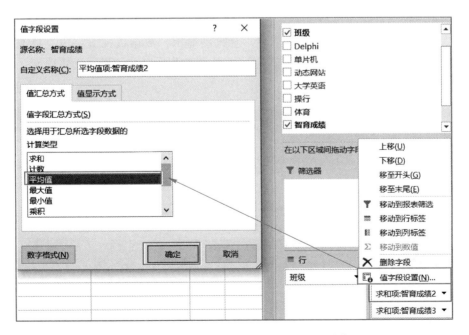

图 4-77 第 2 个求和项计算类型选择"平均值"

选择"降序排列",在"基本字段"中选择"班级",最后单击"确定"按钮,如图 4-78 所示。

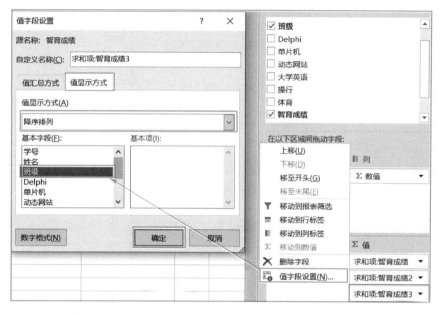

图 4-78   第 3 个求和项"值显示方式"选择"降序排列"

　　d. 美化表格。在"数据透视表工具 | 设计"选项卡,选择一个数据透视表样式,再修改数据透视表标题行,最终效果如图 4-71 所示。

4.8.2　编辑数据透视表

　　数据透视表创建完成后,其布局和字段是可以修改的,可以从字段列表中拖动字段按钮或者从透视表中拖动标题项进行设置,也可以通过布局向导来完成。

　　当选中数据透视表中的任意单元格时,会自动显示"数据透视表字段"任务窗格,如图 4-71 所示。同时显示"数据透视表工具",并添加"分析"和"设计"选项卡,如图 4-79 和图 4-80 所示。

图 4-79   "数据透视表工具 | 分析"选项卡

图 4-80   "数据透视表工具 | 设计"选项卡

其中"数据透视表字段"任务窗格包括工具、搜索、字段选择、筛选器、列、行、值等;"分析"选项卡包括数据透视表、活动字段、分组、筛选、数据、计算、工具、显示等选项组;"设计"选项卡包括布局、数据透视表样式选项、数据透视表样式等选项组。通过这些命令可以对数据透视表的布局、样式进行设计,可以通过更改数据源、数据筛选、计算等进行数据分析。数据透视表功能十分强大,这里不再赘述,有兴趣的读者可以查找 Excel 相关的帮助文件。也可以在选中数据透视表中的单元格时,鼠标右击,在弹出的快捷菜单中对其进行编辑。

例如,修改"求和项:智育成绩"值字段名称为"总分","平均值项:智育成绩 2"值字段名称为"平均分,""平均值项:智育成绩 3"值字段名称为"平均分排名"。

4.8.3 创建数据透视图

数据透视图为关联数据透视表中的数据提供其图形表示形式。数据透视图也是交互式的。创建数据透视图时,会显示数据透视图筛选窗格。可使用此筛选窗格对数据透视图的基础数据进行排序和筛选。对关联数据透视表中的布局和数据的更改将立即体现在数据透视图的布局和数据中,反之亦然。

数据透视图可以显示数据系列、类别、数据标记和坐标轴(与标准图表相同),也可以更改图表类型和其他选项,例如标题、图例的位置、数据标签、图表位置等。其操作步骤与创建数据透视表类似,具体步骤如下:

① 在表格中选择一个单元格。

② 单击"插入"→"图表"→"数据透视图"按钮，在打开的"创建数据透视图"中选择要分析的数据、放置数据透视图的位置,如图 4-81 所示。

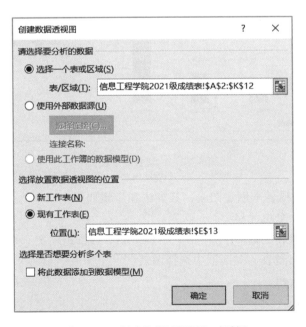

图 4-81 "创建数据透视图"对话框

③ 单击"确定"按钮,得到如图 4-82 所示的窗口。

④ 在"数据透视图字段"任务窗格中,拖动"班级"到"轴(类别)",拖动"智育成绩"

到 "值",如图 4-83 所示,同时在 "值字段设置" 对话框中设置 "值汇总方式" 为 "平均值",与图 4-77 类似。

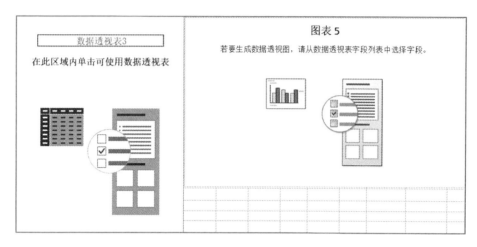

图 4-82　创建数据透视图窗口

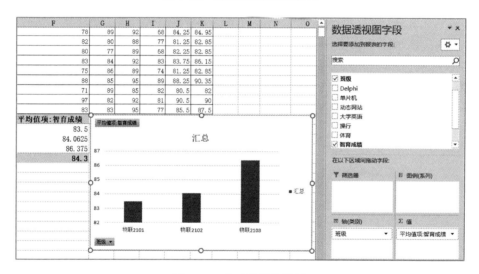

图 4-83　构建数据透视图

如果是通过数据透视表来创建图表,其方法和步骤如下:

① 在表格中选择一个单元格。

② 单击 "数据透视表工具 | 分析" → "工具" → "数据透视图" 按钮 。

③ 在打开的 "插入图表" 对话框中选择图表。

④ 单击 "确定" 按钮。

具体操作不再赘述。

4.9　页面设置和打印

对 "信息工程学院 2021 级成绩表" 工作表可以继续进行页面设置,预览效果后打印，如图 4-84 所示。

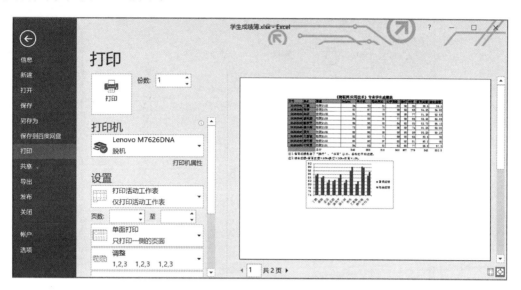

图 4-84　打印预览效果图

4.9.1　设置打印区域

"页面设置"功能是针对打印的需要而对文档进行的设置，如打印位置、打印方向、页眉及页脚的样式和内容、网格线是否打印等设置。页面设置与所用的打印机以及打印纸有很大关系，设置之前应对打印机的基本性能、打印纸的大小等有所了解，以防打印出不合要求的废品，造成不必要的浪费。

1. 页面

在"页面布局"选项卡"页面设置"选项组中可以设置页边距、纸张方向、纸张大小、打印区域、分隔符、背景、打印标题等参数，同时也可以单击对话框启动器🔲，打开"页面设置"对话框，如图 4-85 所示。

①"方向"。有"纵向"和"横向"两种。"纵向"是指按纸的短边为水平位置打印，若按纸的长边为水平位置打印，应选择"横向"。例如要打印表格的宽大于高时，应选择"横向"打印，默认是"纵向"，本任务选择"横向"。

②"缩放"。可用于放大或缩小打印的表格，以便在指定的纸张上打印出来。

缩放有两种方式，一种是按比例进行，选中"缩放比例"单选按钮，在"% 正常尺寸"文本框中输入比例值，取值的范围是 10%~400%，默认值是 100%。另一种是缩放打印的内容到几页宽、几页高。选中"调整为"单选按钮，在"页宽"或"页高"文本框中输入合适的数值。这种方式适用于要打印的内容在宽度上多出几列、在长度上多出几行而需要调整到整页宽、整页高，默认是 1 页宽和 1 页高。

③"纸张大小"。在本选项的下拉列表框中有常用的打印纸张的尺寸。用户一般根据所使用的具体打印机和实际的需要来选择一种规格的打印纸。

④"打印质量"。指定当前打印机允许使用的分辨率。所谓分辨率是指每英寸打印的线数，线数越高，打印的质量也就越高。

图 4-85 "页面设置"对话框

⑤ "起始页码"。输入所需打印工作表起始页的页码。默认值是"自动",若不改变默认值,则表示将按实际页码打印。

2. 页边距

选择"页边距"选项卡,如图 4-86 所示。

① "上""下""左""右"。设置上、下、左、右边界分别与打印纸的顶端、底端、左边、右边之间的距离。需要改变时在对应的文本框中输入距离数值即可。

② "页眉""页脚"。设置页眉、页脚分别与纸张的顶端、底端的距离。同样可以改变其值。但改变的值不能大于上、下页边距,否则,页眉或页脚的内容就会和正文的内容重叠在一起。

③ "居中方式"。有两个复选框,一个是"水平"居中,另一个是"垂直"居中。这两个设置是针对当前页面的内容不满一页时的处理。默认情况是靠上、靠左打印。要改变默认方式,可以选中一个或两个复选框,结果会在中间预览区显示,本任务选中"水平"复选框。

3. 页眉 / 页脚

页眉和页脚是打印在每页的顶部或底部的一行或多行文字,使打印出来的工作表能产生正规印刷品的效果。选择"页眉 / 页脚"选项卡,如图 4-87 所示。

在此设置页眉和页脚的内容及样式。在"页眉"或"页脚"下拉列表框中有系统提供的多种样式,选择其中之一,在上面的预览区就模拟出打印的效果。例如页脚选择的是"第 1 页,共?页",显示的是"第 1 页,共 1 页"。如果用户对内置的样式不满意,还可以自己定义。在此对话框的中间有两个按钮,一个是"自定义页眉"按钮,另一个是"自定义页脚"按钮。定义过程都是在相应的对话框中进行。

4. 工作表

选择"工作表"选项卡,如图 4-88 所示。

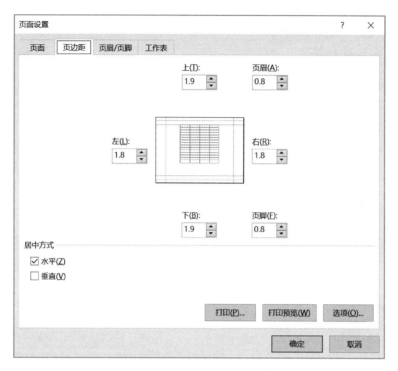

图 4-86 "页边距"选项卡

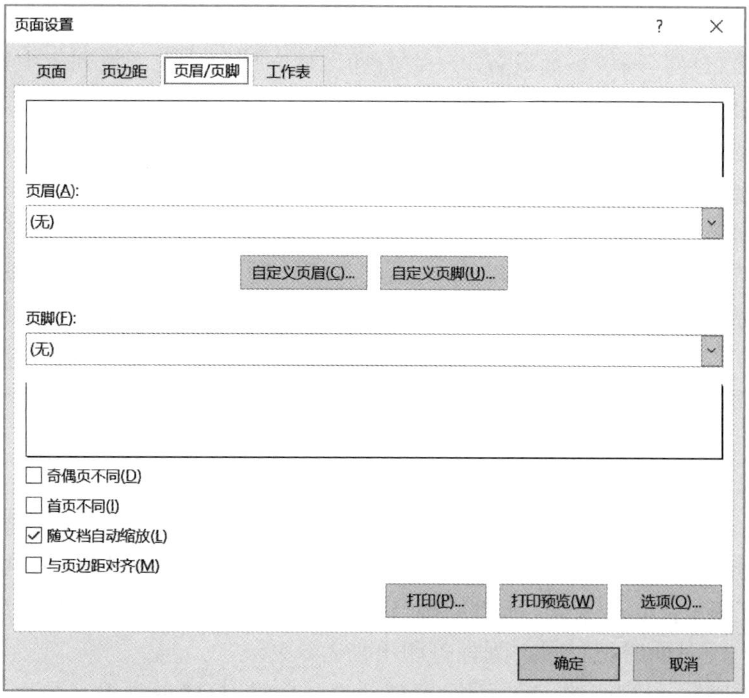

图 4-87 "页眉 / 页脚"选项卡

图 4-88　"工作表"选项卡

①"打印区域"。定义打印区域有两种方法，一是在工作表上拖动鼠标选定打印区域，然后单击"页面布局"→"页面设置"→"打印区域"按钮，在下拉列表中选择"设置打印区域"命令。第 2 种是在图 4-88"工作表"选项卡中，单击"打印区域"右侧的折叠按钮，在工作表上选定要打印的区域后，再次单击"打印区域"右侧的折叠按钮，返回对话框。若不设置打印区域，则打印区域为当前整个工作表。

②"打印标题"。当把一个大的工作表分成若干页打印时，那些标题行或标题列只能在第 1 页打印，如果需要在每一页都打印出标题行或标题列时，就必须使用此功能。具体操作是：对于行标题，单击"顶端标题行"右侧的折叠按钮，在当前工作表中选定作为顶端标题行的单元格，再单击折叠按钮。所谓"左端标题列"，是指表格打印时拆成水平排列的多页时，在各页左边都出现的标题列。"左端标题列"的设置与"顶端标题行"的设置是相同的。

③"打印"。包括"网格线""单色打印""草稿品质""行号列标"等复选框。若选中"网格线"复选框，则打印时带有网格线，否则，不打印。如果是彩色打印机，若选中"单色打印"复选框，则只能打印黑白两色，默认情况是不选中"单色打印"复选框；若选中"草稿品质"复选框，则只打印工作表的数据，不打印网格线和图形等，这样可加快打印速度。若选中"行号列标"复选框，可同时把行号、列标打印出来。

④"打印顺序"。当打印的工作表长、宽都超过一页时，打印的顺序有两种，一是先列后行，即由上至下，再由左至右逐页打印，形如"N"字；另一个是先行后列，即由左至右，再由上至下打印，形如"Z"字。

4.9.2 页面设置

如果需要打印的工作表的内容不止一页，Excel 2016 会自动插入分页符，将工作表分成若干页。分页符的位置取决于所选纸张的大小、页边距的设置以及打印的缩放比例等。分页符以点虚线作为标记。有时根据需要用户希望某些行或某些列一定在一页，这就必须改变系统所做页的分隔而使用人工插入分页符。

插入分页符，对行来说是插入水平分页符，而对列是插入垂直分隔符，人工插入的分页符的标记是虚线，人工插入了分页符后，系统自动分页符会重新定位。

1. 插入分页符

如果要在工作表上插入一个水平（垂直）分页符，具体操作如下：

① 单击要在该行（列）上面（右边）插入分页符的行号（列标）。

② 单击“页面布局”→“页面设置”→“分隔符”按钮,在下拉列表中选择“插入分页符”选项，即在该行（列）的上方（左方）出现一条虚线，就是分页符。

2. 分页预览

Excel 2016 有普通视图、页面布局视图、分页预览视图、自定义视图等视图方式。可以在“视图”选项卡“工作簿视图”选项组中单击有关的按钮进行切换。其中在分页预览视图中，工作表要打印的单元格区域将以白色显示，而不需要打印的区域将以灰色显示，自动分页符用蓝色虚线表示，而人工添加的分页符用蓝色的实线表示，如图 4-89 所示。

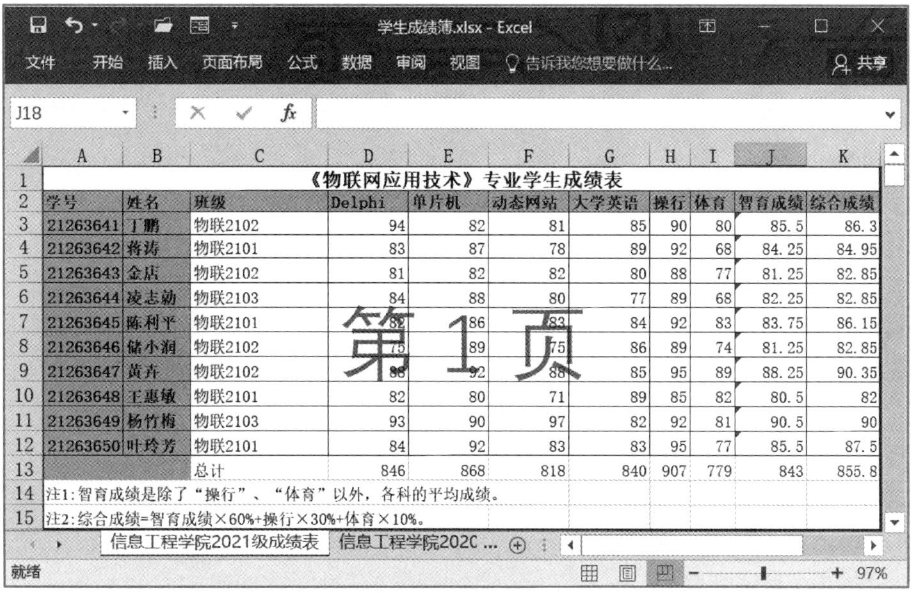

	A	B	C	D	E	F	G	H	I	J	K
1	《物联网应用技术》专业学生成绩表										
2	学号	姓名	班级	Delphi	单片机	动态网站	大学英语	操行	体育	智育成绩	综合成绩
3	21263641	丁鹏	物联2102	94	82	81	85	90	80	85.5	86.3
4	21263642	蒋涛	物联2101	83	87	78	89	92	68	84.25	84.95
5	21263643	金店	物联2102	81	82	82	80	88	77	81.25	82.85
6	21263644	凌志勋	物联2103	84	88	80	77	89	68	82.25	82.85
7	21263645	陈利平	物联2101	82	86	83	84	92	83	83.75	86.15
8	21263646	储小润	物联2102	75	89	75	86	89	74	81.25	82.85
9	21263647	黄卉	物联2102	88	92	88	85	95	89	88.25	90.35
10	21263648	王惠敏	物联2101	82	80	71	89	85	82	80.5	82
11	21263649	杨竹梅	物联2103	93	90	97	82	92	81	90.5	90
12	21263650	叶玲芳	物联2101	84	92	83	83	95	77	85.5	87.5
13			总计	846	868	818	840	907	779	843	855.8
14	注1:智育成绩是除了“操行”、“体育”以外，各科的平均成绩。										
15	注2:综合成绩=智育成绩×60%+操行×30%+体育×10%。										

图 4-89 插入分页符后分页预览视图

在分页预览视图中，每一页上都用浅灰色文字标出了如“第 1 页”“第 2 页”等用文字来表示打印页面的顺序。用鼠标拖动分页符可移动其位置和改变打印区域的边界，这时 Excel 2016 将自动调整打印区域的大小与打印页面相匹配。用户可以在此视图下对工作表进行有关的编辑，也可以单击“视图”→“工作簿视图”→“普通”按钮，切换回普通视图。

3. 删除人工分页符

如果要删除工作表上的一个水平（垂直）分页符，操作如下：

① 单击某个要删除的水平分页符（垂直分页符）的下一行（右边一列）的行号（列标）。

② 单击"页面布局"→"页面设置"→"分隔符"按钮，在下拉列表中选择"删除分页符"选项即可。

4.9.3　打印

在早期版本的 Microsoft Office 应用程序中，文档的打印设置和打印预览需要分别进行，比较麻烦。在 Office 2016 中，引入了功能强大的"后台视图"，让文档的打印和预览"合二为一"，在进行打印设置的同时，即可同步预览最终打印效果。

其中打印设置的有关功能说明如下：

① 在"打印"功能区中包含"打印"按钮和份数设置：单击"打印"按钮，将打印 Excel 工作表。文本框中可以输入打印的份数。

② 打印机功能区包括下拉列表框和"打印机属性"超链接：在下拉列表框中选择使用的打印机型号，如 HP LaserJet 1020。如果在打印的过程中需要改变打印机的有关属性，如纸张的大小、进纸的方向和方式以及打印的质量等，可单击"打印机属性"超链接，打开"HP LaserJet 1020 属性"对话框，在此对话框中进行相关的设置即可。

③ 在设置功能区中包括"打印内容""打印范围""打印排序""纸张方向""纸张大小""页边距"和"缩放比例"，根据打印机的不同，还有其他设置选项，如 HP LaserJet 1020 还有"单双面设置"选项。

a. 打印内容。有"打印活动工作表""打印整个工作簿"和"打印选定区域"3 个选项，用户只能选择其中的一项。

b. 打印范围。在"页数："中设置打印的起止范围。

c. 打印排序。排序方式包括两种，一种是"1，1，1　2，2，2　3，3，3"方式，即先打印指定份数的所有的第 1 页，再打印所有的第 2 页，以此类推，直至打印完毕；另一种是"1，2，3　1，2，3　1，2，3"方式，即先打印出第 1 份的所有页，在打印第 2 份的所有页，以此类推，直至打印完毕。

d. 纸张方向。纸张方向可以选择横向或纵向，在实际打印时，可以根据打印内容的宽度和高度，通过打印预览观察效果。

e. 纸张大小。纸张大小列表中提供了若干种标准纸张类型，打印时可根据实际要求选择，也可以根据需要自己定义。

f. 页边距。页边距用于调整页面内容和纸张边缘的距离。可以选择系统提供的几种默认边距方式，也可以自定义设置。

g. 缩放比例。缩放比例用于对被打印内容进行缩放。比例可以任意设置。

h. "页面设置"超链接。单击"页面设置"超链接可以打开"页面设置"对话框，如图 4-85 所示，设置方法在前面已有介绍，在此不再赘述。

最后介绍完成如图 4-84 所示打印效果的操作步骤：

① 选定打印区域，这里选定包含数据和图表的区域。

② 选择"文件"选项卡打开后台视图，在左侧导航窗格中选择"打印"命令，打开"打

印"视图。

③ 在"打印"功能区中选择打印份数，如 3 份。

④ 在"打印机"功能区选择打印机，例如"HP LaserJet 1020"。

⑤ 在"设置"功能区中，选择"打印选定区域"，页数是"1"至"1"，打印排序是"1，1，1 2，2，2 3，3，3"方式，纸张方向是纵向，纸张大小是"A4"，页边距设置成"正常边距"，缩放比例选择"无缩放"，其他默认设置，设置完成，右侧的窗口中可以进行打印预览，单击"打印"按钮完成打印。

本 章 小 结

Excel 2016 是 Microsoft Office 2016 中的重要组成部分，它功能丰富、操作简单，具有强大的数据计算、分析以及处理能力，并可以将数据以图形的形式形象地表示出来，因此，它被广泛应用于经济、金融、管理、统计等众多领域。

本章立足于最基本、最实用的问题，从最基础的操作入手，循序渐进地介绍 Excel 2016 常用的功能，主要介绍了 Excel 2016 的工作表和工作簿的基本操作、数据的输入、函数和公式的使用、数据的排序、筛选和分类汇总、创建数据透视表、创建数据透视图等操作。通过本章的学习，要求熟练掌握 Excel 2016 电子表格的基本操作，在以后的工作和生活中，灵活运用 Excel 2016 电子表格组织和管理自己的数据。

习 题 4

一、单项选择题

1. 在 Excel 2016 工作表中，同时选择多个不相邻的工作表，可以在按住（   ）键的同时依次单击各个工作表的标签。

A. Ctrl   B. Alt   C. Shift   D. Tab

2. 下列不是 Excel 表达式的算术运算符的是（   ）。

A. %   B. /   C. <>   D. ^

3. 在建立一个工作表时，如在某单元格中输入公式（   ），将出现错误。

A. =SUM（1：5）   B. =SUM（B1：D1）

C. =SUM（C2：E5，D2：F5）   D. =SUM（A1；B5）

4. 在 Excel 2016 中，为了加快输入速度，在相邻单元格中输入"二月"到"十月"的连续字符时，可使用（   ）功能。

A. 复制   B. 移动   C. 自动计算   D. 自动填充

5. 在 Excel 工作表中，A1 的值为 1，A2 的值为 2，C1 的值为 3，C2 的值为 4，D1 单元格的公式为"=C1+$C$2"。如将 D1 单元格中的公式复制到 B1 单元格中，则 B1 单元格的值为（   ）。

A. 3   B. 11   C. 7   D. 5

6. 在 Excel 2016 中，如果 B1 为文本"100"，B2 为数字"3"，则 COUNT（B1：B2）等

于（　　　）。

　　A. 103　　　　　　　B. 3　　　　　　　　C. 2　　　　　　　　D. 1

　　7. 在 Excel 中，在打印学生成绩单时，对不及格的成绩用醒目的方式表示（如用红色表示等），当要处理大量的学生成绩时，使用（　　　）命令最为方便。

　　A. 查找　　　　　　B. 条件格式　　　　　C. 数据筛选　　　　D. 定位

　　8. 在 Excel 工作簿中，至少应含有的工作表个数是（　　　）。

　　A. 1　　　　　　　　B. 2　　　　　　　　C. 3　　　　　　　　D. 4

　　9. 在 Excel 2016 中，正确的说法是（　　　）。

　　A. 利用"删除"命令，可选择删除单元格所在的行或单元格所在的列

　　B. 利用"清除"命令，可以清除单元格中的全部数据和单元格本身

　　C. 利用"清除"命令，只可选择清除单元格的本身

　　D. 利用"删除"命令，只可以删除单元格所在的行

　　10. 在单元格 A2 中输入（　　　），使其显示 0.4。

　　A. 2/5　　　　　　　B. =2/5　　　　　　　C. ="2/5"　　　　　D. "2/5"

　　11. 在 Excel 2016 中，当前工作表的 B1：C5 单元格区域已经填入数值型数据，如果要计算这 10 个单元格的平均值并把结果保存在 D1 单元格中，则要在 D1 单元格中输入（　　　）。

　　A. =COUNT（B1：C5）　　　　　　　　B. =AVERAGE（B1：C5）

　　C. =MAX（B1：C5）　　　　　　　　　D. =SUM（B1：C5）

　　12. 在 Excel 2016 中，已知单元格 G2 中有公式"=SUM（C2：F2）"，将该公式复制到单元格 G3 后，G3 中的内容为（　　　）。

　　A. =SUM（C2：F2）　　　　　　　　　B. =SUM（C3：F3）

　　C. SUM（C2：F2）　　　　　　　　　　D. SUM（C3：F3）

　　13. 在 Excel 2016 中，利用"设置单元格格式"对话框，可在单元格内部设置（　　　）。

　　A. 曲线　　　　　　B. 图形　　　　　　　C. 斜线　　　　　　D. 箭头

　　14. 在 Excel 2016 中，设置页眉和页脚的内容可以通过（　　　）进行。

　　A. "开始"选项卡　　　　　　　　　　　B. "插入"选项卡

　　C. "数据"选项卡　　　　　　　　　　　D. "视图"选项卡

　　15. 在 Excel 2016 中，如果要设置行高或列宽，应使用（　　　）功能区中的"格式"命令。

　　A. 开始　　　　　　B. 插入　　　　　　　C. 页面布局　　　　D. 视图

　　16. 已知在某个 Excel 2016 工作表中，"职务"列的 4 个单元格中的数据分别为"董事长""总经理""主任"和"科长"，按字母升序排序的结果为（　　　）。

　　A. 董事长、总经理、主任、科长　　　　B. 科长、主任、总经理、董事长

　　C. 董事长、科长、主任、总经理　　　　D. 主任、总经理、科长、董事长

　　17. 在 Excel 2016 工作表中，每个单元格都有唯一的编号叫地址，地址的使用方法是（　　　）。

　　A. 字母 + 数字　　　B. 列标 + 行号　　　C. 数字 + 字母　　　D. 行号 + 列标

　　18. 在 Excel 2016 工作表中，若在 A1 单元格输入 3，在 A2 单元格输入 7，然后选中 A1：A2 区域，拖动填充柄到单元格 A3：A8，则得到的数字序列是（　　　）。

　　A. 等比序列　　　　B. 等差序列　　　　　C. 数字序列　　　　D. 小数序列

19. 在 Excel 2016 中，若要在当前工作表中引用同一个工作簿中另一个工作表 Sheet8 中 D8 单元格中的数据，下面的表达方式中正确的是（   ）。

    A. =Sheet8!D8   B. =D8（Sheet8）   C. +Sheet8!D8   D. $Sheet8>$D8

20. 下列关于 Excel 2016 工作表拆分的描述中，正确的是（   ）。

    A. 只能进行水平拆分

    B. 只能进行垂直拆分

    C. 可进行水平拆分或垂直拆分，也能同时进行水平、垂直拆分

    D. 既不能进行水平拆分，也不能进行垂直拆分

二、操作题

1. 创建如图 4-90 所示的 Excel 工作表，完成下列操作：

① 将工作表 Sheet1 命名为"产品销售表"。

② 在"产品销售表"中用公式计算合计（合计 = 单价 * 数量）。

③ 设置 C8 单元格的文本控制为自动换行。

④ 在 D8 单元格内用条件求和函数 SUMIF 计算所有数量超过 500(包含 500)的合计之和，并设置该单元格的对齐方式为水平居中对齐和垂直居中对齐。

⑤ 设置"产品销售表"中数据清单部分（A1：D6）按合计降序排列。

⑥ 根据"产品名"和"合计"两列在当前工作表内制作簇状柱形图，图表的标题为"销售图表"。

	A	B	C	D	E	F
1	产品名	单价	数量	合计		
2	可乐	3.5	230			
3	思源牌方便面	1.8	500			
4	蒙牛牌优酸乳	1.6	793			
5	双汇牌火腿肠	1	1900			
6	雪碧	2.5	312			
7						
8			数量超过500的合计之和			

图 4-90   操作题 1 图

2. 创建如图 4-91 示的 Excel 工作表，完成下列操作：

① 设置标题行（A1：C1）合并及居中，修改标题行的边框为只有蓝色的下边框（线型粗细不限）。

② 在 B6 单元格内计算人数的总计（使用求和函数）。

③ 计算各年龄段人数所占百分比（等于各年龄段人数除以总计单元格的人数，使用公式），并设置单元格格式为百分比格式，小数点后留 1 位小数。

	A	B	C	D
1	退休人员年龄分布情况表			
2	年龄	人数	所占百分比	
3	60岁以下	89		
4	60岁至70岁	55		
5	70岁以上	41		
6	总计			

图 4-91   操作题 2 图

④ 选择年龄和人数两列制作簇状柱形图，图表的标题为"退休人员年龄分布图表"

⑤ 设置"所占百分比"1 列的列宽为 12 磅。

第 5 章

PowerPoint 2016 演示文稿制作

【本章工作任务】

✓ 掌握演示文稿的新建、打开、保存等操作
✓ 掌握制作演示文稿的基本步骤和编辑方法
✓ 完成一份演示文稿的制作

【本章知识目标】

✓ 了解 PowerPoint 2016 窗口的基本组成和各种视图的特点
✓ 掌握制作演示文稿的基本步骤和编辑制作方法
✓ 掌握在演示文稿中添加动画，设置切换方式的方法
✓ 掌握在演示文稿中添加图形、音乐、图片、视频、动画等多媒体元素的方法
✓ 掌握演示文稿中的播放技巧

【本章技能目标】

✓ 熟练掌握演示文稿的创建和编辑，包括文本、剪贴画、图形和声音的处理
✓ 掌握母版、背景、设计模板、主题的设置和应用
✓ 掌握设置动画和切换效果的方式
✓ 掌握设置幻灯片放映方式，超链接和动作按钮的设置，页面设置和打印等相关操作

【本章重点难点】

✓ 理解 PowerPoint 2016 的视图方式
✓ 掌握母版、背景、设计模板、主题的设置和应用
✓ 掌握设置动画和切换效果的方式
✓ 掌握设置幻灯片放映方式，超链接和动作按钮的设置

【本章项目案例】

使用 PowerPoint 2016 制作如图 5-1 所示的演示文稿。

图 5-1　演示文稿效果图

5.1　认识 PowerPoint 2016

认识 Power-
Point 2016

PPT

　　PowerPoint 2016 是微软公司 Office 2016 办公套装软件中的一个重要组件，用于制作具有图文并茂展示效果的演示文稿，演示文稿由用户根据软件提供的功能自行设计、制作和放映，具有动态性、交互性和可视性，广泛应用在演讲、报告、产品演示和课件制作等的内容展示上，借助演示文稿，可更有效地进行表达和交流。

　　通过 PowerPoint 2016 可以很方便地制作各种演示文稿，包括文字、图片、SmartArt 图形、表格、声音等的插入、幻灯片的仿真和动画模拟。PowerPoint 2016 提供了丰富的对象编辑功能，根据用户的需求设置具有多媒体效果的幻灯片，也可以利用 PowerPoint 2016 提供的主题、背景及母版进行演示文稿的应用与设计。PowerPoint 2016 演示文稿还可以打包输出和格式转换，以便在未安装 PowerPoint 2016 的计算机上放映演示文稿。

　　学习 PowerPoint 2016 时，必须澄清两个基本概念，即演示文稿和幻灯片。

　　（1）演示文稿

　　使用 PowerPoint 2016 生成的文件称为演示文稿，扩展名为 pptx。一个演示文稿由若干张幻灯片及相关联的备注和演示大纲等内容组成。

（2）幻灯片

幻灯片是演示文稿的组成部分，演示文稿中的每一页就是一张幻灯片。幻灯片由标题、文本、图形、图像、剪贴画、声音以及图表等多个对象组成。

5.1.1　PowerPoint 2016 的启动和退出

1. PowerPoint 2016 的启动

PowerPoint 2016 的启动方法主要有如下 3 种：

方法 1：用鼠标单击屏幕左下角"开始"按钮，弹出"开始"菜单，选择"PowerPoint 2016"，将启动 PowerPoint 2016 应用程序，如图 5-2 所示。

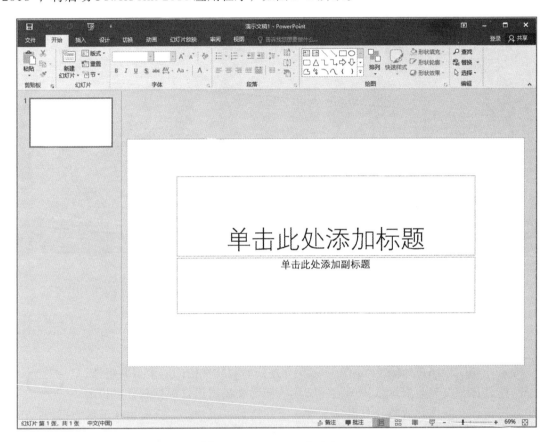

图 5-2　PowerPoint 启动窗口

方法 2：若桌面上有 PowerPoint 2016 的快捷图标，则双击该图标即可启动 PowerPoint。

方法 3：打开任意一个 PowerPoint 2016 文档将同时启动 PowerPoint。

使用方法 1 和方法 2，系统将启动 PowerPoint 2016，单击"空白演示文稿"图标，PowerPoint 2016 窗口中自动生成一个名为"演示文稿 1"的空白演示文稿。使用方法 3 将打开已存在的演示文稿，在此选择"文件"→"新建"命令也可以新建空白演示文稿。在编辑过程中可以使用 Ctrl+S 组合键随时保存编辑成果。

2. PowerPoint 2016 的退出

常用退出 PowerPoint 2016 的方法主要有 3 种：

方法 1：单击 PowerPoint 2016 窗口标题栏最右边的 ▣ 按钮。

方法 2：右击软件上方空白处，在快捷菜单中选择"关闭"命令。

方法 3：使用 Alt+F4 组合键。

> 📖 注意：
>
> 退出 PowerPoint 时，对当前正在运行而没有被保存的演示文稿，系统会弹出"是否保存文件"的消息提示框，用户可根据需要选择是否保存文件。

5.1.2　PowerPoint 2016 的工作窗口

PowerPoint 2016 拥有典型的 Windows 窗口风格，其功能是通过窗口实现的，启动 PowerPoint 2016 即可打开 PowerPoint 应用程序的工作窗口，如图 5-3 所示。该工作窗口由快速访问工具栏、标题栏、选项卡、功能区、幻灯片缩略图窗格、幻灯片窗格、备注窗格、状态栏、视图按钮等部分组成。

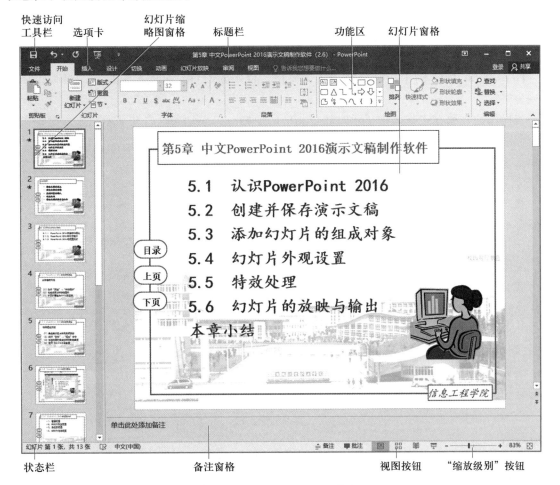

图 5-3　PowerPoint 2016 工作窗口

1. 快速访问工具栏

快速访问工具栏位于窗口的左上角，通常以图标形式 ▤ � ↻ ▤ 提供，主要有"保存""撤销""恢复""从头开始"和"自定义快速访问工具栏"等按钮，便于快速访问。用户可以根据使用习惯通过单击"自定义快速访问工具栏"按钮，弹出下拉菜单，在其中添加或删除快速工具栏的命令按钮。

2. 标题栏

标题栏处于窗口的最上方，显示当前演示文稿的文件名，右侧有"功能区显示选项""最小化""最大化"和"关闭"等按钮。单击"功能区显示选项"按钮可显示"自动隐藏功能区""显示选项卡""显示选项卡和命令"选项。

3. 选项卡

PowerPoint 2016 的选项卡处于标题栏的下方，通常有"文件""开始""插入""设计""切换""动画""幻灯片放映""审阅"和"视图"9 个不同类别的选项卡，每个选项卡下含有多个选项组，根据操作对象的不同，还可能增加相应的选项卡。

4. 功能区

功能区位于选项卡的下方，当选中某个选项卡时，其对应的多个选项组出现在其下方，每个选项组内有若干个命令按钮。例如，"开始"选项卡，其功能区包含"剪切板""幻灯片""字体""段落""绘图""编辑"等选项组。

5. 工作区域

PowerPoint 2016 的工作区域分为 3 个窗格，依次为幻灯片缩略图窗格、幻灯片窗格和备注窗格。

若操作的文稿在工作区中显示时超过相应的窗格时，滚动条会自动显示出来。滚动条有两个，即位于窗格右边的垂直滚动条和位于窗格底边的水平滚动条。拖动滚动栏上的滚动块或单击滚动栏两端的箭头可以显示其他部分内容。

6. 状态栏

状态栏位于窗口底部左侧，在不同的视图模式下显示的内容略有不同，主要显示当前幻灯片编号、主题名称和语言等信息。

7. 视图按钮

视图按钮位于状态栏的右侧，它提供了演示文稿的不同显示方式，共有"普通视图""幻灯片浏览""阅读视图"和"幻灯片放映"4 个按钮，单击某个按钮就可以切换到相应的视图。

8. "缩放级别"按钮

"缩放级别"按钮位于视图按钮的右侧，单击该按钮可以打开"缩放"对话框，如图 5-4 所示，可以在对话框中选择或输入幻灯片的显示比例，拖动其左侧的滑块也可以调节显示比例。

图 5-4　"缩放"对话框

5.1.3　PowerPoint 2016 的视图方式

有 4 种主要视图，分别是普通视图、幻灯片浏览视图、备注页视图和阅读视图，每种视图各有特点，适用于不同的场合。

打开一个演示文稿，位于 Microsoft PowerPoint 窗口右下角的视图切换按钮，如图 5-5 所示。单击相应的按钮，可以在不同的视图之间进行切换。

微课 5-1
PPT 的视图
方式

图 5-5　视图切换按钮

也可以通过单击"视图"选项卡"演示文稿视图"选项组中的相关按钮，将演示文稿切换到不同的视图。

1. 普通视图

普通视图是最常用的视图，也是 PowerPoint 的默认视图模式，可用于撰写或设计演示文稿。该视图有 3 个工作区域，分别是左侧为幻灯片缩略图窗格，可通过"视图"选项卡在常用"普通视图"和"大纲视图"之间切换，也可通过选择"文件"→"选项"命令，打开"PowerPoint选项"对话框，选择"高级"选项卡，在"用此视图打开全部文档"下拉列表框中进行设置；右侧为幻灯片窗格，以大视图显示当前幻灯片；底部为备注窗格，如图 5-3 所示。

（1）"大纲视图"窗格

主要用来组织和编辑演示文稿中的文本，如图 5-6 所示。

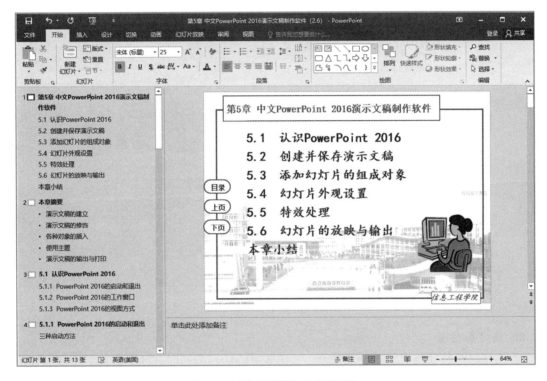

图 5-6　"普通视图"大纲选项卡

（2）"普通视图"窗格

以缩略图大小的图形在演示文稿中观看幻灯片。使用缩略图能更方便地通过演示文稿导航并观看设计更改的效果。也可以重新排列、添加或删除幻灯片，如图 5-3 所示。

（3）幻灯片窗格

幻灯片窗格可以观看幻灯片的静态效果，在幻灯片上添加和编辑各种对象，如文本、图片、表格、图表、绘图对象、文本框、电影、声音、超链接和动画。

（4）备注窗格

备注窗格添加与每个幻灯片的内容相关的备注或说明。

在普通视图中通过拖动窗格边框调整不同窗格的大小。

2. 幻灯片浏览视图

在幻灯片浏览视图中，可以在屏幕上看到演示文稿中的所有幻灯片。这些幻灯片是以缩略图的形式显示的，如图 5-7 所示。在该视图方式下，可以对幻灯片进行编辑操作，如复制、删除、移动和插入幻灯片等，并能预览幻灯片切换、动画和排练时间等效果，但是不能单独对幻灯片上的对象进行编辑操作。

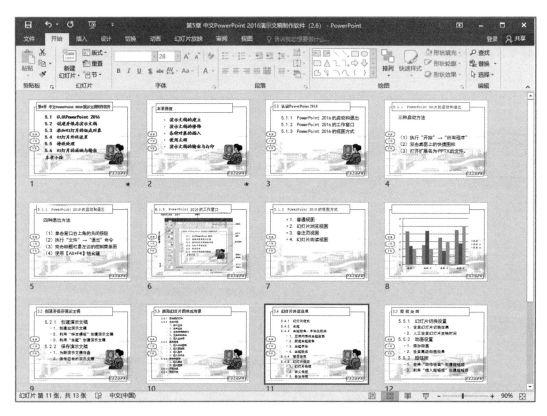

图 5-7　幻灯片浏览视图

3. 备注页视图

备注页视图与其他视图不同之处在于：在显示幻灯片的同时在其下方显示备注页，用户可以输入或编辑备注页的内容，在该视图模式下，备注页上方显示是当前幻灯片的内容缩览图，用户无法对幻灯片的内容进行编辑，下方的备注页为占位符，用户可向占位符中输入内容，为幻灯片添加备注信息。

4. 阅读视图

阅读视图可将演示文稿作为适应窗口大小的幻灯片放映观看，视图只保留幻灯片窗格、标题栏和状态栏，其他编辑功能被屏蔽，用于幻灯片制作完成后的简单放映浏览，查看内容和幻灯片设置的动画和放映效果。

另外，还有一种视图方式，即幻灯片放映视图，在幻灯片放映视图中，每张幻灯片会占据整个计算机屏幕。事实上，该视图模拟了对演示文稿进行真正幻灯片放映的过程。在这种全屏幕视图中，用户可以看到图形、时间、影片、动画等元素，以及这些元素在实际放映中的真实切换效果。

5.2　创建并保存演示文稿

在 PowerPoint 2016 中创建一个演示文稿，就是建立一个新的以 pptx 为扩展名的 PowerPoint 文件。在 PowerPoint 2016 中创建新的演示文稿比较简单，它根据用户的不同需要，提供了多种新文稿的创建方式。常用的有"样本模板""主题"和"空演示文稿" 3 种。

5.2.1　创建演示文稿

要创建演示文稿，先启动 PowerPoint 2016，然后选择"文件"→"新建"命令，打开如图 5-8 所示窗口。

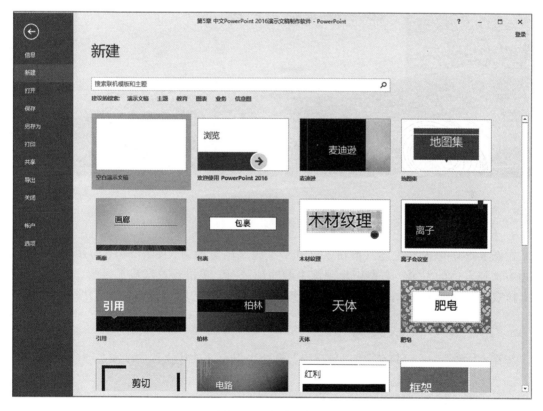

图 5-8　"新建"窗口

1．创建空演示文稿

在图 5-8 中选择"空白演示文稿"图标，单击右侧预览区域下方的"创建"按钮，即新建了一个包含一张标题幻灯片的空白演示文稿，如图 5-2 所示。

2．利用模板创建演示文稿

在图 5-8 中可通过选择模板的方式创建演示文稿。如图 5-9 所示，在模板中选择合适的模板，单击在弹出的对话框中的"创建"按钮，或直接双击相应的样本模板，即以选中的样本模板新建一个包含若干张幻灯片的演示文稿。

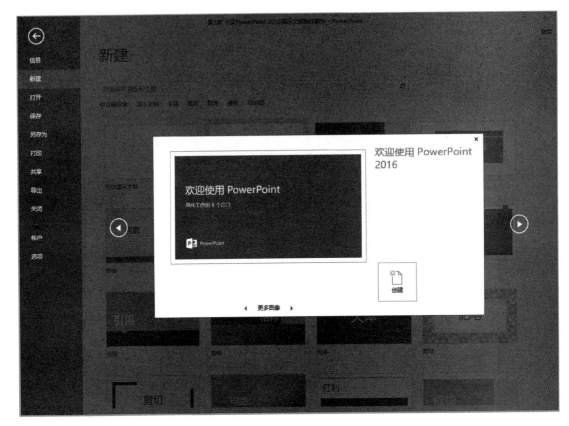

图 5-9　"样本模板"窗口

3. 利用"主题"创建演示文稿

在图 5-8 中单击"主题"按钮，打开"主题"浏览窗口，如图 5-10 所示。在"主题"列表中选择合适的主题，右侧则出现该主题的预览图，单击预览区域下方的"创建"按钮，或直接双击相应的主题，即以选中的主题新建了一个包含标题幻灯片的演示文稿。

5.2.2　保存演示文稿

选择"文件"→"保存"或"另存为"命令，保存文件或文件的副本。

1. 为新演示文稿存盘

对一个没有保存过的演示文稿的保存方法和步骤如下：

① 通过下列三种方法之一打开"另存为"对话框，如图 5-11 所示。

方法 1：选择"文件"→"保存"命令。

方法 2：单击快速访问工具栏中的"保存"按钮。

方法 3：按 Ctrl+S 组合键。

② 选择保存位置，如"文档"。

③ 输入文件名。

④ 确定保存类型为"PowerPoint 演示文稿"。

⑤ 单击"保存"按钮，完成保存工作。

图 5-10 "主题"窗口

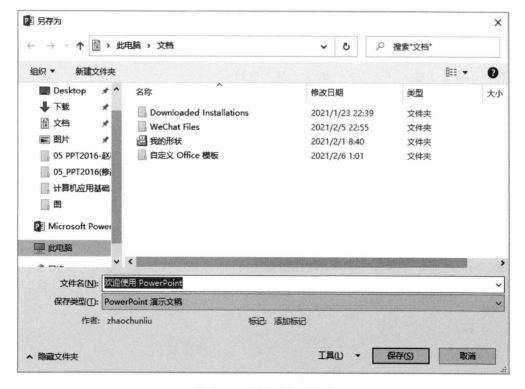

图 5-11 "另存为"对话框

2. 保存已有的演示文稿

打开一个演示文稿进行编辑后，可以直接单击工具栏中的"保存"按钮进行保存，原来的文件名和文件保存的位置不变。

如果希望保存一个副本，可以选择"文件"→"另存为"命令，在打开的"另存为"对话框中选择保存位置和输入文件名后单击"保存"按钮，完成另存为操作。

5.3 添加幻灯片的组成对象

添加幻灯片
的组成对象

5.3.1 添加新幻灯片

添加新幻灯片的方法如下：

方法 1：组合键法。按 Ctrl+M 组合键，即可快速添加一张空白幻灯片。

方法 2：Enter 键法。在"普通视图"下，将鼠标定在左侧的幻灯片窗格中，然后按下 Enter 键，同样可以快速插入一张空白幻灯片。

方法 3：命令法。单击"开始"→"幻灯片"→"新建幻灯片"按钮，即可增加一张空白幻灯片。

微课 5-2

添加和删除
幻灯片

微课 5-3

添加文本对
象

5.3.2 文本对象

文本是演示文稿中的重要内容，几乎所有的幻灯片中都有文本内容。PowerPoint 中的文本有标题文本、项目列表和纯文本 3 种类型。其中，项目列表常用于列出纲要和要点等，每项内容前可以有一个可选的符号作为标记。

1. 输入文本

通常习惯在普通视图下输入文本。操作步骤如下：

① 选中要输入文本的占位符，方法为单击该对象。

② 输入所需的文本。

③ 完成文本输入后，单击占位符对象外任意位置。

输入标题时，只要在标题区域单击，然后直接从键盘输入相应的文本内容即可。

2. 选中文本

对文本进行各种操作的前提是先选中文本。选中文本可以通过鼠标的拖动实现，也可以通过鼠标与 Shift 键的结合使用来实现。方法与 Word 的操作完全相同，不再赘述。

3. 文本的相关操作

文本的插入、删除、复制、移动及查找 / 替换方法与 Windows 下的记事本和 Word 等软件相同。插入时都要先将插入点移至插入位置后再输入；删除、复制、移动时要先选定文本，再利用"开始"选项卡"剪切板"选项组中的按钮，或利用右键菜单中的"剪切""复制""粘贴"等命令来完成。

4. 文本的格式化

用户可以根据需要，对文本对象进行格式化。操作步骤如下：

① 在文本对象中，选定需要格式化的文本，使其显示文字底纹。

② 单击"开始"→"字体"→"字体"按钮，打开如图 5-12 所示的"字体"对话框。

图 5-12　"字体"对话框

③ 根据需要进行相关的格式化设置，单击"确定"按钮。

此外，单击"开始"→"字体"组中的相关按钮（图 5-13）进行文本格式化。

图 5-13　"开始"选项卡"字体"选项组

5. 插入文本框

一张幻灯片一般有两个文本对象：标题对象和项目列表文本对象，它们都属于文本框。如果希望在幻灯片的任意位置插入文字，则需要自己建立文本框来实现，操作步骤如下：

① 单击"插入"→"文本"→"文本框"按钮，在下拉列表中选择"横排文本框"/"竖排文本框"命令。

② 移动光标至需要插入文本框的位置，按下鼠标左键，此时光标变成"+"状，然后画出一个框。

③ 释放鼠标左键，将在幻灯片中建立一个文本框，在文本框中可以添加文本。

5.3.3　图形图像

如同漂亮的网页少不了亮丽的图片一样，一张精美的幻灯片也少不了生动多彩的图形图像。在幻灯片中插入合适的图片，可使幻灯片的外形显得更加美观、生动，给人以赏心悦目的感觉。

1. 插入自选图形

以插入立方体为例，操作步骤如下：

① 单击"插入"→"插图"→"形状"按钮，弹出"形状"下拉列表框，

微课 5-4

添加图形图像

如图 5-14 所示。

② 在"形状"列表框中选择"基本形状"→"立方体"选项。

③ 此时鼠标显示为"+"状，在幻灯片中使用鼠标拖动，可以创建一个长方体的图形。若在拖动鼠标的同时，按 Shift 键，将创建一个立方体图形。

④ 在图形对象上右击，在弹出的快捷菜单中选择"设置形状格式"命令，弹出如图 5-15 所示的"设置形状格式"任务窗格，即可设置图形的填充、线条颜色、线型等。或单击该立方体图形对象，将会出现该对象的"绘图工具 | 格式"选项卡（图 5-16），利用该选项卡功能区的命令按钮可以快速地设置自选图形的格式。

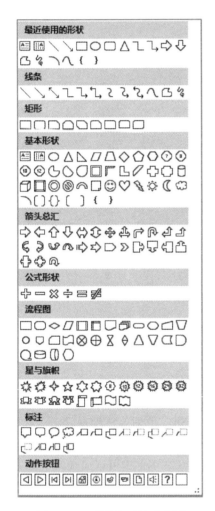

图 5-14 "形状"下拉列表框

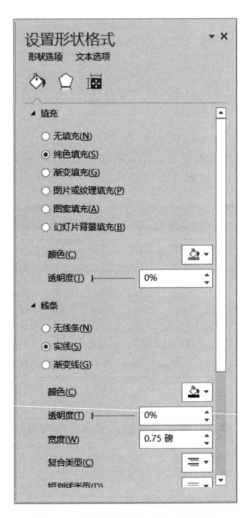

图 5-15 "设置形状格式"任务窗格

图 5-16 "绘图工具 | 格式"选项卡

2. 插入联机图片

插入联机图片的操作步骤如下：

① 单击"插入"→"图像"→"联机图片"按钮，弹出对话框，在"必应"搜索栏里输入联机图片类型，如"会议室"后按 Enter 键，如图 5-17 所示。

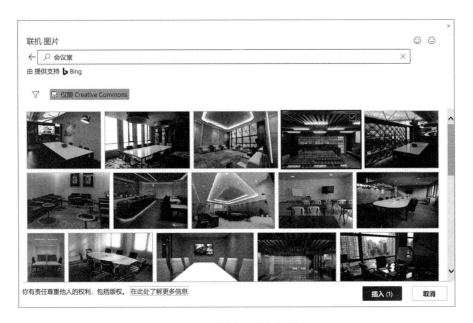

图 5-17　"联机图片"对话框

② 选择所需的图片，即可插入到当前幻灯片中。

3. 插入图片

插入图片的操作步骤如下：

① 单击"插入"→"图像"→"图片"按钮，打开如图 5-18 所示的"插入图片"对话框。

② 在打开的"查找范围"下拉列表框中选择图片来源，单击"插入"按钮。

③ 在图片插入到幻灯片的同时，选中该图片，会显示"图片工具|格式"选项卡，如图 5-19 所示，可根据需要调整图片的对比度、亮度、大小等。

> 📖 **注意：**
>
> 必须先选中图片，"图片工具"选项卡才会出现。

4. 插入艺术字

插入艺术字的操作步骤如下：

① 单击"插入"→"文本"→"艺术字"按钮，弹出如图 5-20 所示的"艺术字库"样式列表。

② 选择一种艺术字样式，此时在幻灯片上即出现"请在此放置您的文字"的文本框。

③ 在"请在此放置您的文字"文本框中输入文字内容即可。

> 📖 **注意：**
>
> 艺术字的编辑与 Word 中艺术字的编辑类似，此处不再赘述。

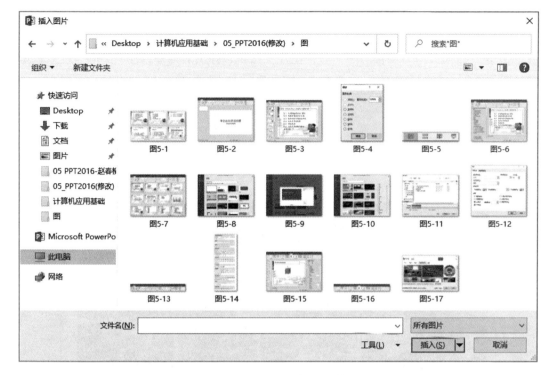

图 5-18　"插入图片"对话框

图 5-19　"图片工具 | 格式"选项卡

5.3.4　表格和图表

微课 5-5
添加表格和
图表

1. 插入表格

插入表格的操作步骤如下：

① 打开要插入表格的幻灯片。

② 单击"插入"→"表格"→"表格"按钮，弹出如图 5-21 所示的"插入表格"下拉列表框。

③ 在图 5-21 中，可以直接选择插入的表格，或选择"插入表格"命令，打开如图 5-22 所示的"插入表格"对话框。

在对话框中输入表格的列数和行数，单击"确定"按钮，用户可以在表格中添加相应的内容。

> 📖 注意：
>
> 　一般情况下，将采用这种方式添加的表格称为"PowerPoint 表格"，它的编辑功能并不是很强大，仅可以对字体和表格的外观进行简单地调整。

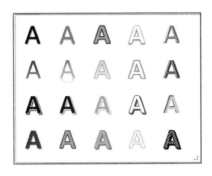

图 5-20 "艺术字库"样式列表

图 5-21 "插入表格"下拉列表

2. 插入图表

插入图表的操作步骤如下：

① 打开要插入图表的幻灯片。

② 单击"插入"→"插图"→"图表"按钮，系统打开如图 5-23 所示的"插入图表"对话框。

③ 选择"图表类型"，如选择"簇状柱形图"，单击"确定"按钮，系统自动出现如图 5-24 所示窗口。

④ 在图 5-24 窗口中，可以编辑图表，右侧为图表的数据源编辑窗口为 Excel 编辑环境。

图 5-22 "插入表格"对话框

5.3.5 声音对象

为演示文稿配上声音，可以大大增强演示文稿的播放效果。具体操作步骤如下：

① 单击"插入"→"媒体"→"音频"按钮，在弹出的下拉列表中有"PC 上的音频"和"录制音频"选项，选择"PC 上的音频"选项，打开如图 5-25 所示的对话框。

② 定位到需要插入的声音文件所在的文件夹，选中相应的声音文件，然后单击"插入"按钮。

> 📖 **注意：**
>
> 演示文稿支持 mp3、wma、wav、mid 等多种格式的声音文件。

插入声音文件后，会在幻灯片中显示一个小喇叭 🔊 图标。在幻灯片放映时，通常会显示在画面中，为了不影响播放效果，通常将该图标移到幻灯片边缘处。

5.3.6 视频对象

插入视频对象的具体操作步骤如下：

① 单击"插入"→"媒体"→"视频"按钮，在弹出的下拉列表中有"联机视频"和"PC 上的音频"选项，选择"PC 上的视频"选项，打开如图 5-26 所示对话框。

② 定位到需要插入的视频文件所在的文件夹，选中相应的视频文件，单击"插入"按钮，

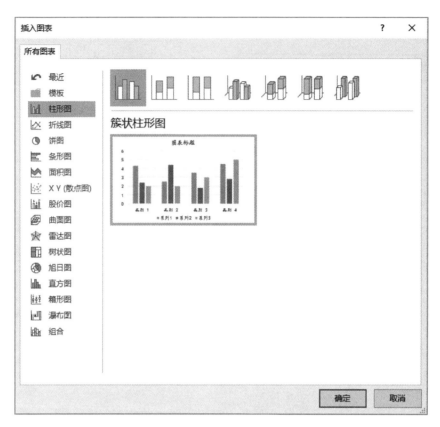

图 5-23　"插入图表"对话框

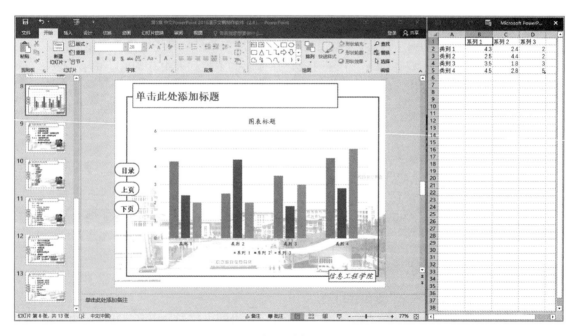

图 5-24　插入图表后的幻灯片

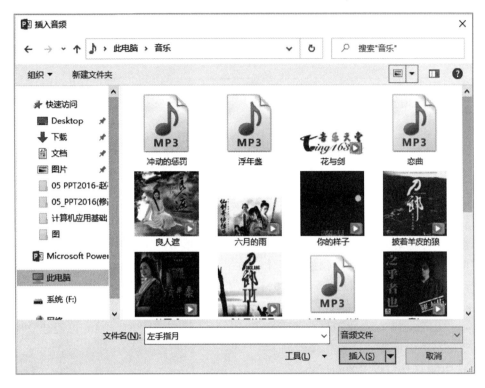

图 5-25 "插入音频"对话框

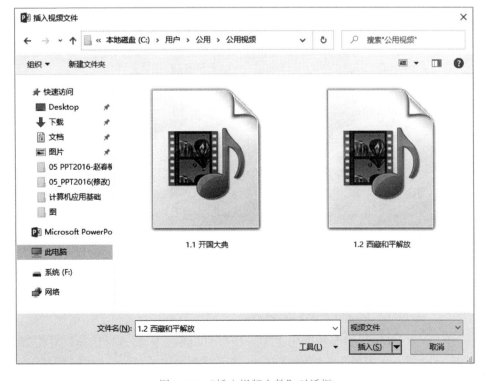

图 5-26 "插入视频文件"对话框

即可将视频文件插入到当前幻灯片中。

> 📖 注意：
>
> 演示文稿支持 avi、wmv、mpg 等多种格式的视频文件。

③ 调整视频播放窗口的大小，将其定位在幻灯片的合适位置即可。

幻灯片外观
设置

5.4　幻灯片外观设置

5.4.1　幻灯片版式

幻灯片版式包含要在幻灯片上显示的全部内容的格式设置、位置和占位符。占位符是版式中的容器，可容纳如文本、表格、图表、SmartArt 图形、影片、声音、图片及剪贴画等内容。而版式也包含幻灯片的主题（颜色、字体、效果和背景）。PowerPoint 中包含 9 种内置幻灯片版式，用户也可以创建满足特定需求的自定义版式，并与使用 PowerPoint 创建演示文稿的其他人共享。

PowerPoint 2016 在新建幻灯片的同时，可以选择"幻灯片版式"。对于已经建立的幻灯片，可以改变已经选定的版式。操作步骤如下：

① 选中需要改变版式的幻灯片。

② 单击"开始"→"幻灯片"→"版式"按钮，弹出"幻灯片版式"下拉列表框，从中选择一个版式，单击后原幻灯片的版面就会被新的版式所代替。

5.4.2　主题

使用主题可以简化专业设计师水准的演示文稿的创建过程。主题是主题颜色、主题字体和主题效果三者的组合，可以作为一套独立的选择方案应用于文件中。

对于现有的演示文稿也可以更换主题，操作步骤如下：

① 在 PowerPoint 2016 窗口中，单击"设计"→"主题"→"其他"按钮，弹出"所有主题"列表框，如图 5-27 所示。

② 在某个主题上右击，弹出如图 5-28 所示的右键菜单，在其中可以选择"应用于所有幻灯片"命令，将所有幻灯片设置为统一的主题，或选择"应用于选定幻灯片"命令将选定的幻灯片设置为所选的主题。若单击某一主题将默认应用于所有幻灯片。

> 📖 注意：
>
> 将主题应用到演示文稿中时，新主题的母版和配色方案将取代原演示文稿的母版和配色方案。

5.4.3　主题颜色、字体及效果

PowerPoint 2016 提供了多种颜色方案，用户可以根据需要进行选择。对幻灯片应用主题后，单击"设计"→"变体"→"其他"按钮，在下拉列表中可对幻灯片的"颜色""字体""效果"和"背景样式"进行设置，如图 5-29 所示。

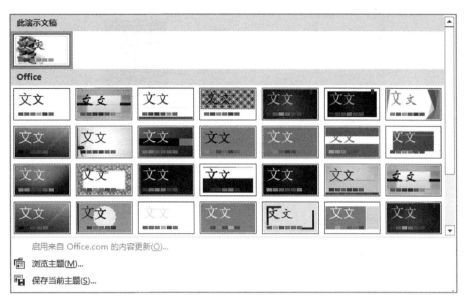

图 5-27 "所有主题"列表框

图 5-28 "主题"的右键菜单

1. 应用内置的主题颜色

当用户新建一份演示文稿后，PowerPoint 2016 会自动为演示文稿中的幻灯片运用一种配色方案。用户可以查看该文稿所采用的配色方案，如果对当前的配色方案不满意，还可以从 PowerPoint 2016 所提供的一系列内置配色方案中选择一种满意的方案来代替当前的配色方案。操作步骤如下：

① 打开一个已应用配色方案的演示文稿，单击"设计"→"变体"→"其他"按钮，在下拉列表中选择"颜色"菜单项，弹出如图 5-30 所示的"主题颜色"列表框。

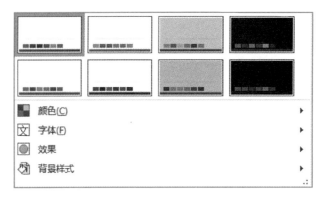

图 5-29　主题颜色

②　在"主题颜色"列表框中选择一种最满意的配色方案，鼠标右击，若在右键菜单中选择"应用于所有幻灯片"命令，该配色方案应用于当前文稿的所有幻灯片；若在右键菜单中选择"应用于所选幻灯片"命令，该配色方案应用于当前选择的幻灯片。

2. 新建主题颜色

如果需要更加丰富、更富个性化的配色方案。操作步骤如下：

①　在如图 5-30 所示的"主题颜色"列表框中，选择"自定义颜色"命令，打开"新建主题颜色"对话框，如图 5-31 所示。

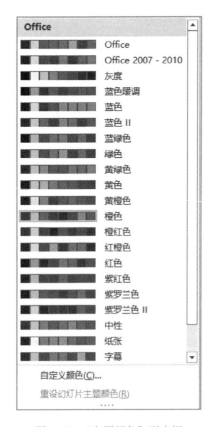

图 5-30　"主题颜色"列表框

图 5-31　"新建主题颜色"对话框

② 在"主题颜色"选项组中选择需要修改的颜色，再单击右侧"更改颜色"按钮，弹出相应的颜色对话框，选择需要的颜色。

③ 在"名称"文本框中输入新建主题颜色的名称，单击"保存"按钮，则当前主题颜色保存在"主题"组的"颜色"下拉列表中。

3. 主题字体

主题字体是应用于文件中的主要字体和次要字体的集合。每个 Office 主题均定义了两种字体：一种用于标题；另一种用于正文文本。二者可以是相同的字体，也可以是不同的字体。PowerPoint 使用这些字体构造自动文本样式。此外，用于文本和艺术字的快速样式库也会使用这些相同的主题字体。

更改主题字体的操作步骤如下：

① 在图 5–29 中，选择"字体"菜单项，则弹出"主题字体"列表框，如图 5–32 所示。

② 在"主题字体"列表框中选择一种最满意的字体，单击可以应用于所有幻灯片。

新建主题字体操作步骤如下：

① 在如图 5–32 所示的"主题字体"列表框中，选择"自定义字体"命令，打开"新建主题字体"对话框，如图 5–33 所示。

② 分别为标题和正文设置西文字体和中文字体。

③ 在"名称"文本框中输入新建主题字体的名称，单击"保存"按钮，则当前主题字体保存在"主题"组的"字体"下拉列表中。

图 5–32 "主题字体"列表框

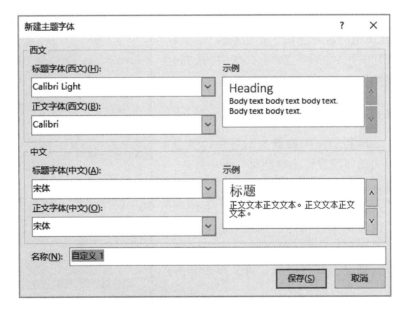

图 5–33 "新建主题字体"对话框

4. 主题效果

主题效果是应用于文件中元素的视觉属性的集合。指定如何将效果应用于图表、SmartArt 图形、形状、图片、表格、艺术字和文本。通过使用主题效果库，可以替换不同的效果集以快速更改对象的外观。虽然不能创建自己的主题效果集，但是可以选择要在自己的主题中使用的效果。

更改主题效果的操作步骤如下：

① 在图 5-29 中，选择"效果"菜单项，则弹出"主题效果"列表框，如图 5-34 所示。

② 在"主题效果"列表框中选择一种最满意的效果，单击可以应用于所有幻灯片。

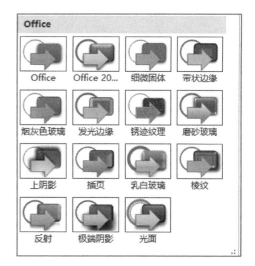

图 5-34　"主题效果"列表框

5.4.4　背景设置

在 PowerPoint 2016 中，为了使幻灯片的效果更加精美和强调演示文稿的某些部分，可以更改幻灯片、备注和讲义的背景颜色。设置背景颜色的具体步骤如下：

① 打开要设置背景的幻灯片。

② 在图 5-29 中，选择"背景样式"→"设置背景格式"命令，则在窗口右侧显示"设置背景格式"任务窗格，如图 5-35 所示。

③ 在"填充"选项中选择一种填充方式，并设置相应的属性。

④ 选择好要使用的背景色后，则当前设置的背景只对当前幻灯片有用；如果单击"全部应用"按钮，则当前演示文稿中所有幻灯片都会更改背景。

5.4.5　幻灯片母版

微课 5-6
幻灯片母版

母版是一类特殊的幻灯片，对母版的任何设置将影响到每一张幻灯片，而且这种影响将无法在普通幻灯片中更改。例如，希望每张幻灯片上的同样位置都出现同样的元素对象，则利用母版可以实现。PowerPoint 2016 有 3 种主要的母版分别是幻灯片母版、讲义母版和备注母版。

1. 幻灯片母版

幻灯片母版是存储有关应用的设计模板信息的

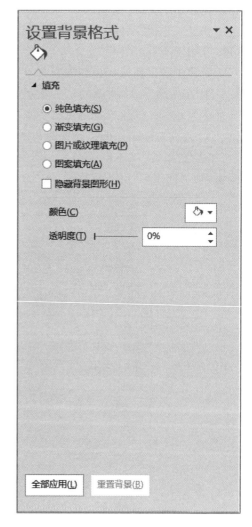

图 5-35　"设置背景格式"任务窗格

幻灯片，它包括字形、占位符大小和位置、背景设计和配色方案。其目的是使用户进行全局更改，并使此更改应用到演示文稿的所有幻灯片中。

单击"视图"→"母版视图"→"幻灯片母版"按钮，打开"幻灯片母版"视图，如图5-36所示。

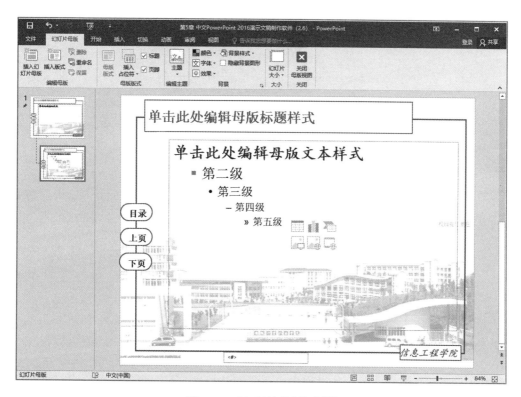

图 5-36 "幻灯片母版"视图

幻灯片母版中有 5 个占位符，分别是"母版标题样式""母版文本样式""日期区""页脚区"和"数字区"。

在幻灯片母版中选择相应的占位符就可以设置字符格式和段落格式等，保持所有幻灯片的统一风格。

日期、页脚和页码的设置是在母版状态下单击"插入"→"文本"→"页眉和页脚"按钮，打开"页眉和页脚"对话框，如图 5-37 所示。

进行相应的设置后单击"全部应用"按钮，给所有幻灯片添加了统一的内容。

2. 讲义母版

讲义母版用来格式化讲义。如果要更改讲义中页眉和页脚内文本、日期或页码的外观、位置和大小，这时就可以更改讲义母版。

3. 备注母版

备注可以充当演讲者的脚注，它提供现场演示时演讲者所能提供给听众的背景和细节情况。备注母版用来格式化备注页。

图 5-37　"页眉和页脚"对话框

5.5　特 效 处 理

特效处理

PPT

微课 5-7
幻灯片切换
设置

5.5.1　幻灯片切换设置

在演示文稿放映过程中由一张幻灯片进入另一张幻灯片称为幻灯片之间的切换。幻灯片切换效果是在演示期间从一张幻灯片移到下一张幻灯片时在"幻灯片放映"视图中出现的动画效果。用户不但可以控制切换效果的速度，添加声音，而且还可以对切换效果的属性进行自定义。

1. 设置幻灯片切换效果

设置幻灯片切换效果的操作步骤如下：

① 选中需要设置切换效果的幻灯片。

② 选择"切换"选项卡，其功能区如图 5-38 所示。

图 5-38　"切换"选项卡

③ 在"切换到此幻灯片"组中选择一种需要的切换效果，将应用于所选的幻灯片。

④ 修改切换效果。可以修改"持续时间"右侧文本框中的时间来修改幻灯片切换的速度。

在"声音"下拉列表框中可以选择一种声音在幻灯片切换时播放。

⑤ 设置"换片方式"。选中"单击鼠标时"复选框,表示单击操作时切换幻灯片;选中"设置自动换片时间"复选框,可以人工设置幻灯片切换时间,如每隔 1 秒自动切换。

2. 人工设置幻灯片放映时间

幻灯片的放映分为人工控制和自动放映。人工放映时,可以通过键盘和鼠标的各种操作控制幻灯片展示的进度。而自动放映则不需人工干预,按照设置自动放映。在如图 5-38 所示的"切换"选项卡"计时"组中,列出了两种"换片方式"。

（1）单击鼠标换页

换片方式设置为"单击鼠标时",即人工控制方式,当用户单击鼠标或按 Enter 键时切换到下一页。

（2）按设定时间值自动换页

在"计时"组中选中"设置自动换片时间"复选框,输入希望幻灯片在屏幕上停留的秒数。这样就设置了幻灯片的放映时间。如果两个复选框都选中,即保留了两种换页方式,那么在放映时则以较早发生的为准。如果设定时间未到,单击鼠标就切换幻灯片,反之亦然。如果同时取消了两个复选框的选择,在幻灯片放映时,只有在鼠标右击,在弹出的快捷菜单中选择"下一页"命令才能切换幻灯片。

对话框中的参数设置完毕以后,将切换效果应用到选定的幻灯片上;单击"应用到全部"按钮,将切换效果应用到所有幻灯片上。

5.5.2 动画设置

PowerPoint 2016 为用户提供了强大的动画设置功能。动画效果是指给文本和对象添加特殊视觉效果,使用幻灯片设计中的动画方案就可以实现,目的是突出重点,增加演示文稿的趣味性和感染力。PowerPoint 的动画设计功能丰富且使用方便,所有动画设计功能都集成到菜单栏的功能区中。

微课 5-8
动画设置

1. 添加动画

PowerPoint 2016 提供了多种动画设置,可以快速设置文字对象、图形对象的动画效果,具体操作步骤如下:

① 选中需要设置动画效果的对象。

② 选择"动画"选项卡,如图 5-39 所示,有"预览""动画""高级动画"和"计时"4 个组。

图 5-39 "动画"选项卡

③ 在"动画"组中选择一种合适的动画效果,将应用于所选对象。

④ 单击"预览"组中的"预览"按钮,查看动画效果。

2. 设置高级动画效果

可以对动画的选项进行设置,增强动画效果。操作步骤如下:

① 选中需要设置动画效果的对象。

② 单击"动画"→"高级动画"→"动画窗格"按钮,打开如图 5-40 所示的"动画窗格"任务窗格。在动画窗格中可以查看已设动画的时序情况。

③ 在图 5-39 中,单击"添加动画"按钮,在弹出的下拉列表中可以设置该对象"进入""强调""退出"和"动作路径"4 类动画效果, 如图 5-41 所示。

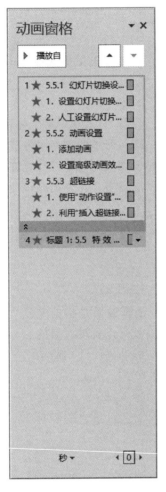

图 5-40　"动画窗格"任务窗格

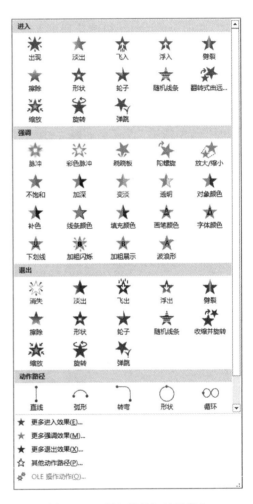

图 5-41　"添加效果"级联菜单

④ 在图 5-39 中, 设置"开始"下拉列表框,如图 5-42 所示,默认是"单击时"开始显示动画效果。如果希望自动播放动画,则选择"与上一动画同时"选项即与前一动画同时进行,选择"上一动画之后"选项则在前一动画播放结束后自动启动动画。

在"动画窗格"任务窗格中可重复为多个对象设置动画,通过 ⮝ 或 ⮟ 按钮调整各个对象的播放顺序。

⑤ 设置"持续时间"和"延迟"项。可以设置所选对象播放时的速度和开始播放的时间。其设置效果可以查看"动画窗格"

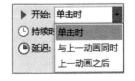

图 5-42　"计时"选项组部分

中的时序变化。

⑥ 完成设置后，可通过单击"播放"按钮来观看所设置的效果。

5.5.3 超链接

用户在演示文稿中可以通过超链接来实现从当前幻灯片跳转到某个特定的地方，如跳转到第 1 张幻灯片、另一个演示文稿或某个 Internet 地址。可以为任何对象创建超链接，如文本、图形和按钮等。如果图形中有文本，可以对图形和文本分别设置超链接。

微课 5-9
超链接

> 📖 注意：
>
> 只有在演示文稿放映时，超链接才能被激活。

1. 使用"操作设置"创建超链接

在创建超链接之前应保存要插入超链接的演示文稿，否则不能创建相应的链接。操作步骤如下：

① 打开演示文稿，定位到要添加超链接的幻灯片，选择用于代表超链接的文本或对象。

② 单击"插入"→"链接"→"动作"按钮，打开如图 5-43 所示的"操作设置"对话框，该对话框中有"单击鼠标"和"鼠标悬停"两个选项卡。如果要使用单击启动跳转，切换到"单击鼠标"选项卡；如果使用鼠标移过启动跳转，切换到"鼠标悬停"选项卡。

③ 在"超链接到"下拉列表框中选择链接目标，如 URL（即 Internet 上的网址），单击"确

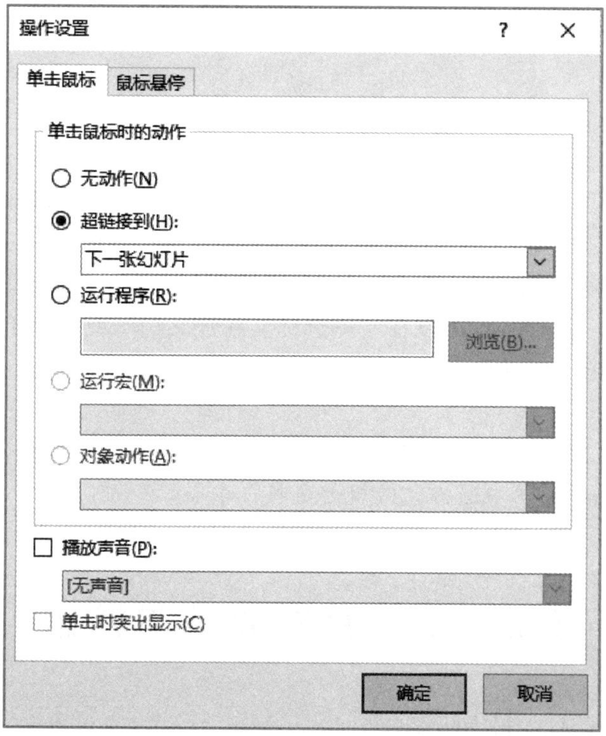

图 5-43 "操作设置"对话框

定"按钮。

2. 利用"插入超链接"创建超链接

利用"插入超链接"创建超链接的操作步骤如下：

① 在幻灯片视图中，选中幻灯片上要创建超级链接的文本或对象。

② 单击"插入"选项卡→"链接"→"链接"按钮，打开"插入超链接"对话框，如图 5-44 所示。

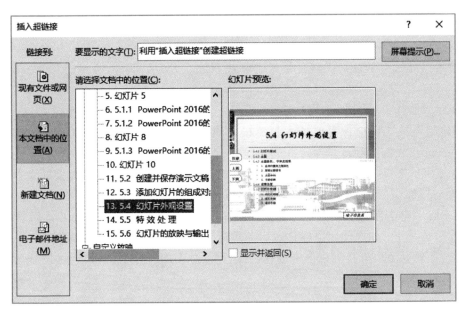

图 5-44　"插入超链接"对话框

③ 在左侧选择"原有文件或网页"选项，再单击中间的"当前文件夹"按钮、"浏览过的网页"按钮或"最近使用过的文件"按钮，分别选择不同的链接目标。可以在地址后的下拉列表框中选择浏览过的 Web 地址，也可以自己输入要链接到的 Web 地址。

④ 在左侧选择"本文档中的位置"选项，可以链接到本演示文稿中的任意一张幻灯片上，例如，第一张或最后一张等。还可以在左侧选择"新建文档"或"电子邮件地址"选项，设置链接到新建文档或电子邮件地址。

> 📖 注意：
>
> 　创建超链接后，用户可以根据需要随时编辑或更改超链接的目标。先选中超链接，鼠标右击，在弹出的快捷菜单中选择"编辑超链接"命令。

5.6　幻灯片的放映与输出

5.6.1　放映方式

在 PowerPoint 2016 中，可以根据需要使用不同的方式进行幻灯片的放映。

单击"幻灯片放映"→"设置"→"设置幻灯片放映"按钮，打开如图 5-45 所示的"设置放映方式"对话框，选择幻灯片放映方式。

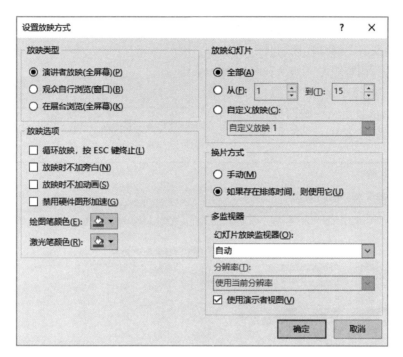

微课 5-10
放映方式

图 5-45 "设置放映方式"对话框

1. 演讲者放映（全屏幕）

演讲者放映是常规的放映方式。在放映过程中，可以使用人工控制幻灯片的放映进度和动画出现的效果；如果希望自动放映演示文稿，可以设置幻灯片放映的时间，使其自动播放。

2. 观众自行浏览（窗口）

如果演示文稿在小范围放映，同时又允许观众动手操作，可以选择"观众自行浏览（窗口）"方式。在这种方式下，演示文稿出现在小窗口内。

3. 在展台浏览（全屏幕）

如果演示文稿在展台、摊位等无人看管的地方放映，可以选择"在展台浏览（全屏幕）"方式，并且在每次放映完毕后，如果在 5min 内观众没有进行干预，会重新自动播放。

5.6.2　自定义放映

把一套演示文稿，针对不同的观众，将不同的幻灯片组合起来，形成一套新的幻灯片，并加以命名，然后根据不同的需要，选择其中自定义放映的名称进行放映，这就是自定义放映。操作步骤如下：

① 在演示文稿窗口中，单击"幻灯片放映"→"开始放映幻灯片"→"自定义幻灯片放映"按钮，在下拉列表中选择"自定义放映"命令，打开"自定义放映"对话框，如图 5-46 所示。

② 单击"新建"按钮，弹出"定义自定义放映"对话框，如图 5-47 所示。

③ 在该对话框的左侧列表框中列出了演示文稿中的所有幻灯片的标题,从中选择要添加到自定义放映的幻灯片,单击"添加"按钮,这时选定的幻灯片就出现在右边列表框中。当右边列表框中出现多个幻灯片标题时,可通过右侧的上、下箭头调整顺序。如果右侧列表框中有选错的幻灯片,选中该幻灯片后,单击"删除"按钮就可以从自定义放映幻灯片中删除,但它仍然在原演示文稿中。

图 5-46　"自定义放映"对话框

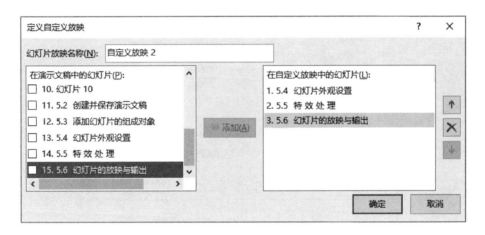

图 5-47　"定义自定义放映"对话框

④ 幻灯片选取并调整完毕后,在"幻灯片放映名称"文本框中输入名称,单击"确定"按钮,返回"自定义放映"对话框,如果要预览自定义放映,单击"放映"按钮。

⑤ 如果要添加或删除自定义放映中的幻灯片,单击"编辑"按钮,重新进入"定义自定义放映"对话框,利用"添加"或"删除"按钮进行调整。如果要删除整个自定义的幻灯片放映,可以在"自定义放映"对话框中选择其中要删除的自定义名称,然后单击"删除"按钮,则自定义放映被删除,但原来的演示文稿仍存在。

5.6.3　放映控制

在 PowerPoint 2016 中,放映幻灯片有以下几种方法:

方法 1:单击演示文稿窗口右下角的 豆 按钮。

方法 2:在"幻灯片放映"选项卡"开始放映幻灯片"选项组中,可以选择"从头开始""从当前幻灯片开始""联机演示"和"自定义幻灯片放映"四种开始放映的方式。

方法 3:按 F5 功能键。

在幻灯片放映过程中可右击,通过弹出的快捷菜单控制放映进程。鼠标可以在箭头和绘图笔间进行切换。鼠标作为绘图笔使用时,可以在显示屏幕上标识重点和难点、写字、绘图等。可以通过快捷菜单中的"指针选项"切换绘图笔颜色。在幻灯片放映过程中按 F1 功能键可获得帮助信息。

5.6.4　演示文稿的打印

使用 PowerPoint 2016 建立的演示文稿，除了可以在计算机屏幕上进行电子展示外，还可以将它们打印出来长期保存。PowerPoint 2016 的打印功能强大，可以将幻灯片打印到纸上，也可以打印到投影胶片上，通过投影仪来放映；还可以制作成 35 mm 的幻灯片，通过幻灯机来放映。

在打印演示文稿之前，首先要对幻灯片的页面进行设置，也就是以什么形式、什么尺寸来打印幻灯片及其备注、讲义和大纲。操作步骤如下：

① 单击"设计"→"自定义"→"幻灯片大小"按钮，弹出"幻灯片大小"下拉菜单，选择"自定义幻灯片大小"命令，打开"幻灯片大小"对话框如图 5-48 所示。

② 在"幻灯片大小"下拉列表框中选择幻灯片输出的大小，包括全屏显示、35 mm 幻灯片（制作 35 mm 的幻灯片）和自定义选项。如果选择了"自定义"选项，应在"宽度""高度"微调框中输入相应的数值。如果不以"1"作为幻灯片的起始编号，则应在"幻灯片编号起始值"微调框中输入起始编号。

③ 在"方向"选项组中可以设置幻灯片的打印方向。演示文稿中的所有幻灯片将为

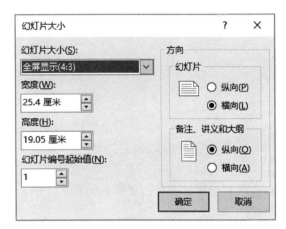

图 5-48　"幻灯片大小"对话框

同一方向，不能为编号不同的幻灯片设置不同的方向。

④ 备注、讲义和大纲可以和幻灯片的方向不同。设置完成后单击"确定"按钮。页面设置完成后，可以直接单击"快速访问工具栏"中的 ▣ 按钮进行打印。

5.6.5　打包演示文稿

在一台计算机上创建的演示文稿有时需要拿到另一台计算机上播放，如果其他计算机没有安装 PowerPoint 软件或安装的版本较低，致使演示文稿无法播放或很多动画效果无法展示，此时可以使用"打包"功能将演示文稿和字体打包到一起，也能将 PowerPoint 2016 播放器和演示文稿一起打包，从而顺利展示演示文稿。

1. 打包

打包的具体操作步骤如下：

① 打开要打包的演示文稿，选择"文件"→"导出"命令，单击"将演示文稿打包成 CD"按钮，在右侧单击"打包成 CD"按钮，打开如图 5-49 所示的"打包成 CD"对话框。

② 单击"添加"按钮，在打开的对话框中选择要打包的演示文稿，默认是当前文件。

③ 单击"选项"按钮，设置演示文稿的播放方式及保护选项等。

④ 单击"复制到 CD"按钮将打包文件输出到 CD 光盘，此项需要有刻录机，直接将打包的文件刻录到光盘。

⑤ 单击"复制到文件夹"按钮将打包生成的文件复制到指定的文件下。

图 5-49　"打包成 CD"对话框

当打包结束时，系统会给出提示信息，并在目标位置上建立打包文件。

2. 播放打包的文件

打开打包时生成的文件夹，双击 pptview.exe 文件，将弹出 Microsoft Office PowerPoint Viewer 对话框，选中需要播放的演示文稿，单击"打开"按钮，即可开始放映演示文稿。

本 章 小 结

PowerPoint 2016 作为一个完善的演示文稿制作软件，支持文字、图形、图表、声音和视频等多媒体对象，同时，为这些对象提供了操作简单、功能丰富的动画效果制作方法。

本章主要介绍了 PowerPoint 2016 的主要功能，包括如何建立演示文稿、如何设置演示文稿中的各种动画效果、如何在 PowerPoint 2016 中插入超链接等。同时，为了取得更好的播放与演示效果，还介绍了如何设置幻灯片的放映方式、幻灯片的打包、打印等相关操作。

习　题　5

一、单项选择题

1. PowerPoint 2016 演示文稿的扩展名是（　　　）。
　　A. pps　　　　　　　　　B. xls　　　　　　　　　C. pot　　　　　　　　　D. pptx
2. 在 PowerPoint 2016 中，要修改"主题颜色"，应选择的选项卡是（　　　）。
　　A."开始"　　　　　　B."视图"　　　　　C."设计"　　　　　　D."切换"
3. 在 PowerPoint 2016 中，消除幻灯片中对象的动画效果的方法是（　　　）。
　　A. 单击"动画"→"动画"→"无"按钮
　　B. 单击"动画"→"自定义动画"按钮,在打开的对话框中的"检查动画幻灯片对象"
　　　栏中，取消选中该对象前的复选框

  C. 单击"切换"→"预设动画"→"关闭"按钮

  D. 单击"幻灯片放映"→"动作设置"→"关闭"按钮

4. 在 PowerPoint 2016 中，为了设置幻灯片的切换方式，可以（ ）。

  A. 单击"动画"→"切换到此幻灯片"组中的命令按钮

  B. 单击"编辑"→"切换到此幻灯片"组中的命令按钮

  C. 单击"切换"→"切换到此幻灯片"组中的命令按钮

  D. 单击"视图"→"切换到此幻灯片"组中的命令按钮

5. 在 PowerPoint 2016 的演示文稿中，新建一张幻灯片的操作为（ ）。

  A. 选择"文件"→"新建"命令

  B. 单击"插入"→"新幻灯片"按钮

  C. 单击快速工具栏中的"新建"按钮

  D. 选择"开始"→"新建幻灯片"

6. PowerPoint 2016 中文字排版没有的对齐方式是（ ）。

  A. 居中   B. 分散对齐   C. 右对齐   D. 向上对齐

7. PowerPoint 2016 窗口中视图切换按钮有（ ）个。

  A. 4   B. 3   C. 5   D. 7

8. 在 PowerPoint 2016 中打开文件，以下正确的是（ ）。

  A. 只能打开 1 个文件

  B. 最多能打开 4 个文件

  C. 能打开多个文件，但不可以同时将它们打开

  D. 能打开多个文件，可以同时将它们打开

9. 在 PowerPoint 2016 中，如果希望在演示过程中终止幻灯片的演示，则随时可按（ ）快捷键实现。

  A. Delete   B. Ctrl+E   C. Shift+C   D. Esc

10. 在 PowerPoint 2016 中，能出现"排练计时"按钮的选项卡是（ ）。

  A. 动画   B. 切换

  C. 开始   D. 幻灯片放映

二、操作题

依照如图 5-50 所示的幻灯片效果图完成下列操作。

操作要求如下。

① 将第 3 张幻灯片版式改为"垂直排列标题与文本"。

② 将第 2 张幻灯片加上标题"启动与关闭"，设置字体和字号为隶书、48 磅。

③ 将全文幻灯片的切换效果都设置成"垂直百叶窗"，持续时间 1.5 s。

④ 设置第 3 张幻灯片标题框在 3 s 后自动播放。

图 5-50 操作题效果图

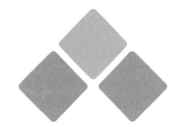

第 **6** 章

信 息 检 索

【本章工作任务】

✓ 在了解信息检索概念和方法技术的基础上实现检索词选取
✓ 使用百度检索自己专业学习上需要的资料
✓ 使用中国知网和维普期刊网检索自己专业学习上需要的文献
✓ 为自己设计一份就业信息检索的需求

【本章知识目标】

✓ 了解信息检索的概念、类型、方法和技术
✓ 掌握常用网络搜索引擎
✓ 理解常用数据库和专利的概念和特征
✓ 了解就业信息检索的途径

【本章技能目标】

✓ 掌握检索词的选取技术
✓ 掌握百度搜索引擎的使用方法
✓ 掌握中国知网和维普期刊网的使用方法
✓ 掌握中国专利检索与分析系统的应用
✓ 掌握就业信息检索技术

【本章重点难点】

✓ 检索词的选取
✓ 百度搜索引擎的使用
✓ 中国知网的使用
✓ 就业信息的检索

信息检索概述
PPT

6.1 信息检索概述

信息检索就是从信息集合中找出所需信息的过程，也就是人们通常所提及的信息查询（Information Retrieval 或 Information Search）。

信息检索能力是信息素养的集中表现，提高信息素养最有效的途径是通过学习信息检索的基本知识，进而培养自身的信息检索能力。

6.1.1 信息检索的过程

信息检索是用户信息需求与文献信息集合的比较和选择，是两者匹配的过程，是用户从特定的信息需求出发，对特定的信息集合采用一定的方法、技术手段，根据一定的线索与规则从中找出相关的信息。信息存储和信息检索的一般过程如图 6-1 所示。

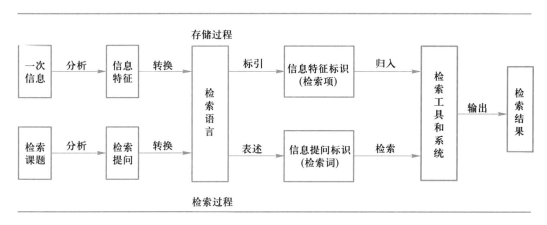

图 6-1 信息存储和信息检索的一般过程

广义的信息检索应包括信息的标引与存储和信息的检索两个过程。信息标引是指对海量的无序信息按照一定的特征，用特定的标引语言进行著录、标记和组织，使之有序化，形成可供用户检索的检索点的过程；信息存储是指对经过标引的信息进行筛选，形成检索文档和信息数据库的过程。信息的标引与存储是信息组织人员后台建立检索系统的过程。

检索表达实际上是指用户将自己的需求，按照系统提供的方法和要求，将检索词用逻辑运算符连接起来，形成系统可理解和运算的查询串的过程。它主要由检索词、逻辑运算符、检索指令（检索语法）等构成。检索词是检索式的主体；而逻辑运算符和检索指令则根据具体的查询要求，从不同的角度对检索词进行检索限定。

怎样才能保证信息存得进又取得出呢？那就是存储与检索所依据的规则必须一致。也就是说，标引者与用户必须遵守相同的标引规则。这样，无论什么样的标引者，只要对同一篇文献的标引结果一致，不论由谁来检索，都能查到这篇文献。

6.1.2 信息搜索与检索

在现实生活中，个体往往面临各种需求，如找工作、找对象、购物、出门旅游、学习等，都需要搜索信息，这些信息的获取可能没有严格与规范的检索系统，没有确定与明确的匹配方法，就连检索需求可能都是游弋不定的。但只要是搜索或者查找，就应该有一些规律可循，一些方法可用。

1. 信息搜索与检索的共同点

信息搜索与信息检索的共同点主要表现在以下 4 个方面。

① 目标的定位，即需求的确定。

② 在何处找，即应该使用何种信息源，这个信息应该在哪里。

③ 如何找，即找寻的方法与策略。

④ 结果是否满意，即找寻的结果是否满足信息需求，如果不满意，如何调整。

2. 信息搜索与检索的区别

信息搜索与信息检索有着多方面的不同之处，主要表现在过程、方法、用途和效率等方面，具体见表 6-1。

表 6-1　信息检索与信息搜索的区别

对比项	检索	查找、搜索、搜寻
英文	Retrieval	Search
过程和方法	有一定的策略，系统地查找资料	随机或更随意一些
技能	需要一定的专门知识和技能	简单，任意词
用途	课题或专题	日常生活
结果	检索前通常不知道会有什么结果	通常知道结果
效率	迅速、准确	一般

【经典案例 6-1】　购房信息查询。如果个体能确定购房需求的价位、户型、区域、环境，了解在房交会、当地的房管局与房地产交易中心、媒体获取购房信息的方式，了解网络查询、朋友介绍、实地考察等获取购房信息的方式，知道对获取到的信息进行分析与权衡，并与自己的购买力、购买需求进行匹配。那么个体的购房会相对理性与轻松，不会被促销误导或产生盲目冲动的购买行为。

6.1.3　信息检索的类型

信息检索具有广泛性与多样性，根据各种具体信息检索的特点，可以将信息检索从内容、手段与检索方式等维度进行细分，如图 6-2 所示。

最常用的是按检索结果内容划分，有数据信息检索、事实信息检索和文献信息检索。

1. 数据信息检索

数据信息检索（Data Information Retrieval）是将经过选择、整理、鉴定的数值数据存入数据库中，根据需要查出可回答某一问题的数据的检索。既包括物质的各种参数、电话号码、银行账号、观测数据、统计数据等数字数据，也包括图表、图谱、市场行情、化学分子式、物质的各种特性等非数字数据。数据检索是一种确定性检索，信息用户检索到的各种数据，是经过专家测试、评价、筛选的，可直接用来进行定量分析。

例如，检索"2020 年中国国民生产总值是多少？"和"中国电信的客服电话是多少？"。

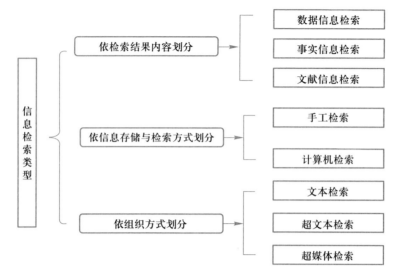

图 6-2　信息检索的类型

2. 事实信息检索

事实信息检索（Fact Information Retrieval）是将存储于数据库中的有关某一事件发生的时间、地点、经过等情况查找出来的检索。其检索对象既包括事实、概念、思想、知识等非数值信息，也包括一些数据信息，但需要针对查询要求，由检索系统进行分析、推理后，再输出最终结果。

例如，检索"联想集团的创始人是谁？它在哪个交易所上市？"。

3. 文献信息检索

文献信息检索（Document Information Retrieval）是将存储于数据库中的关于某一主题文献的线索查找出来的检索。检索结果往往是一些可供研究课题使用的参考文献的线索或全文。文献检索是信息检索的核心部分。根据检索内容，文献检索又可分为书目检索和全文检索。

例如，"地震与海啸有些什么关联？"，这就需要检索主体根据课题要求，按照一定的检索标识（如主题词、分类号等），从数据库中查出所需要的文献。

> 📖 注意：
>
> 在数据信息检索和事实信息检索中，用户需要获得的是某一事物或某一数据的具体答案，是一种确定性检索，一般利用参考工具书；如果检索的事物与数据是一些大众化、公开性或者常识类信息，则可通过搜索引擎直接查询。文献信息检索通常是检索所需要信息的线索，需要对检索结果进行进一步分析与加工，一般使用检索刊物、书目数据库或全文数据库。

6.1.4　信息检索的方法

信息检索的方法有多种，分别用于不同的检索目的和检索要求。常用的信息检索方法有常规检索法、回溯检索法、循环检索法。

1. 常规检索法

常规检索法又称常用检索法、工具检索法，它是以主题、分类、作者等为检索点，利用检索工具获得信息资源的方法。根据检索结果，常规检索法又分为直接检索法和间接检索法，间接检索法又分为顺查法、倒查法和抽查法。

（1）直接检索法

直接检索法是指直接利用检索工具进行信息检索的方法，如利用字典、词典、手册、年鉴、图录、百科全书、全文数据库等进行检索。这种方法多用于计算机检索，查找一些内容概念较稳定、较成熟、有定论可依的问题的答案。

（2）间接检索法

间接检索法主要指利用手工检索工具间接检索信息资源的方法，其适用范围和特点见表6-2。

表6-2　3种间接检索方法对比

类型	定义	适用范围	特点
顺查法	根据检索课题的起始年代，利用选定的检索工具按照由远及近、由过去到现在顺时序逐年查找，直至满足课题要求	普查一定时间的全部文献，查全率较高，并能掌握课题的来龙去脉，了解其研究历史、研究现状和发展趋势	方法费力、费时，工作量大，多在缺少评述文献时采取此法。因此可用于事实性检索
倒查法	与顺查法相反	多用于新课题、新观点、新理论、新技术的检索，检索的重点在近期信息上，只需基本满足需要	查到的信息新颖，节省检索时间。但查全率不高，容易产生漏检的现象
抽查法	针对某学科的发展重点和发展阶段，拟出一定时间范围，进行逐年检索的一种方法	根据检索需求，针对所属学科处于发展兴旺时期的若干年进行文献查找	检索效率较高，但漏检的可能性大，检索人员必须熟悉学科的发展特点

2. 回溯检索法

回溯检索法又称追溯法、引文法、引证法，是一种跟踪查找的方法。

这种检索方法不是利用确定的检索工具，而是利用已知文献的某种指引（如文献附的参考文献、有关注释、辅助索引、附录等）追踪查找文献。用追溯法检索文献，最好利用与研究课题相关的专著与综述。在检索工具不全或文献线索很少的情况下，可采用此法。

常见的追溯方式有：文章→参考文献→更多文章；作者→团体→更多作者→文章；链接→网站→更多链接；专利→发明人→论文；专利→申请人→专利等。

另外，还有专门用于追溯法的检索工具，即引文索引。这类检索工具比较著名的有《中国社会科学引文索引》和美国的《科学引文索引》。由于追溯法的有效性，目前一些非引文检索工具也采用追溯法的思想，将众多的文献关联起来。例如，在中国知网（CNKI）的各个数据库检索结果中，就有参考文献、引证文献、相似文献、读者推荐文献等。

【经典案例6-2】　通过中国知网检索张成叔在《科技通报》2015年第4期发表的论文《持续性实时监测数据的无偏风险挖掘仿真》，提供的引文链接如图6-3所示。

3. 循环检索法

循环检索法又称交替法、综合法、分段法。检索时，先利用检索工具从分类、主题、责任者、题名等入手，查出一批文献；然后选择出与检索课题针对性较强的文献，再按文献后所附的参考文献回溯查找，不断扩大检索线索，分期分段地交替进行，直到满意。

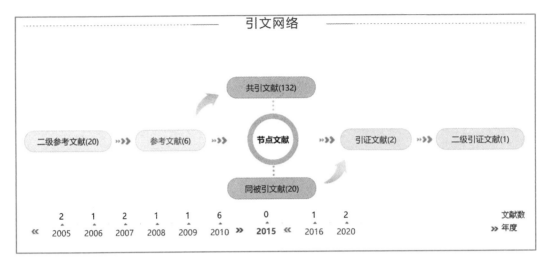

图 6-3   中国知网提供的引文链接

在实际检索中，检索主体究竟采用哪种检索方法，应根据检索条件、检索要求和检索背景等因素而定。

6.2   信息检索技术

6.2.1   信息的特征

1. 外表特征

外表特征一般包括文献的题目、作者、作者工作单位，专利和科技报告还有专利号或报告号等。这些可以表征一篇特定文献的特征，通常在文献的封面或扉页，即使不打开书本，也不看文献的具体内容就可以确定一篇文献。

2. 内部特征

深入到文献内容中，则会发现还可以用另外两种方法来表征它。

（1）一篇文献一般都论及某一方面的特定问题

也就是说，与论题相关的词出现的频率较大。研究表明，无论哪一种类型的文献，若对其中出现的词进行频率统计，会发现所有的词可分为以下三类：

① 文献中出现频率最高的词即冠词、介词和连词等，即其本身没有具体含义的词。

② 文献中出现频率较低的绝大部分词。

③ 文献中出现频率既不高也不低的词，在文献中为 3~20 个，这些词恰恰是与文献的主题相关度较大的词，通常称为文献的主题词或关键词。

（2）一篇文献还可以按照各种自然科学和社会科学的分类方法进行逐级归类，如科技论文—期刊科技论文—核心期刊科技论文

信息特征既是文献对象标识的基础，也是信息检索的基础。用信息的各种内容特征和外部特征作为检索出发点，可以从不同角度来检索相关信息。常见科技论文的组成部分与内部特征见表 6-3。

表 6–3　科技论文的组成部分与内容特征

组成部分	要求与特征
题名	以最恰当、最简明的词语反映报告、论文中最重要的特定的逻辑组合
摘要 / 文摘	反映论文核心内容和全面信息的独立性短文，是该论文最准确、最简单、最全面、最迅速的独立性报道。摘要四要素包括目的、方法、结果、结论
关键词	首选能揭示论文的核心思想与主题内容的词语，其次是论文中其他主要研究的事物的名称或研究方法等
引言 / 绪论	是论文的开场白、回顾前人的工作、概述写作的原因、阐明写作新意、与文内其他章节内容相呼应
正文	介绍论文的主要工作、实验与方法、论证过程
结论	全文的总结，要准确、完整、明确、精炼
参考文献	反映作者的治学态度，反映作者的工作起点、论文主题的历史渊源与研究进程

6.2.2　信息的检索技术

检索技术，是指利用光盘数据库、联机数据库、网络数据库、搜索引擎等进行信息检索，采用的相关技术，主要包括布尔逻辑检索、截词检索、字段检索、词位置检索、加权检索等。

1. 布尔逻辑检索

所谓布尔逻辑检索，是用布尔逻辑运算符将检索词、短语或代码进行逻辑组配来指定文献的命中条件和组配次序，用以检索出符合逻辑组配所规定条件的记录。它是计算机检索系统中最常用的一种检索方法，布尔逻辑运算符有 3 种，即逻辑与、逻辑或和逻辑非，其作用见表 6–4。

表 6–4　布尔逻辑运算符及其作用

名称	表达形式	检索式	图示	作用
逻辑与	AND、*、与、并且、并含	A AND B		缩小检索范围
逻辑或	OR、+、或者、或含	A OR B		扩大检索范围
逻辑非	NOT、–、非、不含	A NOT B		缩小检索范围

① 逻辑运算符 AND、OR、NOT 的优先顺序是 NOT>AND>OR。

② 中文数据库组配方式常用符号，英文数据库组配方式常用字母。

③ 搜索引擎通常以 "match all terms" 表示逻辑与，以 "match any term" 表示逻辑或，以 "must not contain" 表示逻辑非。

2. 截词检索

截词检索是指用给定的词干作为检索词，用以检索出含有该词干的全部检索词的记录。它可以起到扩大检索范围、提高查全率、减少检索词的输入量、节省检索时间等作用。检索时，当遇到名词的单复数形式、词的不同拼写法、词的前缀或后缀变化时均可采用此方法。

截词的方式有多种。按截断部位可分为前截断、后截断、中间截断、前后截断等；按截断字符的数量，可以分为有限截断和无限截断。各检索系统使用的截词符号各不相同，有 * 、? 、$、%等。为了叙述方便，在此将？定义为表示截断一个字符，将 * 定义为表示截断无限个字符。

3. 字段检索

字段检索是指将检索词限定在某个或某些字段中（Within），用以检索某个或某些字段含有该检索词的记录。限制检索字段通常有两种方式。

（1）通过下拉菜单选择检索字段

此时，字段名一般用全称表示，如题名、摘要、Title、Abstract等。

（2）输入检索字段符限定检索字段

此时，字段名一般用字段符表示，各检索系统的字段符各不相同。检索字段符是对检索词出现的字段范围进行限定。执行时，计算机只对指定的字段进行检索，经常应用于检索结果的调整。常用的检索字段见表6-5。

表6-5   常用的检索字段

字段全称	中文名称	简称	字段全称	中文名称	简称
Title	标题	TI	Journal Name	期刊名称	JN
Abstract	文摘	AB	Source	来源出版物信息	SO
Keywords	关键词	KE	Language	语种	LA
Subject/Topic	主题词	DE	Document Type	文献类型	DT
Author	作者	AU	Publication Year	出版年代	PY
Full-Text	全文	FT	Document No	记录号	DN
Corporate Source	单位或机构名称	CS	Country	出版国	CO

> 📖 注意：
>
> 各数据库基本检索字段标识符号不完全相同，所以在使用前必须参考各数据库的使用说明。

用户在利用搜索引擎检索信息时，可以把查询范围限定在标题、统一资源定位地址或超链接等部分，这相当于字段检索。例如，检索式"intitle：mp4"表示检出网页标题名称中含有"mp4"的网页。

【经典案例6-3】 要查询张成叔老师发表的文章，就应将"张成叔"限制在"作者"字段，如果要查询张成叔老师指导的毕业论文，就应将"张成叔"限制在"导师"字段。又如要检索关于研究老舍的论文，输入"老舍"时必须选择途径为"标题"或者"关键词"，不能选择作者途径。这是因为"老舍"在这里是被研究的对象而不是论文的作者。

选择的字段不同,得到的检索结果也会不同。选择全文字段,得到的检索结果的数量最多,但相关度最低;选择题名和关键词字段,得到的检索结果的数量最少,但相关度最高;选择文摘字段,得到的检索结果则介于两者之间。通常用核心概念、前提概念限定篇名、关键词;用次要概念、集合概念限定主题、文摘。需要注意的是限定文摘字段,会漏检没有摘要的论文。

4. 加权检索

加权检索是一种定量检索方式。加权检索同布尔检索、截词检索等一样,也是文献检索的一个基本检索手段。不同的是加权检索的侧重点并不在于判定检索词或字符串在满足检索逻辑后是不是在数据库中存在,与别的检索词或字符串的关系,而在于检索词或字符串对文献命中与否的影响程度。运用加权检索可以命中核心概念文献,因此,它是一种缩小检索范围、提高查准率的有效方法。

加权检索的基本方法是在每个检索词的后面加写一个数字,该数字表示检索词的"权"值,表明该检索词的重要程度。在检索过程中,一篇文献是否被检中,不仅看该文献是否与用户提出的检索词相对应,而且要根据它所含检索词的"权"值之和来决定。如果一篇文献所含检索词"权"值之和大于或等于所指定的权值,则该文献命中;如果小于所指定的权值,则该文献不被命中。在加权检索中,计算机检索同时统计被检文献的权值之和,然后将文献按权值大小排列,凡在用户指定阈值之上的文献作为检索命中结果输出。

5. 词位置检索

词位置检索是指在检索词之间使用位置算符,来规定算符两边的检索词出现在记录中的位置,用以检索出含有检索词且检索词之间的位置也符合特定要求的记录。

（1）词级位置算符

词级位置算符包括（W）、（N）算符,用于限定检索词的相互位置以满足某些条件。

W 是 With 的缩写,表示其两侧的检索词必须按前后顺序出现在记录中,且两词之间不允许插入其他词,只可能有空格或一个标点符号。其可扩展为（nW）,n 为自然数,表示其两侧的检索词之间最多可插入 n 个词。

N 是 Near 的缩写,（N）表示其两侧的检索词位置可以颠倒,在两词之间不能插入其他词。（nN）为其扩展,表示其两侧的检索词之间最多可插入 n 个词。

（2）子字段级或自然句级算符

子字段级或自然句级算符,用于限定检索词出现在同一子字段或自然句中,用（S）表示,S 为 Subfield 或 Sentence 的缩写,表示其两侧的检索词必须出现在同一子字段中,即一个句子或一个短语中。

例如,"rapid（S）transit",即 rapid 与 transit 在同一子字段或一个句子中。

（3）字段级算符

字段级算符,用于限定检索词出现在数据库记录中的某个字段。算符用（F）表示,F 为 Field 的缩写,例如,"air（F）pollution",表示 air 与 pollution 必须在同一个字段中出现。

📖 注意：
───

　　中文数据库中位置算符一般通过"精确"或者"模糊"来实现,"精确"表示检索词以完整形式出现,"模糊"表示检索词中间可以插入其他词。外文数据库中要完整匹配,可以用英文状态的""将检索词括起来。

6.2.3　检索式构造

检索式是指将各检索单元（其中最多的是表达主题内容的检索词）之间的逻辑关系、位置关系等，用检索系统规定的各种组配符（也称算符）连接起来，成为计算机可识别和执行的命令形式。检索式是检索策略的具体体现，它控制着检索过程。检索式是否合理关系到能否检索到最相关的信息。

针对不同搜索引擎、数据库和不同的信息需求，有不同的检索策略，其检索式的构造也各有不同。设计合理的检索式成为控制和提高检索质量的关键。检索式的表达对一个课题不是唯一的，而是有多种选择、组配、限定的。当检索过于复杂，检索要求难以用一个检索式来表达时，应该采用分步检索或二次检索以提高查准率。

编写检索式时最重要的是注意检索途径与检索词的正确匹配。例如，当选择的检索途径是关键词时，输入的检索词就必须是关键词，如果一个词不能完整地表达检索要求，需要进一步描述，只能添加关键词，用算符来连接它们，而不能用一个句子来代替。

【经典案例 6-4】　检索"法律的渊源"的中英文信息，虽然用"法律的渊源"、sources of law 这样的词组能够在一些数据库中实现检索，但是检索量少，严格来说不算是检索式。

特别要区分课题与论文标题的区别，不能进行字面的解析，字面是"与"的关系检索要用逻辑"或"的关系；反过来，有的课题则应该用逻辑"与"的关系。

【经典案例 6-5】　研究"法律与经济和政治的关系"的课题，需要检索的信息是法律与经济或者法律与政治之间的关系，因此"经济"与"政治"的关系是逻辑或，不是逻辑与，则检索式"法律*（经济+政治）"比"法律*经济*政治"检索的范围大得多。

【经典案例 6-6】　检索"防撞气囊在汽车安全中的应用"，在万方检索平台的检索策略应该是在"题名"或者"关键词"字段输入"防撞气囊"*"汽车"。但是不少学生采用了检索式"防撞气囊"+"汽车"，这样会检索到许多含有二者之一的论文，因为"防撞气囊"与"汽车"没有必然联系。

在检索式编写过程中，还要注意细节，如用短语检索时，加半角的引号，否则会得到过多的检索结果。注意合理使用词组检索，用好截词符。

【经典案例 6-7】　当以 human resource management 作为检索词时，数据库会自动将其拆分成 human AND resource AND management 进行检索，其处理原则是只要同时含有 human、resource 和 management 三个词的文献，就会作为满足条件的检索结果返回。但这些结果中有很大一部分可能都不是关于人力资源管理的。因此，当词组能准确代表某一概念时，尽量选用词组作为检索词，可大大提高查准率。数据库中词组的表示方法一般为：英文状态的双引号把短语引在中间，如"human resource management"。

6.2.4　检索词的选取

在检索过程中，最基本同时也是最有效的检索技巧，就是选择合适的检索词。确定检索词，从广义的角度来看，不仅是"词"，还应包括不同检索途径的检索输入用语，如作者途径的作者名、作者单位途径的机构名、分类途径的分类号，甚至包括邮编、街区、年份等都是检索用词。正确选择检索词是成功实施检索的一个基本环节。

1. 检索词的选取原则

难度最大的是主题途径的检索词的选择。这里的主题途径指的是广义上的特性检索途径，包括篇名、关键词、摘要等。

（1）准确性

准确性就是指选取最恰当、最专指意义的专业名词作为检索词，一般选取各学科在国际上通用的、国内外文献中出现过的术语作为检索词；选取检索词既不能概念过宽，又不能概念太窄。一般来说，常出现的问题是概念过宽或者查询词中包含错别字。

（2）全面性

全面性就是指选取的检索词能覆盖信息需求主题内容的词汇，需要找出课题涉及的隐性主题概念，注意检索词的缩写词、词形变化以及英美的不同拼法。

【经典案例6-8】 "铁路货车轴承保持架裂损分析及对策研究"，由于"裂损分析"涉及残余应力与动应力等应力分析；而"裂损"一般不作为关键词；"铁路货车"这个名称学术运用范围较窄。因此可选取的中文检索词为保持架、滚动轴承、铁路车辆、断裂、残余应力、动应力等。

（3）规范性

规范性就是指选取的检索词要与检索系统的要求一致。例如，化学结构式、反应式和数学式原则上不用作检索词；冠词、介词、连词、感叹词、代词、某些动词（联系动词、情感动词、助动词）不可作为关键词；某些不能表示所属学科专用概念的名词（如理论、报告、试验、学习、方法、问题、对策、途径、特点、目的、概念、发展、检验等）不应作为检索词；另外，非公知公用的专业术语及其缩写不得用作检索词。特称词也一般不作为检索词。

【经典案例6-9】 "成德绵产业带现代集成制造系统发展战略和关键应用技术研究"，其中"成德绵"是特称词，需替换成通用词"区域"，其采用的方法与手段是电子商务，所以选取关键词为"区域""产业带""集成制造""电子商务"。

（4）简洁性

目前的搜索引擎和数据库并不能很好地处理自然语言。因此，在提交搜索请求时，最好把自己的想法，提炼成简单的而且与希望找到的信息内容主题关联的查询词。

2. 检索词选取的方法

检索者需要根据检索需求，形成若干个既能代表信息需求又具有检索意义的概念。例如，所需的概念有几个，概念的专指度是否合适，哪些是主要的，哪些是次要的，力求使确定的概念能反映检索的需要。在此基础上，尽量列举反映这些概念的词语，供确定检索用词时参考。如果遇有规范词表的数据库，在确定检索用词时，一般优先使用规范词。

（1）主题分析法

将检索主题分为数个概念，并确定反映主题实质内容的主要概念，去掉无检索意义的次要概念，然后归纳可代表每个概念的检索词，最后将不同概念的检索词以布尔逻辑加以联结。

（2）切分法

切分法就是指将用户的信息需求语句分割为一个一个的词。例如，"电动汽车的研究现状及发展趋势"可切分为"电动汽车""研究现状""发展趋势"。

（3）试查相关数据库进行初步检索，借鉴相关文献的用词

为使用户检索更加方便快捷，中国知网、万方数据等很多系统检索结果中提供相关检索

词作为参考。也有数据库提供了检索词的扩展词、同义词、修正与提示功能。试查相关数据库，以顺藤摸瓜地扩展、变更检索词。

6.3　网络搜索引擎

6.3.1　搜索引擎的分类

1. 根据数据检索内容划分

（1）综合型

综合型搜索引擎在采集标引信息资源时不限制资源的主题范围和数据类型，又称为通用型检索工具。例如，常见的百度、搜狗等，搜索信息种类繁多。

（2）专题型

专题型搜索引擎专门采集某一主题范围的信息资源或某一类型信息，并用更为详细和专业的方法对信息资源进行标引描述。专题型检出结果虽可能较综合搜索引擎少，但检出结果重复率低、相关性强、查准率高，适用于较具体而针对性强的检索要求。目前已经涉及购物、旅游、汽车、工作、房产、交友等行业。

（3）特殊型

特殊型检索工具是指那些专门用来检索图像、声音等特殊类型信息和数据的检索工具，如查询地图及图像的检索工具等。

2. 根据数据类型划分

（1）全文搜索引擎

全文搜索引擎是目前广泛应用的主流搜索引擎，国内有著名的百度。根据搜索结果来源的不同，全文搜索引擎可分为两类：一类拥有自己的检索程序，能自建网页数据库，搜索结果直接从自身的数据库中调用，如百度；另一类则是租用其他搜索引擎的数据库，并按自定的格式排列搜索结果，如 Lycos。

（2）目录索引

目录索引是将网站分门别类地存放在相应的目录中。因此用户在查询信息时，可选择关键词搜索，也可按分类目录逐层查找。

目前，搜索引擎与目录索引有相互融合渗透的趋势。在默认搜索模式下，一些目录类搜索引擎首先返回的是自己目录中匹配的网站，如中国的搜狐、新浪、网易等；而另外一些则默认的是网页搜索，如雅虎。这种引擎的特点是搜索的准确率较高。

（3）元搜索引擎

元搜索引擎是一种与传统不同的独立搜索引擎，其本身没有搜索引擎的网页搜寻机制，

微课 6-1
百度搜索引擎

也没有自身独立的索引数据库，而只是定制统一的检索界面，通过调用其他搜索引擎的检索功能来实现网络资源的查询。

6.3.2　百度搜索引擎介绍

与人们日常学习和工作相关的主要搜索引擎有百度。百度（http://www.baidu.com）是全球最大的中文搜索引擎，2000 年 1 月由李彦宏、徐勇两人创

立于北京中关村，致力于向人们提供"简单，可依赖"的信息获取方式。"百度"二字源于中国宋朝词人辛弃疾的《青玉案》诗句："众里寻他千百度"，象征着百度对中文信息检索技术的执着追求。

2017年11月，百度搜索推出惊雷算法，严厉打击通过刷点击，提升网站搜索排序的作弊行为。以此保证搜索用户体验，促进搜索内容生态良性发展。

百度使用了超链分析，就是通过分析链接网站的多少来评价被链接的网站质量，这保证了用户在百度搜索时，越受用户欢迎的内容排名越靠前。百度总裁李彦宏就是超链分析专利的唯一持有人，该技术已为世界各大搜索引擎普遍采用。

百度的搜索服务产品主要包括网页搜索、图片搜索、视频搜索、音乐搜索、新闻搜索、地图搜索、百度学术、百度识图、百度医生和百度房产等。

百度搜索引擎的使用方法有以下几种。

（1）基本搜索

打开百度的主页"http://www.baidu.com"，如图6-4所示。在搜索框中输入需要查询的关键词，单击"百度一下"超链接，即可得到搜索结果。例如，搜索"张成叔"的结果如图6-5所示。

图6-4 百度主页

（2）高级搜索

打开百度的高级搜索主页"https://www.baidu.com/gaoji/advanced.html"，如图6-6所示，可以实现更加精准的搜索效果。根据提示，可以输入多个包含关键字和不包含的关键词，设置时间、文档格式、关键字位置等，单击"百度一下"超链接即可。可以根据搜索的结果进一步设置搜索选项。

（3）百度识图

常规图片搜索是通过输入关键词的形式搜索到互联网上的相关图片资源，而"百度识图"是一款支持"以图搜图"的搜索引擎。用户通过上传图片或输入图片地址，百度识图即可通

图 6-5　百度搜索"张成叔"的结果参考图

图 6-6　百度高级搜索页面

过世界领先的图像识别技术和检索技术，为用户展示该张图片的详细相关信息，同时也可得到与这张图片相似的其他海量图片资源，如图 6-7 所示。

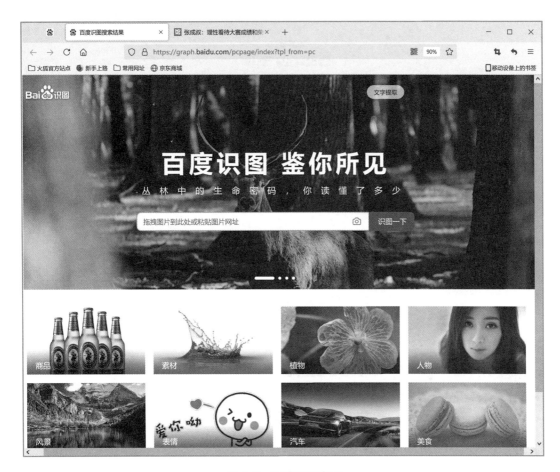

图 6-7　百度识图主页

当需要了解一个不熟悉的明星或其他人物的相关信息，如姓名、新闻等；想要了解某张图片背后的相关信息，如拍摄时间、地点、相关事件；或者手上已经有一张图片，想要找一张尺寸更大或是没有水印的原图时，通过百度识图都可以方便地获取到需要的结果。

（4）百度学术

百度学术搜索是百度旗下提供海量中英文文献检索的学术资源搜索平台，于 2014 年 6 月初上线，涵盖了各类学术期刊、会议论文，旨在为国内外学者提供最好的科研体验，如图 6-8 所示。

在百度学术搜索页面下，会针对用户搜索的学术内容，呈现出百度学术搜索提供的合适结果。用户可以选择查看学术论文的详细信息，也可以选择跳转至百度学术搜索页面查看更多相关论文，让用户自由选择。

图 6-8   百度学术主页

微课 6-2
中国知网数
据库

6.4   中文数据库和专利检索

中文数据库
和专利检索

6.4.1   中国知网学术期刊检索

1. 数据库简介

中国知网是中国知识基础设施工程（China National Knowledge Infrastructure，CNKI）网络平台的简称。目前中国知网已建成十几个系列知识数据库，其中，《中国学术期刊（网络版）》（*China Academic Journal Network Publishing Database* CAJD）是第一部以全文数据库形式大规模集成出版学术期刊文献的电子期刊，是目前具有全球影响力的连续动态更新的中文学术期刊全文数据库。

CAJD 收录我国自 1915 年以来的国内出版的 8000 余种学术期刊，内容涵盖 10 大专辑：基础科学、工程科技Ⅰ、工程科技Ⅱ、农业科技、医药卫生科技、哲学与人文科学、社会科学Ⅰ、社会科学Ⅱ、信息科技、经济与管理科学。该库有独家出版刊物和优先出版物，还有引文链接功能，有助于利用文献耦合原理扩大检索收获，还可用于个人、机构、论文、期刊等方面的计量与评价，并能共享中国知网系列数据库的各种服务功能，如 RSS 订阅推送、CNKI 汉英 / 英汉辞典、跨库检索、查看检索历史等。其全文显示格式有两种，即 CAJ 和 PDF，可直接打印，也可用电子邮件发送或存盘。

目前高校可通过云租用或本地镜像的形式购买 CAJD，校园网内的用户既可以通过图书馆中的相应链接进入，也可以直接输入网站地址（http://www.cnki.net）进入。有些单位下载期刊全文可能还要使用本单位的密码，而 CAJD 题录库在网上没有任何限制，可以免费检索。

2. 检索方式

通过地址"http://www.cnki.net"进入中国知网主页，如图 6-9 所示。单击"学术期刊"按钮，即可进入中国知网期刊检索界面。

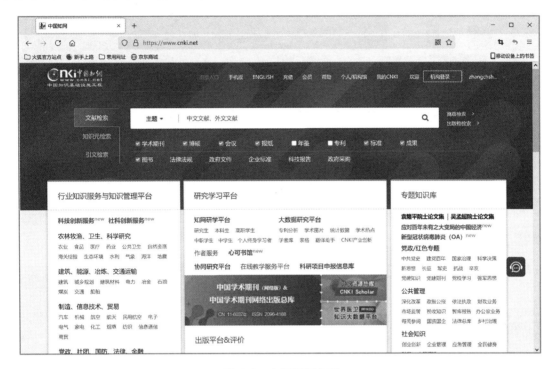

图 6-9　中国知网主页

在中国知网平台，各数据库界面及功能相似，学术期刊检索界面曾多次改版，现设有高级检索、专业检索、作者发文检索、句子检索和一框式检索，此外还有期刊导航。

（1）一框式检索

一框式检索是一种简单检索，快速方便，默认只有一个检索框，只在全文中检索，可输单词或一个词组进行检索，并支持二次检索，但不分字段，因此查全率较高、查准率较低。如图 6-10 所示为一框式查找厉以宁发表的期刊论文的结果。

（2）高级检索

高级检索是一种较一框式检索复杂的检索方式，支持使用运算符 *、+、-、''、""、( ) 进行同一检索项内多个检索词的组合运算，检索框内输入的内容不得超过 120 个字符。输入运算符 *（与）、+（或）、-（非）时，前后要空一个字节，优先级需用英文半角括号确定。若检索词本身含空格或 *、+、-、( )、/、%、= 等特殊符号，进行多词组合运算时，为避免歧义，须将检索词用英文半角单引号或英文半角双引号引起来。

例如，要查找清华大学 2016—2020 年期间申报基金项目的情况，且要求文献的来源必须是声誉较高的学术性资源（SCI 来源或者 EI 来源），检索界面如图 6-11 所示。

（3）专业检索

专业检索比高级检索功能更强大，但需要用户根据系统的检索语法编制检索式进行检索，

图 6-10   中国知网学术期刊一框式检索界面

图 6-11   中国知网学术期刊高级检索界面

适用于熟练掌握检索技术的专业检索人员。高级检索界面单击专业检索即可进入专业检索界面，专业检索只提供一个大检索框，用户要在其中输入检索字段、检索词和检索算符来构造检索表达式进行检索，如图 6-12 所示。

图 6-12 中国知网学术期刊专业检索界面

专业检索提供 21 个可检字段：SU= 主题，TKA= 篇关摘，TI= 篇名，KY= 关键词，AB= 摘要，CO= 小标题，FT= 全文，AU= 作者，FI= 第一作者，RP= 通讯作者，AF= 作者单位，LY= 期刊名称，RF= 参考文献，FU= 基金，CLC= 中图分类号，SN=ISSN，CN=CN，DOI=DOI，QKLM= 栏目信息，FAF= 第一单位，CF= 被引频次。

（4）期刊导航

单击中国知网学术期刊一框式检索界面左下角的"期刊导航"超链接，即可进入期刊导航界面，如图 6-13 所示。

期刊导航展现了中国知网目前收录的中文学术期刊，用户既可以按刊名（曾用刊名）、主办单位、ISSN、CN 四种查询方式检索期刊，又可以按照中国知网提供的 13 种期刊导航方式直接浏览期刊的基本信息及索取全文。

【**经典案例 6-10**】 检索"厉以宁"发表期刊论文的主题中含有经济及改革的文献。

由需求内容可知，本案例要检索的是厉以宁发表的期刊论文，并且主题中含有经济或含有改革的文献，该案例使用专业检索较好，在如图 6-12 所示的"检索框"中输入检索表达式为"AU= 厉以宁 AND SU= 经济 + 改革"。检索结果如图 6-14 所示。

3. 检索结果

（1）结果显示

在中国知网检索结果界面可以看到检出的文献记录总数，检索结果以"篇名、作者、刊名、发表时间、被引、下载、操作"的题录形式显示，如图 6-14 所示。若想看文章摘要、关键词、引文网络等信息，则需要单击篇名超链接，如图 6-15 所示；若要看全文，则要单击"HTML 阅读""CAJ 下载""PDF 下载"图标。

图 6-13　中国知网期刊导航界面

图 6-14　检索结果界面

图 6-15 文献摘要关键词引文网络等信息

（2）全文阅读浏览器

中国知网学术期刊的全文显示格式有 CAJ 和 PDF 两种，第一次阅读全文必须下载安装 CAJ 或 PDF 全文浏览器，否则无法阅读全文。

6.4.2 维普期刊检索

1. 数据库简介

维普期刊库是国家科学技术部西南信息中心重庆维普资讯有限公司研制开发的中文期刊服务平台，是国内最早的中文光盘数据库，也是目前国内较大的综合性文献数据库。该库收录中国境内历年出版的中文期刊 15 000 余种，回溯年限为 1989 年至今，部分期刊回溯至 1955 年，学科遍布理、工、医、农及社会科学。

购买维普期刊库的高校用户在校园网内可通过图书馆提供的链接或直接输入网址（http://qikan.cqvip.com）的方式访问该库。

2. 检索方式

维普期刊库可提供一框式检索、高级检索、检索式检索和期刊导航 4 种检索方式，并支持逻辑与、逻辑或、逻辑非和二次检索。

（1）一框式检索

一框式检索为维普期刊库的默认检索方式，可在平台首页的检索框直接输入检索表达式进行检索，如图 6-16 所示。

图 6-16   维普期刊库主页

可以选择在任意字段、题名或关键词、题名、关键词、文摘、作者、第一作者、机构、刊名、分类号、参考文献、作者简介、基金资助、栏目信息等字段中进行检索。

（2）高级检索

单击维普期刊库一框式检索检索框右侧的"高级检索"超链接，即可进入高级检索界面，如图 6-17 所示。

图 6-17   维普期刊库高级检索界面

高级检索默认情况下提供 3 行列表框式检索,可针对 14 个检索字段使用逻辑算符与、或、非进行组配检索,表框检索一次最多能进行 5 个检索词（5 行）的逻辑组配检索,可通过单击每行右端的"+""-"按钮增减表框。此外,用户还可以按时间、期刊范围、学科限定等对检索条件进行限定。

（3）检索式检索

检索式检索隐含在高级检索界面,单击"高级检索"右侧的"检索式检索"标签,即可进入"检索式检索"界面,如图 6-18 所示。

图 6-18 检索式检索界面

"检索式检索"界面虽然只有一个检索框,但不受检索词的限制,可灵活使用各种字段和逻辑算符进行检索,该检索界面很适合复杂检索。使用检索式检索时要注意:分别用 AND、OR、NOT 代表"与""或""非",检索算符必须大写且运算符两边必须空一格。检索字段要使用字段标识符表示,可参考检索框上方的检索说明。

（4）期刊导航

单击维普期刊库首页左上角"期刊导航"超链接,即可进入期刊导航界面,如图 6-19 所示。

期刊检索界面可分别按刊名、任意字段、ISSN、CN、主办单位、主编、邮发代号进行检索。页面左侧导航栏目按核心期刊（包括中国科技核心期刊、北大核心期刊、中国人文社科核心期刊、中国科学引文数据库 CSCD、中国社会科学引文索引 CSSCI 等）、国内外数据库收录（国家哲学社会科学学术期刊数据库 NSSD、日本科学技术振兴机构数据库、化学文摘网络版、哥白尼索引等）、地区、主题等聚类方式对期刊进行分组。

【经典案例 6-11】 检索《现代情报》上发表的有关信息素养或信息素质方面的文献资料。

图 6-19　期刊导航界面

由需求内容可知，本案例是要检索在《现代情报》杂志上发表的论述有关信息素养或信息素质方面的文献资料。如果使用检索式检索，在如图 6-18 所示的检索框中输入表达式"（M=信息素养 OR M=信息素质）AND J=现代情报"，检索结果按照"时效性排序"，如图 6-20 所示。

图 6-20　检索结果界面参考图

3. 检索结果

维普期刊库检索结果界面一般可显示检索条件、检出文献总篇数。检出文献可按文摘、详细、列表方式进行显示。全文显示格式有 VipOCR 和 PDF 两种，PDF 是一种标准化电子格式，目前多数数据库都采用这种全文格式，因此用户最好预先下载安装 PDF 阅读软件，否则无法阅读全文。

此外，还可以对检索结果进行"全选、清空、导出题录、引用分析、统计分析"处理。

6.4.3　专利检索

1. 专利的含义

专利是专利权的简称。专利就是受法律保护的发明，即法律保障创造发明者在一定时期内独自享有的权利。专利从不同的角度叙述有不同的含义。

微课 6-3

专利检索

（1）从法律角度上讲

专利就是专利权，是指国家专利主管机关依法授予专利申请人独占实施其发明创造的权利。专利权是一种专有的、排他性的权利，其他人未经专利权人许可，不得实施其专利，否则就是侵权。专利权是知识产权的一种，具有时间性和地域性限制。在某一个国家或地区批准的专利，仅在那个国家有效。

专利的有效期限一般为 6~20 年。我国专利法规定：发明专利权保护期限为 20 年，实用新型和外观设计专利权的保护期限为 10 年，均自申请之日起计算。

专利权只在一定期限内有效，期限届满后，其所保护的发明创造就成为社会的公共财富，任何人都可以自由使用。

（2）从技术角度上讲

专利是取得了专利权的发明创造，即指发明创造成果本身，是指享有独占权的专利技术。专利技术是受保护的技术发明。在一项技术申请专利时，申请人必须将该项技术内容详细记载于说明书中，专利说明书由各国专利局公开出版发行。因此，专利技术是不保密的。

（3）从文献信息角度上讲

专利是指专利文献。即记载着发明创造详细内容、受法律保护的技术范围的法律文书。

2. 专利的类型

我国专利主要有发明专利、实用新型专利和外观设计专利 3 种类型。

（1）发明专利

发明专利是指对产品、方法或者改进所提出的新技术方案。发明专利要求有较高的创造性水平，是 3 种专利中最重要的一种。

（2）实用新型专利

实用新型专利是指对产品的形状、构造或者其结合所提出的适于实用的新的技术方案。实用新型专利与发明专利有两点不同：一是技术含量比发明专利的低，所以有人称之为"小发明"；二是保护期限比发明专利要短。

（3）外观设计专利

外观设计专利是指对产品形状、图案、色彩或者其结合所做出的富有美感并适于工业上应用的新设计方案，注重装饰性和艺术性。

3. 专利的特点

并不是所有的发明都能自动成为专利，它必须要经过一定的程序，如申请、审查、授权等。此外，发明专利和实用新型专利还应具备新颖性、创造性和实用性，即通常所说的专利"三性"。

（1）新颖性

新颖性是指申请日之前没有同样的发明。

（2）创造性

创造性是指同申请日以前已有的技术相比，该发明具有突出的实质性特点和显著的进步，该实用新型具有实质性特点和进步。

（3）实用性

实用性是指该发明能够制造或者使用，并且能够产生积极效果。实用性应具备可实施性、再现性和有益性。可实施性是指申请专利的发明创造必须是已经完成的，使其所属技术领域的普通技术人员能够按照说明书实施；再现性是指发明创造必须具有多次重复再现的可能性，即能在工业上重复制造出产品来；有益性是指发明创造实施后能够产生一定的经济或社会效益。

4. 专利的检索

国家专利检索可以通过中华人民共和国国家知识产权局（https://www.cnipa.gov.cn/）的专利检索与分析系统（http://pss-system.cnipa.gov.cn）来实现，主页如图 6-21 和图 6-22所示。

图 6-21 中华人民共和国国家知识产权局主页

图 6-22　专利检索与分析系统主页

专利检索与分析系统由国家知识产权局和中国专利信息中心开发，该专利检索系统收录 1985 年中国实施专利制度以来的全部中国专利文献，可以免费检索及下载专利说明书，数据每周更新。该系统是国内最具权威性的专利检索系统之一，检索方便。

该系统提供常规检索、高级检索、导航检索、命令行检索四种检索方式，并提供专利的法律状态查询。支持逻辑检索和截词检索。常用的检索算符有 "AND" "OR" "NOT" "%" 和 "？"，分别表示逻辑 "与" "或" "非" "无限截词" 和 "有限截词"。

该系统不支持匿名检索，必须先注册用户，再进行检索。

（1）常规检索

常规检索可以快速定位检索对象（如一篇专利文献或一个专利申请人等）。常规检索中提供了基础的、智能的检索入口，主要包括自动识别、检索要素、申请号、公开（公告）号、申请（专利权）人、发明人以及发明名称。简单检索中可以使用截词符，但不能使用逻辑算符。

① 通过发明人检索。例如，检索发明人为 "张成叔" 的专利信息，可以在 "检索框" 中输入 "张成叔"，选择 "发明人"，如图 6-23 所示。单击 "检索" 按钮，就可以检索到相关结果，如图 6-24 所示。

② 通过申请（专利权）人检索。例如，检索 "申请（专利权）人" 为 "华为" 的专利信息，如图 6-25 所示。

（2）高级检索

高级检索适用于各类用户。在高级检索方式下可以在发明专利、实用新型专利和外观设计专利数据库中进行选择，也可以对国家和地区进行选择，默认选择为全部专利和全部地区。

图 6-23   利用常规检索的信息输入

图 6-24   检索发明人为"张成叔"的专利信息参考结果

高级检索支持 14 个检索字段，系统默认各字段间为逻辑"与"检索。

（3）导航检索

在"专利检索"首页，可以通过单击页面中分类导航下面列出的八大部分进入导航检索页面，或者通过"专利检索"下拉菜单中的"导航检索"选项进入导航检索页面。

导航检索支持分类号查询、中文含义查询、英文含义查询 3 种检索方式。

（4）命令行检索

命令行检索是面向行业用户提供的专业化的检索模式，该检索模式支持以命令的方式进行检索、浏览等操作功能。

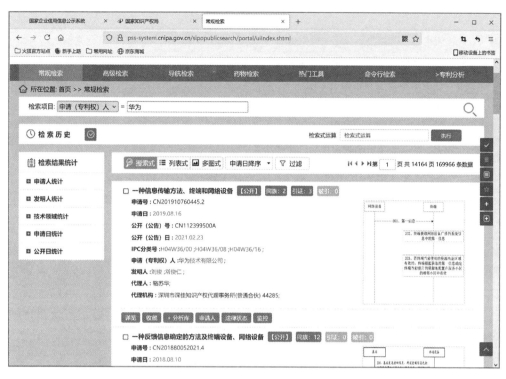

图 6-25 检索申请（专利权）人为"华为"的专利信息参考结果

6.5 就业信息检索

就业也是一种匹配行为，就是找到与自己知识、能力结构和喜好选择相匹配的企业或机构，对要加入的企业和机构进行深入了解，可以增加面试和就业的满意度。

6.5.1 企业信息检索

通过对企业的全面检索，详细检索方式见表 6-6，使用者可以加深对企业的了解，减少就业盲目性。

表 6-6 企业信息检索内容与方式

类别	检索内容	检索方式	信息源举例
企业通信	地址与联系方式	用产业特征或者地域名称在黄页检索	中国 114 黄页、中华大黄页
企业目录	企业名称与注册信息	用公司名称、产品名称或者品牌检索	万方数据资源机构库
技术信息	申请的专利	用公司名称在申请人字段检索	中华人民共和国国家知识产权局专利检索
	发表的论文	用公司名称在作者单位字段检索	中国知网 CNKI 学术期刊网络出版总库
	科技成果		中国知网 CNKI 国家科技成果数据库

续表

类别	检索内容	检索方式	信息源举例
管理信息	招聘、公司文化、治理结构	进入公司主页浏览	
产品信息	经销商与渠道	进入公司主页浏览	
	价格	用产品名称加品牌在购物网站检索	
	性能	用产品名称加品牌在网站或论坛检索	新浪数码社区
信用信息	评级	用公司名称检索	新浪财经等
	有无违规记录	用公司名称检索	在国家企业信用信息公示系统和企查查等网站

检索黄页，可以了解一个地区的企业分布情况；检索企业的信用信息，可以了解企业的规范程度，避免上当；检索企业员工发表的科技论文和申请的专利，可以了解企业的技术开发及其与自己的专业和兴趣是否吻合；检索企业所在行业的行业分析报告，可以了解一个行业的整体发展程度；检索与企业声誉、产品相关的网页、论坛与贴吧可以了解企业在网民心目中的形象。

1. 企业名录信息检索

企业名录是了解企业情况和产品信息的检索工具。企业名录一般都有以下内容：企业名称、详细地址、邮政编码、创立日期、注册资金、法人代表、联系人、联系电话、传真、职工人数、经营范围、产品及服务、年营业额、网址及 E-mail 等企业联络信息。

企业名录来源于各种信息渠道，如统计部门、管理部门、海关、商务部、工商局、行业协会、金融机构、企业信息出版物、黄页、展览会会刊、报刊媒体、互联网络、各种名录出版物等。

提供主要企业名录（信息）的网站如下。

① 商业搜索引擎（Accoona，http：//www.accoona.com）。

② 公司信息数据库（CorporateInformation，http：//www.corporateinformation.com）。

2. 企业内部信息查找

在获取到企业基本信息后，使用者可以进一步了解招聘企业的内部信息，如企业的财务信息、技术信息、治理结构、企业负责人个人信息、企业文化等。

① 通过企业主页查找企业的管理、治理结构、企业文化、财务等方面的信息。

如果该企业是上市公司，可以通过"百度股市通"搜索股票，通过查看其公司年度或季度报告了解其经营、财务状况，也可通过其主页的"投资者关系"栏目查看上市公司的经营、财务状况，对于国内企业，可通过新浪财经（http://finance.sina.com.cn）、东方财经（http://finance.eastday.com）等查找。

② 企业技术信息，包括企业的专利、科技成果、制定的标准，如企业申请的专利，可通过国家知识产权局专利检索系统查询。

③ 公司发表的论文。从公司人员发表的论文可以了解企业技术重点与管理要点。

3. 企业外部信息查找

企业外部信息主要是指行业的整体发展状况。这类信息可以通过以下途径获得。

① 行业网、行业协会／学会网、行业主管部门网站。

中国行业研究网（http://www.chinairn.com），专注市场研究的权威资讯门户，简称"中研网"，从事市场调研、投资分析、研究报告，汇集了各行业市场分析、预测报告、咨询报告、市场调查。

② 国研网、高校财经数据库、中宏产业数据库等事实性数据库。

4. 企业评价信息查找

（1）有关企业的信用信息

国家企业信用信息公示系统（http://www.gsxt.gov.cn/index.html），如图 6-26 所示。提供在全国各地工商部门登记的各类市场主体信息查询服务，包括企业、农民专业合作社、个体工商户等。用户可输入市场主体名称或注册号进行查询，注册号是精确查询，市场主体名称是模糊查询。

图 6-26　国家企业信用信息公示系统主页

（2）公司评级信息检索

在一些大型的财经网站，使用者可以查到一些企业的评级信息，尤其是上市企业的评级信息，如和讯网（http://www.hexun.com）、东方财富网（http://www.eastmoney.com）、新浪财经（http://finance.sina.com.cn）。

（3）有关企业的新闻报道

利用搜索引擎的新闻搜索功能或者各门户网站的新闻频道，可以查询有关企业的新闻报道，进而了解该企业在行业的排名，业界、媒体及消费者对该企业的评价等信息。

（4）查询企业经营信息、工商信息、信用信息的专门网站

例如，企查查（https：//www.qichacha.com）、天眼查（https：//www.tianyancha.com）等，查询失信信息（http：//zxgk.court.gov.cn），查询涉及法律诉讼（http：//wenshu.court.gov.cn）。

企业信用信息查询是人人都可使用的商业安全工具，通过查询快速了解查询企业工商信息、法院判决信息、关联企业信息、法律诉讼、失信信息、被执行人信息、知识产权信息、公司新闻、企业年报等服务。为求职或者企业经营往来提供参考。

5. 企业产品信息查找

了解产品信息，就是要对各类产品性能、质量、款式、包装、商标、价格、产量、供货量、销量，做到胸中有数。产品信息检索工具包括产品年鉴、手册、文摘、报告、样本集、产品目录、产品及其价格数据库等。

若要查找产品的价格、型号、规格、品种等信息，最快捷有效的检索工具是搜索引擎。通过搜索引擎，可以选用各种综合性或专业性产品网络、数据库、专卖店等。

6.5.2　公务员考试信息检索

自 1994 年我国开始实行国家公务员考试录用制度之后，在校园和社会上，即掀起了一股公务员考试热潮。网络上的公务员考试信息数量也随之急剧增加。公务员考试信息主要包括公务员报考指南、各地招考信息、经验交流、政策资讯、试题集锦等信息。要想在公务员考试中取得满意成绩，及时获取相关信息非常重要。

1. 报考和录取阶段信息获取

报考阶段，考生必须要对报考条件、报考过程、考试流程等公务员考试常识，以及中央和地方公务员考试的时间、考试科目、招考单位、职位、人数及有关考试最新政策等考试最新动态进行了解，做到心中有数，及早安排。

中央、国家机关公务员招考工作的时间已经固定，报名时间在每年 10 月中旬，考试时间在每年 11 月的第 4 个周末。省以下国家公务员考试时间尚未固定，欲报考者应密切关注各级、各类新闻媒体有关招录公务员的信息，以免错过报考时机。

国家公务员考试网（http：//www.gjgwy.org）是中央机关招考部门建设的专门用于发布国家公务员考试相关招考信息，报名公告，国家各部门招考公告、复习资料的专业性公务员招考网站。

各省、市、区的人事考试网是发布地方公务员考试信息的官方网站，提供最权威的地方公务员招考、录取信息。考生可以通过搜索引擎，运用关键词"地名人事考试网"，如"浙江人事考试网""福建人事考试网"等，获得地方人事考试网的网址后，单击进入查看。

2. 复习备考阶段信息获取

复习阶段信息获取的主要任务，是了解如何备考，即考试科目有哪些，需要看哪些考试参考书、复习资料，复习时要注意哪些问题等；笔试通过后，对于获得面试资格的考生还要及时准备面试，了解面试的时间、考试范围、复习资料等信息。

网络上有丰富的公务员考试复习资料，考生可以通过公务员考试官方网站（如国家公务员考试网是历年笔试、面试真题及内部资料独家发布的网站）了解，也可查看一些专门的公务员考试资料网站。

本 章 小 结

　　信息检索能力是信息素养的集中表现，提高信息素养最有效的途径是通过学习信息检索的基本知识，进而培养自身的信息检索能力。本章介绍了信息检索的过程、信息检索的方法和技术，并重点介绍了最主要的网络搜索引擎"百度"、数据库检索和专利检索。就业信息的检索能力也是大学生必备的综合能力之一，本章系统介绍了企业信息的检索和公务员考试信息检索，旨在帮助大学生找到与自己知识、能力结构和喜好选择相匹配的企业或机构，对要加入的企业和机构进行深入了解和分析，可以增加面试和就业的满意度。

习　题　6

一、单项选择题

1. 在信息检索的通配符功能中，"*"匹配（　　）字符。
　　A. 1 个　　　　　　　B. 2 个　　　　　　C. 多个　　　　　　D. 单个

2. 在中国知网 CNKI 数据库中，要想获得以"高校图书馆信息化建设"作为标题的文献应该检索（　　）。
　　A. 高校图书馆信息化建设　　　　　　B. 题名：高校图书馆信息化建设
　　C. 关键词：高校图书馆信息化建设　　D. 摘要：高校图书馆信息化建设

3. 在进行项目"三全育人环境下图书馆创新服务"研究过程中，对该项目任务进行分析，以下（　　）信息调研活动是合适的。
　　① 为了了解项目的最新研究进展，使用数据库查找相关的专业期刊。
　　② 为了了解项目的现有研究成果，使用数据库查找相关的文献。
　　③ 为了了解项目的发展状况和图书馆开展创新服务的信息，使用搜索引擎查找网络信息。
　　④ 为了了解三全育人环境下对图书馆的发展要求，使用数据库查找相关的标准文献。
　　A. ②③　　　　　　B. ①②③④　　　　C. ①④　　　　　D. ①②③

4. 互联网上有很多大型旅游网站或旅游爱好者发布的各地详细的旅游攻略，这些攻略大多都是 PDF 文档。在百度搜索引擎中搜索关于安徽黄山旅游攻略的 PDF 文档，最正确的检索式是（　　）。
　　A. 安徽黄山 旅游 file：pdf　　　　B. 安徽黄山 旅游 filetype：pdf
　　C. 安徽黄山 旅游 type：pdf　　　　D. 安徽黄山 旅游 pdf

5. 布尔逻辑表达式：在岗人员 NOT（青年 AND 教师）的检索结果是（　　）。
　　A. 检索出除了青年教师以外的在岗人员的数据
　　B. 青年教师的数据
　　C. 青年和教师的数据
　　D. 在岗人员的数据

6. 在计算机信息检索中，用于组配检索词和限定检索范围的布尔逻辑运算符正确的是
（   ）。

    A. 逻辑 "与"，逻辑 "或"，逻辑 "在"   B. 逻辑 "与"，逻辑 "或"，逻辑 "非"

    C. 逻辑 "与"，逻辑 "并"，逻辑 "非"   D. 逻辑 "和"，逻辑 "或"，逻辑 "非"

7. 全球最大的中文搜索引擎是（   ）。

    A. 谷歌   B. 百度   C. 迅雷   D. 雅虎

8. 信息的 4 个属性中，其最高价值体现在（   ）。

    A. 客观性   B. 时效性   C. 传递性   D. 共享性

9. 在信息时代，伴随着科学技术的迅速发展，出现的信息爆炸、信息平庸化以及噪声
化趋势，人们难以根据自己的需要和当前的信息能力选择并消化自己所需要的信息，这种现
象称之为（   ）。

    A. 信息失衡   B. 信息污染   C. 信息超载   D. 信息障碍

10. "信息素养" 可以描述成具有（   ）的能力。

    A. 阅读复杂文献

    B. 有效地查找、评估并有道德地运用信息

    C. 搜索 "免费网站" 查找信息

    D. 概括阅读的信息

二、简答和实践题

1. 文献按出版形式区分，可分为十大文献情报源，请列举其中的 5 种。

2. 简述利用计算机进行信息检索时必须具备哪些条件。

3. 通过中国知网（CNKI）检索自己学校教师在 "SCI 来源、EI 来源" 期刊上发表的文献。

4. 通过国家知识产权局（https：//www.cnipa.gov.cn）的专利检索与分析系统（http：//
pss-system.cnipa.gov.cn），查询申请（专利权）人为自己学校的发明专利。

5. 小李要准备出国，想参加雅思考试，可以通过哪些数据库检索相关资料。

第 **7** 章

新一代信息技术概述

【本章工作任务】

✓ 在了解信息和信息技术的基础上理解信息技术的价值
✓ 在了解新一代信息技术的基础上理解它们之间的关系

【本章知识目标】

✓ 了解信息和信息技术的概念
✓ 理解物联网的概念和典型应用
✓ 了解云计算的概念和应用
✓ 理解大数据的概念和应用
✓ 理解人工智能的概念和应用
✓ 了解区块链的概念和应用
✓ 理解新一代信息技术之间的关系
✓ 了解新一代信息技术产业的发展和应用

【本章技能目标】

✓ 通过互联网工具了解和学习新一代信息技术的特点和典型应用
✓ 通过微信"扫一扫"中的"识物"功能体验人工智能技术的应用
✓ 通过智能手机的 AI 拍照功能体验人工智能在图像处理方面的应用

【本章重点难点】

✓ 了解新一代信息技术之间的关系
✓ 通过体验新一代信息技术来理解信息技术的价值

信息和信息技术无处不在，新一代信息技术，不只是指信息领域的一些分支技术，更主要的是指信息技术的整体平台和产业的代际变迁。

信息与信息技术

7.1　信息与信息技术

计算机科学的研究内容主要包括信息的采集、存储、处理和传输。这些都与信息的量化和表示密切相关。

7.1.1　信息与信息处理

1. 信息

信息是什么？控制论创始人诺伯特·维纳曾经说过："信息就是信息，它既不是物质也不是能量"。站在客观事物立场上来看，信息是指"事物运动的状态及状态变化的方式"。站在认识主体立场上来看，信息则是"认识主体所感知或所表述的事物运动及其变化方式的形式、内容和效用"。

信息、物质和能量是客观世界的三大构成要素。世间一切事物都在运动，都具有一定的运动状态。这些运动状态都按某种方式发生变化，因而都在产生信息。哪里有运动的事物，哪里就存在信息。信息是普遍和广泛存在的，它作为人们认识世界、改造世界的一种基本资源，与人类的生存和发展有着密切的关系。

2. 信息处理

信息处理指的是与下列内容相关的行为和活动。

① 信息的收集，如信息的感知、测量、获取和输入等。

② 信息的加工和记忆，如分类、计算、分析、综合、转换、检索和管理等。

③ 信息的存储，如书写、摄影、录音和录像等。

④ 信息的传递，如邮寄、出版、电报、电话、广播和电视等。

⑤ 信息的应用，如控制、显示和打印等。

7.1.2　信息技术

信息技术（Information Technology，IT）指的是用来扩展人们信息器官功能、协助人们更有效地进行信息处理操作的一类技术。人们的信息器官主要有感觉器官、神经网络、大脑及效应器官，它们分别用于获取信息、传递信息、加工 / 记忆信息、存储信息，以及应用信息使其产生实际效用。

基本的信息技术主要包括以下几种。

① 扩展感觉器官功能的感测（获取）与识别技术。

② 扩展神经系统功能的通信技术。

③ 扩展大脑功能的计算（处理）与存储技术。

④ 扩展效应器官功能的控制与显示技术。

现代信息技术的主要特征是以数字技术为基础，以计算机为核心，采用电子技术进行的信息的收集、传递、加工 / 记忆、存储、显示和控制。涉及通信、广播、计算机、互联网、微电子、遥感遥测、自动控制、机器人等诸多领域。

7.1.3　新一代信息技术之间的关系

新一代信息技术，更主要的是指信息技术的整体平台和产业的代际变迁，在《国务院关于加快培育和发展战略性新兴产业的决定》中列出了国家战略性新兴产业体系，其中就包括"新一代信息技术产业"。

近年来，以物联网、云计算、大数据、人工智能、区块链为代表的新一代信息技术产业正在酝酿着新一轮的信息技术革命。新一代信息技术产业不仅重视信息技术本身和商业模式的创新，而且强调将信息技术渗透进、融合到社会和经济发展的各个行业，推动其他行业的技术进步和产业发展。

新一代信息技术产业发展的过程，实质上就是信息技术融入涉及社会经济发展的各个领域，创造新价值的过程。

1. 大数据拥抱云计算

云计算的 PaaS 平台中的一个复杂的应用是大数据平台，大数据需要一步一步地融入云计算中，才能体现实现大数据的价值。

大数据中的数据分为结构化的数据、非结构化的数据和半结构化的数据 3 种类型。其实数据本身并不是有用的，必须要经过一定的处理。例如，人们每天跑步时运动手环所收集的就是数据，网络上的网页也是数据。虽然数据本身没有什么用处，但数据中包含一种很重要的东西，即信息（Information）。

数据十分杂乱，必须经过梳理和筛选才能够称为信息。信息中包含了很多规律，人们将信息中的规律总结出来，称之为知识（Knowledge）。有了知识，人们就可以利用这些知识去实践，有的人会做得非常好，这就是智慧（Intelligence）。因此，数据的应用分为数据、信息、知识和智慧 4 个方面。

2. 物联网技术完成数据收集

数据的处理分为几个步骤，第一个步骤即是数据的收集。在物联网层面上，数据的收集是指通过部署成千上万的传感器，将大量的各种类型的数据收集上来。在互联网网页的搜索引擎层面，数据的收集是指将互联网所有的网页都下载下来。这显然不是单独一台机器能够做到的，需要多台机器组成网络爬虫系统，每台机器下载一部分，机器组同时工作，才能在有限的时间内将海量的网页下载完毕。

3. 人工智能拥抱大数据云

人工智能算法依赖于大量的数据，而这些数据往往需要面向某个特定的领域（如电商、快递）进行长期的积累。如果没有数据，人工智能算法就无法完成计算，所以人工智能程序很少像云计算平台一样给某个客户单独安装一套，让客户自己去使用。因为客户没有大量的相关数据做训练，结果往往很不理想。

但云计算厂商往往是积累了大量数据的，可以为云计算服务商安装一套程序，并提供一个服务接口。例如，如果想鉴别一个文本是不是涉及暴力，则直接使用这个在线服务即可。这种形式的服务，在云计算中被称为软件即服务（Software as a Service，SaaS），于是人工智能程序作为 SaaS 平台进入了云计算领域。

一个大数据公司，通过物联网或互联网积累了大量的数据，会通过一些人工智能算法提供某些服务；一个人工智能服务公司，也不可能没有大数据平台作为支撑。

物联网技术

PPT

7.2　物联网技术

物联网（Internet of Things，IoT）是信息科技产业的第三次革命。

7.2.1　物联网概述

1. 物联网的定义

物联网指的是将无处不在的"内在智能"末端设备和"外在智能"设施，通过各种无线或有线的长距离或短距离通信网络实现互联互通（M2M）、应用大集成（Grand Integration）以及基于云计算的 SaaS 营运等模式，在内网、专网或者互联网环境下，采用适当的信息安全保障机制，提供安全可控乃至个性化的实时在线监测、定位追溯、报警联动、调度指挥、预案管理、远程控制、安全防范、远程维保、在线升级、统计报表、决策支持、领导桌面等管理和服务功能，实现对"万物"的"高效、节能、安全、环保"的"管、控、营"一体化。

"内在智能"设备包括传感器、移动终端、工业系统、数控系统、家庭智能设施、视频监控系统等。"外在智能"是指贴上 RFID 的各种资产、携带无线终端的个人与车辆等。

2. 物联网的诞生和发展

"物联网"的概念是在 1999 年提出的，2005 年国际电信联盟（ITU）发布《ITU 互联网报告 2005：物联网》，报告指出，无所不在的"物联网"通信时代即将来临，世界上所有的物体从轮胎到牙刷、从房屋到纸巾都可以通过因特网主动进行交换。射频识别技术（RFID）、传感器技术、纳米技术、智能嵌入技术将到更加广泛的应用。

2009 年，物联网被正式列为国家五大新兴战略性产业之一，写入政府工作报告，物联网在我国受到了全社会极大的关注。

3. 物联网的关键技术

把网络技术运用于万物,组成"物联网",如把感应器嵌入装备到油网、电网、路网、水网、建筑、大坝等物体中，然后将"物联网"与"互联网"整合起来，实现人类社会与物理系统的整合。

在物联网应用中有以下关键技术。

① 传感器技术。这也是计算机应用中的关键技术。大绝大部分计算机处理的都是数字信号。自从有计算机以来就需要传感器把模拟信号转换成数字信号计算机才能处理。

② RFID 技术。也是一种传感器技术，RFID 技术是融合了无线射频技术和嵌入式技术为一体的综合技术，RFID 在自动识别、物品物流管理有着广阔的应用前景。

③ 嵌入式系统技术。是综合了计算机软硬件、传感器技术、集成电路技术、电子应用技术为一体的复杂技术。经过几十年的演变，以嵌入式系统为特征的智能终端产品随处可见。嵌入式系统正在改变着人们的生活，推动着工业生产以及国防工业的发展。如果把物联网用人体做一个简单比喻，传感器相当于人的眼睛、鼻子、皮肤等感官，网络就是神经系统用来传递信息，嵌入式系统则是人的大脑，在接收到信息后要进行分类处理。

④ 智能技术。是为了有效地达到某种预期的目的，利用知识所采用的各种方法和手段。通过在物体中植入智能系统，可以使得物体具备一定的智能性，能够主动或被动的实现与用

户的沟通，也是物联网的关键技术之一。

⑤ 在物联网中，物与物无障碍地通信，必然离不开能够传输海量数据的高速无线网络。无线网络不仅包括允许用户建立远距离无线连接的全球语音和数据网络，还包括短距离蓝牙技术、红外线技术和 ZigBee 技术等。

4. 物联网的体系架构

物联网典型体系架构分为 3 层，自下而上分别是感知层、网络层和应用层，如图 7–1 所示。

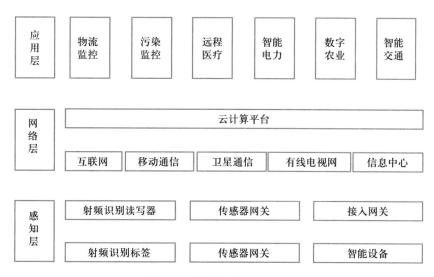

图 7–1　物联网的层次结构

感知层实现物联网全面感知的核心能力，是物联网中关键技术、标准化、产业化方面亟须突破的部分，关键在于具备更精确、更全面的感知能力，并解决低功耗、小型化和低成本问题。

网络层主要以广泛覆盖的移动通信网络作为基础设施，是物联网中标准化程度最高、产业化能力最强、最成熟的部分，关键在于为物联网应用特征进行优化改造，形成系统感知的网络。

应用层提供丰富的应用，将物联网技术与行业信息化需求相结合，实现广泛智能化的应用解决方案，关键在于行业融合、信息资源的开发利用、低成本高质量的解决方案、信息安全的保障及有效商业模式的开发。

7.2.2　物联网应用

1. 物联网与交通

传统路联网和车联网两种系统仅属于区域间的通信，一般民众并没有渠道取得路联网和车联网中的信息。为了对一般民众提供最实时的路况信息，智能交通运用了物联网的概念，将路联网和车联网感应到的道路信息传送到云端的数据库中，数据经过系统的整合之后，上传至网络平台。此后，民众即可通过智能手机和计算机进入平台得知最新的道路信息。

比较典型的应用是智能型感知行车记录仪。随着时代的进步，人们出行大部分以车为代步工具，为了提升行车时的安全性，行车记录仪也日渐普及。但是，传统的行车记录仪只能记录行车时的影像，以及监控车外死角。随着科技的进步和网络的发达，智能型感知行车记录仪结合了传统的行车记录仪、环境传感器和网络，让人们除了可以记录行车信息之外，也可以通过网络得知在任何时间点上道路的行驶状况和环境信息。当人们想得知某路段在某时间的路况信息时，可利用智能装置通过互联网进入云端数据库，经过身份认证后，即可观看云端数据库中任何时间任何路段的道路环境信息。

2. 物联网与农业

农业物联网指的是将各种各样的传感器节点自动组织起来构成传感器网络，通过各种传感器实时采集农田信息并及时反馈给农户，使农民足不出户便可以掌握监控区域的农田环境及作物信息。另外，农民也可以通过手机或者计算机远程控制设备，自动控制系统减少了灌溉、作物管理的用工人数，提高了生产效率。

3. 物联网与医疗

物联网在医疗领域的应用被称为"智能医疗"，具有信息的实时采集信息流通的特点。例如，监控慢性病与危机状态时，如果没有信息的实时采集，则可能会使得病情渐渐恶化，导致无法医治；而危机状态下若没有信息的实时采集，则可能隔一段时间后，导致危机扩散开来，以致局势恶化，无法收拾。但是抑制危机的扩散不能只有信息的实时采集，还需要信息的高度流通，因此，在医疗领域中，信息的实时采集与信息流通是非常重要的一环。

7.3 云计算技术

云计算（Cloud Computing），分布式计算技术的一种，是透过网络将庞大的计算处理程序自动分拆成无数个较小的子程序，再交由多部服务器所组成的庞大系统经搜寻、计算分析之后将处理结果回传给用户。

7.3.1 云计算概述

1. 云计算的概念

"云计算"是分布式处理（Distributed Computing）、并行处理（Parallel Computing）和网格计算（Grid Computing）的发展和这些计算机科学概念的商业实现。

中国网格计算、云计算专家给"云计算"定义为"云计算将计算任务分布在大量计算机构成的资源池上，使各种应用系统能够根据需要获取计算力、存储空间和各种软件服务"。

"云计算"既不是一种技术，也不是一种理论，是一个时代需求的代表，反映了市场关系的变化，谁拥有更为庞大的数据规模，谁就可以提供更广更深的信息服务，而软件和硬件的影响相对缩小。

2. 云计算的关键技术

① 虚拟机技术。即服务器虚拟化是云计算底层架构的重要基石。在服务器虚拟化中，虚拟化软件需要实现对硬件的抽象，资源的分配、调度和管理，虚拟机与宿主操作系统及多个虚拟机间的隔离等功能。

② 数据存储技术。云计算系统需要同时满足大量用户的需求，并行地为大量用户提供服务。因此，云计算的数据存储技术必须具有分布式、高吞吐率和高传输率的特点。

③ 数据管理技术。云计算的特点是对海量的数据存储、读取后进行大量的分析，如何提高数据的更新速率以及进一步提高随机读速率是未来的数据管理技术必须解决的问题。

④ 分布式编程与计算。为了使用户能更轻松地享受云计算带来的服务，让用户能利用该编程模型编写简单的程序来实现特定的目的，云计算上的编程模型必须十分简单。

⑤ 虚拟资源的管理与调度。云计算区别于单机虚拟化技术的重要特征是通过整合物理资源形成资源池，并通过资源管理层（管理中间件）实现对资源池中虚拟资源的调度。

⑥ 云计算的业务接口。为了方便用户业务由传统 IT 系统向云计算环境的迁移，云计算应对用户提供统一的业务接口。业务接口的统一不仅方便用户业务向云端的迁移，也会使用户业务在云与云之间的迁移更加容易。

⑦ 云计算相关的安全技术。云计算模式带来一系列的安全问题，包括用户隐私的保护、用户数据的备份、云计算基础设施的防护等，这些问题都需要更强的技术手段，乃至法律手段去解决。

7.3.2 云计算应用

云计算的应用领域主要包括 IaaS 平台的典型应用、PaaS 平台的典型应用和 SaaS 平台的典型应用，以及云计算的综合应用。

1. IaaS 平台的典型应用

亚马逊公司是目前世界上主要的 IaaS 服务提供者之一，拥有 AWS（Amazon Web Services）云计算服务平台，为全世界范围内的客户提供云解决方案。

AWS 面向用户提供包括弹性计算、存储、数据库和应用程序在内的一整套云计算服务，帮助企业降低 IT 投入成本和维护成本。国内相关产品主要有阿里云、腾讯云和华为云等。

2. PaaS 平台的典型应用

Cloud Foundry 是由 VMware 设计与开发的业界第一个开源 PaaS 云平台，它支持多种框架、语言、运行环境，开发人员能够很方便地进行应用程序的开发、部署和扩展，无须担心任何基础架构的问题。类似的 PaaS 云平台还有谷歌的 GAE（Google App Engine），其支持 Python 语言、Java 语言、Go 语言和 PHP 语言等。国内的相关产品有码云（Gitee）等。

3. SaaS 平台的典型应用

Google Docs 是一款完全基于浏览器的 SaaS 云平台，它提供在线文档服务，允许用户在线创建文档，并提供了多种布局模板。用户不必在本地安装任何程序，只需要通过浏览器登录服务器，就可以随时随地获得自己的工作环境。在用户体验上，该服务做到了尽量符合用户的使用习惯，不论是页面布局、菜单设置还是操作方法，都与用户所习惯的本地文档处理软件（如 Microsoft Office 等）相似。国内的相关产品有金山云文档、用友云财务等。

7.4 大数据技术

大数据（Big Data，BD）是指无法在一定时间范围内用常规软件工具进行捕捉、管理和处理的数据集合，是需要新处理模式才能具有更强的决策力、洞察发现力和流程优化能力的海量、高增长率和多样化的信息资产。

7.4.1　大数据概述

1. 大数据的定义

"大数据"研究机构 Gartner 定义"大数据"是指需要新处理模式才能具有更强的决策力、洞察发现力和流程优化能力来适应海量、高增长率和多样化的信息资产。

麦肯锡全球研究所定义"大数据"是一种规模大到在获取、存储、管理、分析方面大大超出了传统数据库软件工具能力范围的数据集合，具有海量的数据规模、快速的数据流转、多样的数据类型和价值密度低四大特征。

从技术上看，大数据与云计算的关系就像一枚硬币的正反面一样密不可分。大数据必然无法用单台的计算机进行处理，必须采用分布式架构。它的特色在于对海量数据进行分布式数据挖掘。但它必须依托云计算的分布式处理、分布式数据库和云存储、虚拟化技术。

2. 大数据的结构

大数据包括结构化、半结构化和非结构化数据，非结构化数据越来越成为数据的主要部分。据 IDC 的调查报告显示：企业中 80% 的数据都是非结构化数据，这些数据每年都按指数增长 60%。

大数据的 3 个层面分别为理论层面、技术层面和实践层面，如图 7-2 所示。

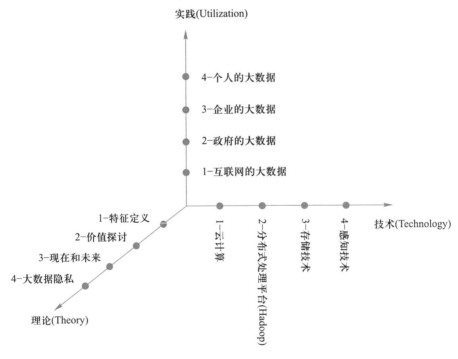

图 7-2　大数据的 3 个层面

① 理论层面。理论是认知的必经途径，也是被广泛认同和传播的基线。在这里从大数据的特征定义理解行业对大数据的整体描绘和定性；从对大数据价值的探讨来深入解析大数据的珍贵所在；洞悉大数据的发展趋势；从大数据隐私这个特别而重要的视角审视人和数据之间的长久博弈。

② 技术层面。技术是大数据价值体现的手段和前进的基石。在这里分别从云计算、分布式处理技术、存储技术和感知技术的发展来说明大数据从采集、处理、存储到形成结果的整个过程。

③ 实践层面。实践是大数据的最终价值体现。在这里分别从互联网的大数据，政府的大数据，企业的大数据和个人的大数据 4 个方面来描绘大数据已经展现的美好景象及即将实现的蓝图。

3. 大数据的意义

有人把数据比喻为蕴藏能量的煤矿。煤炭按照性质有焦煤、无烟煤、肥煤、贫煤等分类，而露天煤矿、深山煤矿的挖掘成本又不一样。与此类似，大数据并不在"大"，而在于"有用"。价值含量、挖掘成本比数量更为重要。

大数据的价值体现在以下 3 个方面：

① 对大量消费者提供产品或服务的企业可以利用大数据进行精准营销。

② 做小而美模式的中小微企业可以利用大数据做服务转型。

③ 面临互联网压力之下必须转型的传统企业需要与时俱进充分利用大数据的价值。

4. 大数据的发展趋势

① 数据的资源化。指大数据成为企业和社会关注的重要战略资源，并已成为人们争相抢夺的新焦点。

② 与云计算的深度结合。大数据离不开云处理，云处理为大数据提供了弹性可拓展的基础设备，是产生大数据的平台之一。

③ 科学理论的突破。大数据是新一轮的技术革命。随之兴起的数据挖掘、机器学习和人工智能等相关技术，可能会改变数据世界里的很多算法和基础理论，实现科学技术上的突破。

④ 数据科学和数据联盟的成立。各大高校将设立专门的数据科学类专业，也会催生一批与之相关的新的就业岗位。与此同时，基于数据这个基础平台，也将建立起跨领域的数据共享平台，扩展到企业层面，并且成为未来产业的核心一环。

⑤ 数据泄露泛滥。未来几年数据泄露事件的增长率也许会达到 100%，除非数据在其源头就能够得到安全保障。在财富 500 强企业中，超过 50% 将会设置首席信息安全官这一职位。

⑥ 数据质量是 BI（商业智能）成功的关键。采用自助式商业智能工具进行大数据处理的企业将会脱颖而出。想要成功，企业需要理解原始数据与数据分析之间的差距，从而消除低质量数据并通过 BI 获得更佳决策。

⑦ 数据生态系统复合化程度加强。大数据的世界不只是一个单一的、巨大的计算机网络，而是一个由大量活动构件与多元参与者元素所构成的生态系统，终端设备提供商、基础设施提供商、网络服务提供商、网络接入服务提供商、数据服务使能者、数据服务提供商、触点服务、数据服务零售商等一系列的参与者共同构建的生态系统。

7.4.2　大数据应用

大数据技术已经给生产生活带来了天翻地覆的变化，带来了时代的变革。

1. 社交网络

Linkedln 建成的一个最重要的数据库是 Espressoo，是继亚马逊的 Dynamo 数据库之后的一个最终一致性关键值存储数据库，用于高速存储某些确定数据，Espresso 作为一个事务一致性文件存储数据库，通过对整个公司的网络操作取代遗留的 Oracle 数据库。

2. 医疗行业

IBM 最新沃森技术的医疗保健内容可以分析预测首个客户，该技术允许企业找到大量病人相关的临床医疗信息，通过大数据处理，更好地分析病人的信息。

在加拿大多伦多的一家医院，针对早产婴儿，每秒有超过 30 次的数据读取。通过这些数据分析，医院能够提前知道哪些早产儿出现问题并且有针对性地采取措施，避免早产婴儿夭折。

更多的创业者可以更方便地开发健康类 App 产品。例如，通过社交网络来收集数据，也许未来数年后，它们搜集的数据能使医生对病人的诊断变得更为精确，如药品用量不再是通用的成人每日三次、一次一片，而是检测到病人的血液中药剂已经代谢完成就自动提醒病人再次服药。

3. 保险行业

大多数疾病可以通过药物来达到治疗效果，但如何让医生和病人能够专注参与一两个可以真正改善病人健康状况的干预项目却极具挑战。安泰保险目前正尝试通过大数据达到此目的。

安泰保险为了帮助改善代谢综合征患者的发病率，从千名患者中选择了其中的 102 人来进行实验。在一个独立的实验室工作内，通过患者的一系列代谢综合征的检测试验结果，在连续三年内，扫描了 60 万个化验结果和 18 万起索赔事件。将最后的结果组成一个高度个性化的治疗方案，以评估患者的危险因素和重点治疗方案。这样，医生就可以通过提供服用他汀类药物及减重 5 磅等建议，减少患者未来 10 年内 50% 的发病率。

4. 零售业

零售企业可监控客户的店内走动情况以及与商品的互动。它们对这些数据与交易记录进行分析，从而在销售哪些商品、如何摆放货品以及何时调整售价上给出意见，此类方法已经帮助某业界领先的零售企业减少了存货，同时在保持市场份额的前提下，增加了高利润率自有品牌商品的比例。

7.5　人工智能技术

　　　　人工智能（Artificial Intelligence，AI）是研究、开发用于模拟、延伸和扩展人的智能的理论、方法、技术及应用系统的一门新的技术科学。

7.5.1　人工智能概述

人工智能是一门极富挑战性的科学，从事这项工作的人必须懂得计算机知识，心理学和哲学。人工智能是包括十分广泛的科学，它由不同的领域组成，如机器学习、计算机视觉等，总的说来，人工智能研究的一个主要目标是使机器能够胜任一些通常需要人类智能才能完成的复杂工作。但不同的时代、不同的人对这种"复杂工作"的理解是不同的。

1. 人工智能的基本概念

人工智能的定义可以分为两部分，即"人工"和"智能"。"人工"比较好理解，争议性也不大。有时会要考虑什么是人力所能及制造的，或者人自身的智能程度有没有高到可以创造人工智能的地步。但总的来说，"人工系统"就是通常意义下的人工智能。

人工智能是计算机学科的一个分支，20 世纪 70 年代以来被称为世界三大尖端技术之一（空间技术、能源技术、人工智能）。也被认为是 21 世纪三大尖端技术（基因工程、纳米科学、人工智能）之一。这是因为近 30 年来它获得了迅速的发展，在很多学科领域都获得了广泛应用，并取得了丰硕的成果，人工智能已逐步成为一个独立的分支，无论在理论和实践上都已自成一个系统。

人工智能是研究使计算机来模拟人的某些思维过程和智能行为（如学习、推理、思考、规划等）的学科，主要包括计算机实现智能的原理、制造类似于人脑智能的计算机，使计算机能实现更高层次的应用。人工智能将涉及计算机科学、心理学、哲学和语言学等学科。可以说几乎是自然科学和社会科学的所有学科，其范围已远远超出了计算机科学的范畴，人工智能与思维科学的关系是实践和理论的关系，人工智能是处于思维科学的技术应用层次，是它的一个应用分支。从思维观点看，人工智能不仅限于逻辑思维，要考虑形象思维、灵感思维才能促进人工智能的突破性的发展，数学常被认为是多种学科的基础科学，数学也进入语言、思维领域，人工智能学科也必须借用数学工具，数学不仅在标准逻辑、模糊数学等范围发挥作用，数学进入人工智能学科，它们将互相促进而更快地发展。

2. 人工智能科学介绍

① 实际应用。包括机器视觉、指纹识别、人脸识别、视网膜识别、虹膜识别、掌纹识别、专家系统、自动规划、智能搜索、定理证明、博弈、自动程序设计、智能控制、机器人学、语言和图像理解、遗传编程等。

② 学科范畴。人工智能是一门交叉学科，属于自然科学和社会科学的交叉，属于一类学科。

③ 涉及学科。包括哲学和认知科学、数学、神经生理学、心理学、计算机科学、信息论、控制论、不定性论等。

④ 研究范畴。包括自然语言处理、知识表现、智能搜索、推理、规划、机器学习、知识获取、组合调度问题、感知问题、模式识别、逻辑程序设计计算、不精确和不确定的管理、人工生命、神经网络、复杂系统、遗传算法等。

⑤ 意识和人工智能。人工智能就其本质而言，是对人的思维的信息过程的模拟。

对于人的思维模拟可以从两条道路进行，一是结构模拟，仿照人脑的结构机制，制造出"类人脑"的机器；二是功能模拟，暂时撇开人脑的内部结构，而从其功能过程进行模拟。现代电子计算机的产生便是对人脑思维功能的模拟，是对人脑思维的信息过程的模拟。

7.5.2　人工智能应用

1. 图像处理

人工智能在拍照方便被广泛应用，如今的智能手机系统自带美颜功能，利用 AI 技术模拟场景预设光源，实现前景虚化、自动美颜。在拍照方面，AI 技术可以通过深度学习算法以及对数据库的分析，智能识别人脸和拍照场景，判断最佳拍照时间、智能完美虚化，呈现"奶油化开"般的迷人境界，帮助人们轻松拍出"大师级"的美照。

2. 模式识别

有 2D 识别引擎、3D 识别引擎、驻波识别引擎以及多维识别引擎。2D 识别引擎已推出指纹识别、人像识别、文字识别、图像识别和车牌识别；驻波识别引擎已推出语音识别。

3. 自动工程

自动工程包括自动驾驶（OSO 系统）、猎鹰系统（YOD 绘图）等。

4. 知识工程

知识工程是指以知识本身为处理对象，研究如何运用人工智能和软件技术，设计、构造和维护知识系统。

5. 专家系统

专家系统包括智能搜索引擎、计算机视觉和图像处理、机器翻译和自然语言理解、数据挖掘和知识发现等。

6. 机器人

机器人已经成为当下科技发展的重要领域之一，未来将会渗透到人们日常生产生活当中。主要包括搬运机器人、服务机器人和工业机器人。

7.6 区块链技术

区块链（Initial Coin Offering，ICO）信息技术领域的术语。在科技层面，区块链涉及数学、密码学、互联网和计算机编程等多种学科。

7.6.1 区块链概述

区块链在本质上它是一个共享数据库，是一个分布式的共享账本，存储于其中的数据或信息，具有"不可伪造""全程留痕""可以追溯""公开透明""集体维护"等特征。这些特征保证了区块链的"诚实"与"透明"，为区块链创造信任奠定了基础。而区块链丰富的应用场景，基本上都基于区块链能够解决信息不对称问题，实现多个主体之间的协作信任与一致行动。

1. 特征

① 去中心化。区块链技术不依赖额外的第三方管理机构或硬件设施，没有中心管制，除了自成一体的区块链本身，通过分布式核算和存储，各个节点实现了信息自我验证、传递和管理。去中心化是区块链最突出最本质的特征。

② 开放性。区块链技术基础是开源的，除了交易各方的私有信息被加密外，区块链的数据对所有人开放，任何人都可以通过公开的接口查询区块链数据和开发相关应用，因此整个系统信息高度透明。

③ 独立性。基于协商一致的规范和协议，整个区块链系统不依赖其他第三方，所有节点能够在系统内自动安全地验证、交换数据，不需要任何人为的干预。

④ 安全性。只要不能掌控全部数据节点的 51%，就无法肆意操控修改网络数据，这使区块链本身变得相对安全，避免了主观人为的数据变更。

⑤ 匿名性。除非有法律规范要求，单从技术上来讲，各区块节点的身份信息不需要公开或验证，信息传递可以匿名进行。

2. 架构模型

一般说来，区块链系统由数据层、网络层、共识层、激励层、合约层和应用层组成，如图 7-3 所示。

图 7-3　区块链基础架构模型

其中，数据层封装了底层数据区块以及相关的数据加密和时间戳等基础数据和基本算法；网络层则包括分布式组网机制、数据传播机制和数据验证机制等；共识层主要封装网络节点的各类共识算法；激励层将经济因素集成到区块链技术体系中来，主要包括经济激励的发行机制和分配机制等；合约层主要封装各类脚本、算法和智能合约，是区块链可编程特性的基础；应用层则封装了区块链的各种应用场景和案例。该模型中，基于时间戳的链式区块结构、分布式节点的共识机制、基于共识算力的经济激励和灵活可编程的智能合约是区块链技术最具代表性的创新点。

3. 核心技术

① 分布式账本。分布式账本指的是交易记账由分布在不同地方的多个节点共同完成，而且每一个节点记录的是完整的账目，因此它们都可以参与监督交易合法性，同时也可以共同为其作证。

② 非对称加密。存储在区块链上的交易信息是公开的,但是账户身份信息是高度加密的,只有在数据拥有者授权的情况下才能访问到,从而保证了数据的安全和个人的隐私。

③ 共识机制。共识机制就是所有记账节点之间怎么达成共识,去认定一个记录的有效性,这既是认定的手段,也是防止篡改的手段。

区块链的共识机制具备"少数服从多数"以及"人人平等"的特点,其中"少数服从多数"并不完全指节点个数,也可以是计算能力、股权数或者其他的计算机可以比较的特征量。"人人平等"是当节点满足条件时,所有节点都有权优先提出共识结果、直接被其他节点认同后并最后有可能成为最终共识结果。

④ 智能合约。智能合约是基于这些可信的不可篡改的数据,可以自动化地执行一些预先定义好的规则和条款。以保险为例,如果说每个人的信息(包括医疗信息和风险发生的信息)都是真实可信的,那就很容易地在一些标准化的保险产品中,去进行自动化的理赔。在保险公司的日常业务中,虽然交易不像银行和证券行业那样频繁,但是对可信数据的依赖是有增无减。因此,笔者认为利用区块链技术,从数据管理的角度切入,能够有效地帮助保险公司提高风险管理能力。具体来讲主要分投保人风险管理和保险公司的风险监督。

7.6.2　区块链应用

1. 金融领域

区块链在国际汇兑、信用证、股权登记和证券交易所等金融领域有着潜在的巨大应用价值。将区块链技术应用在金融行业中,能够省去第三方中介环节,实现点对点的直接对接,从而在大大降低成本的同时,快速完成交易支付。

2. 物联网和物流领域

区块链在物联网和物流领域也可以天然结合。通过区块链可以降低物流成本,追溯物品的生产和运送过程,并且提高供应链管理的效率。

区块链 + 大数据的解决方案就利用了大数据的自动筛选过滤模式,在区块链中建立信用资源,可双重提高交易的安全性,并提高物联网交易便利程度,为智能物流模式应用节约时间成本。

3. 公共服务领域

区块链在公共管理、能源、交通等领域都与民众的生产生活息息相关,但是这些领域的中心化特质也带来了一些问题,可以用区块链来改造。区块链提供的去中心化的完全分布式 DNS 服务通过网络中各个节点之间的点对点数据传输服务就能实现域名的查询和解析,可用于确保某个重要的基础设施的操作系统和固件没有被篡改,可以监控软件的状态和完整性,发现不良的篡改,并确保使用了物联网技术的系统所传输的数据没用经过篡改。

4. 数字版权领域

通过区块链技术,可以对作品进行鉴权,证明文字、视频、音频等作品的存在,保证权属的真实、唯一性。作品在区块链上被确权后,后续交易都会进行实时记录,实现数字版权全生命周期管理,也可作为司法取证中的技术性保障。

5. 保险领域

在保险理赔方面,保险机构负责资金归集、投资、理赔,往往管理和运营成本较高。通过智能合约的应用,既无须投保人申请,也无须保险公司批准,只要触发理赔条件,实现保单自动理赔。

6. 公益领域

区块链上存储的数据，高可靠且不可篡改，天然适合用在社会公益场景。公益流程中的相关信息，如捐赠项目、募集明细、资金流向、受助人反馈等，均可以存放于区块链上，并且有条件地进行透明公开公示，方便社会监督。

本 章 小 结

新一代信息技术产业发展的过程，就是信息技术融入涉及社会经济发展的各个领域，创造新价值的过程。物联网将新一代信息技术充分运用到各行各业中，再将"物联网"与现有的互联网整合起来，实现了人类社会与物理系统的整合，给予经济发展巨大的推动力。云计算需要大数据，通过大数据来展示平台的价值。大数据需要云计算，通过云计算将数据转化为生产力。人工智能作为计算机科学的重要分支，是发展中的综合性前言学科，将会引领世界的未来。区块链的"不可伪造""全程留痕""可以追溯""公开透明""集体维护"等特征，使得区块链技术具有坚实的"信任"基础，创造了可靠的"合作"机制，具有广阔的运用前景。

习 题 7

一、单项选择题

1. 关于人工智能概念表述正确的是（　　）。
    A. 人工智能是为了开发一类计算机使之能够完成通常由人类所完成的事情
    B. 人工智能是研究和构建在给定环境下表现良好的智能体程序
    C. 人工智能是通过机器或程序展现的智能
    D. 人工智能是人类智能体的研究
2. 下列不属于人工智能应用领域的是（　　）。
    A. 局域网　　　　B. 自动驾驶　　　　C. 自然语言学习　　D. 专家系统
3. 人工智能的研究领域包括（　　）。
    A. 机器学习　　　B. 人脸识别　　　　C. 图像理解　　　　D. 专家系统
4. 光敏传感器接收（　　）信息，并将其转换为电信号。
    A. 力　　　　　　B. 声　　　　　　　C. 光　　　　　　　D. 位置
5. 以下不是物理传感器的是（　　）。
    A. 视觉传感器　　B. 嗅觉传感器　　　C. 听觉传感器　　　D. 触觉传感器
6. RFID 属于物联网的（　　）。
    A. 应用层　　　　B. 网络层　　　　　C. 业务层　　　　　D. 感知层
7. 下列（　　）技术不适用于个人身份认证。
    A. 手写签名识别技术　　　　　　　　B. 指纹识别技术
    C. 语言识别技术　　　　　　　　　　D. 二维码识别技术
8. 以下各个活动中，不涉及价值转移的是（　　）。

A. 通过微信发红包给朋友

B. 在抖音上上传并分享一段自己制作的视频

C. 在书店花钱购买了一本区块链相关的书籍

D. 从银行取出到期的 10 万元存款

9. 区块链是一个分布式共享的账本系统，这个账本有 3 个特点，以下不属于区块链账本系统特点的一项是（   ）。

A. 可以无限增加   B. 加密   C. 无顺序   D. 去中心化

10. 以下对区块链系统的理解正确的有（   ）。

A. 区块链的是一个分布式账本系统

B. 存在中心化机构建立信任

C. 每个结点都有账本，不易篡改

D. 能够实现价值转移

二、简答和实践题

1. 简述物联网、云计算、大数据、人工智能和区块链之间的关系。

2. 简述未来物联网的发展趋势。

3. 简述大数据技术的特点。

4. 举例说明区块链技术的应用实践。

5. 通过智能手机的 AI 拍照功能体验人工智能在图像处理方面的应用。

第 8 章

信息素养与社会责任

【 本章工作任务 】

✓ 在理解信息素养的基础上提升自己的信息素养
✓ 在理解信息安全的基础上提升自己信息安全的防范意识
✓ 在了解计算机病毒的基础上为自己的计算机安装并维护防病毒软件

【 本章知识目标 】

✓ 了解信息素养的概念和组成要素
✓ 理解信息修养的评价标准
✓ 了解信息安全的概念及主要的防范措施
✓ 了解网络安全及防范措施
✓ 了解计算机病毒的含义、特征和主要防范措施
✓ 了解个人素养和社会责任的养成途径

【 本章技能目标 】

✓ 通过网络等途径学习信息素养的经典案例提升自己信息素养
✓ 为自己的计算机安装防病毒软件并更新为最新"病毒库"
✓ 培养自己的职业道德等个人素养

【 本章重点难点 】

✓ 信息素养的养成途径
✓ 信息安全的主要防御措施

信息素养概
述

PPT

8.1   信息素养概述

　　谁掌握了知识和信息，谁就掌握了支配它的权力。因此，明确信息素养的内涵及其构成要素，培养自身的信息意识和信息能力，是信息社会每一位生存者发展、竞争及终身学习的必备素质之一。

8.1.1   信息素养的概念

　　信息素养（IL，Information Literacy）也称为"信息素质"。最早是由美国信息产业协会主席保罗·泽考斯基在 1974 年提出，并将其定义为"利用大量信息工具及主要信息源使问题得到解答的技能"。"而具有信息素养的人，是指那些在如何将信息资源应用到工作中这一方面得到良好训练的人。有信息素养的人已经习得了使用各种信息工具和主要信息来源的技术和能力，以形成信息解决方案来解决问题。"目前国际上最新的定义：信息素养是一种综合能力。即对信息的反思性发现，理解信息的产生及对其评价，利用信息创造新知识，在遵守社会公德的前提下，加入学习交流社区。

　　我国目前公认的关于信息素养的定义为：信息素养应该包含信息技术操作能力、对信息内容的批判与理解能力，以及对信息的有效运用能力。从技术学视角看，信息素养应定位在信息处理能力；从心理学视角看，信息素养应定位在信息问题解决能力；从社会学视角看，信息素养应定位在信息交流能力；从文化学视角看，信息素养应定位在信息文化的多重建构能力。

　　因此，信息素养是一个含义非常广泛而且不断变化发展的综合性概念，不同时期、不同国家的人们对信息素养赋予了不同的含义。

8.1.2   信息素养的组成要素

　　信息素养是一种个人综合能力素养，同时又是一种个人基本素养。

　　在信息化社会中，获取信息、利用信息、开发信息已经普遍成为对现代人的一种基本要求，是信息化社会中人们必须掌握的终身技能。信息素养是在信息化社会中个体成员所具有的各种信息品质，一般而言，信息素养主要包括信息意识、信息知识、信息能力和信息道德4 个要素。

1. 信息意识

　　"意识"是人类头脑中对于客观世界的反映，是感觉和思维等心理过程的总和。信息意识是意识的一种，是信息在人脑中的集中反映。

　　信息意识是指对信息、信息问题的敏感程度，是对信息的捕捉、分析、判断和吸收的自觉程度。具体来说，就是人作为信息的主体在信息活动中产生的知识、观点和理论的总和。它包括两方面的含义：一方面，是指信息主体对信息的认识过程，也就是人对自身信息需要、信息的社会价值、人的活动与信息的关系及社会信息环境等方面的自觉心理反应；另一方面，是指信息主体对信息的评价过程，包括对待信息的态度和对信息质量的变化等所作的评估，并能以此指导个人的信息行为。

　　通俗地讲，面对不懂的东西，能积极主动地去寻找答案，并知道在哪里、用什么方法去寻求答案，这就是信息意识。信息意识的强弱表现为对信息的感受力的大小，并直接影响到信息主体的信息行为与行为效果。

信息时代处处蕴藏着各种信息，能否充分地利用现有信息，是人们信息意识强弱的重要体现。发现信息、捕获信息，想到用信息技术去解决问题，是信息意识的表现。信息意识的强弱决定着人们捕捉、判断和利用信息的自觉程度，影响着人们利用信息的能力和效果。信息意识是可以培养的，经过教育和实践，可以由被动地接受状态转变为自觉活跃的主动状态，而被"激活"的信息意识又可以进一步推动信息技能的学习和训练。

2. 信息知识

信息知识是人们在利用信息技术工具、拓展信息传播途径、提高信息交流效率过程中积累的认识和经验的总和，是信息素养的基础，是进行各种信息行为的原材料和工具。信息知识既包括专业性知识，也包括技术性知识。既是信息科学技术的理论基础，又是学习信息技术的基本要求。只有掌握了信息技术的知识，才能更好地理解与应用它。信息知识主要指以下几方面。

（1）传统文化素养

传统文化素养包括读、写、算的能力。尽管进入信息时代之后，读、写、算方式产生了巨大的变革，被赋予了新的含义，但传统的读、写、算能力仍然是人们文化素养的基础。信息素养是传统文化素养的延伸和拓展。

（2）信息的基本知识

信息的基本知识包括信息的理论知识，对信息、信息化的性质、信息化社会及其对人类影响的认识和理解。

（3）现代信息技术知识

现代信息技术知识主要包括信息技术的原理、信息技术的作用、信息技术的发展趋势等。

（4）外语

信息社会是全球性的，在互联网上有大半的信息是英语，此外还有其他语种的信息。

【经典案例 8-1】 汉字激光照排系统的发明人王选教授，走的正是这样一条"捷径"。

1986 年，王选只是北京大学一名助教，仅有 10 万元科研经费，要研制取代铅字印刷的新技术。当时国内权威都认为应该跟着日本人的步伐，完善光学机械式印刷系统。但是王选就是不盲从权威，开题立项之前他曾用了一年的时间，检索和研究了大量国外专利信息，了解到照排技术从"手动式""光学机械式""阴极射线管式"已经发展到第 4 代，即"激光照排"，但是激光照排还不完善，国外尚无商品。于是，王选便越过当时日本流行的光机式、欧美流行的阴极射线管式，直接研制成功第 4 代激光照排系统，实现了跨越式发展，节约了科研经费和时间。

任何科学研究都是在继承前人的知识后有所发明、有所创新的。也就是说，每个人都把前人认识事物的终点作为继承探索的起点。任何人从事某一特定领域的学术活动，或开始做一项新的科研工作，都要花费大量的时间对有关文献进行全面的调查研究，摸清国内外是否有人做过或者正在做同样的工作，取得了一些什么成果，尚存在什么问题，以便借鉴。只有这样才能有所发现、有所前进、有所创新。所有这些都需要信息知识的支撑，掌握信息知识是做好科学研究的基础和前提，如果在科学研究中，忽视信息检索，不能做好继承和借鉴工作，则容易重复研究，浪费大量人力、物力和财力。总之，信息转变为知识，知识涌现出智慧。

3. 信息能力

信息能力是信息素养中最重要的一个组成部分。它是指运用信息知识、技术和工具解决信息问题的能力。包括专业知识能力、信息检索能力、信息获取能力、信息评价能力、信息组织能力、信息利用能力和信息交流能力等。具体是指基本概念和原理等知识的理解和掌握、信息资源的收集整理与管理、信息技术及其工具的选择和使用、信息处理过程的设计等能力。

能否采取适当的方式方法，选择适合的信息技术及工具，通过恰当的途径去解决问题，最终要看有没有信息能力了。如果只是具有强烈的信息意识和丰富的信息知识，却无法有效地利用各种信息工具去搜集、获取、传递、加工、处理有价值的信息，也无法适应信息时代的要求。

4. 信息道德

信息道德是指在信息的采集、加工、存储、传播和利用等信息活动各个环节中，用来规范其间产生的各种社会关系的道德意识、道德规范和道德行为的总和。它通过社会舆论、传统习俗等，使人们形成一定的信念、价值观和习惯，从而使人们自觉地通过自己的判断规范自己的信息行为。

信息道德作为信息管理的一种手段，与信息政策、信息法律有密切的关系，它们各自从不同的角度实现对信息及信息行为进行规范和管理。信息道德以其巨大的约束力在潜移默化中规范人们的信息行为，而在自觉、自发的道德约束无法涉及的领域，信息政策和信息法律则能够充分地发挥作用。信息政策弥补了信息法律滞后的不足，其形式较为灵活，有较强的适应性。而信息法律则将相应的信息政策、信息道德固化为成文的法律、规定、条例等形式，从而使信息政策和信息道德的实施具有一定的强制性，更加有法可依。信息道德、信息政策和信息法律三者相互补充、相辅相成，共同促进各种信息活动的正常进行。

信息道德包括以下内容。

（1）遵守信息法律法规

要了解与信息活动有关的法律法规，培养遵纪守法的观念，养成在信息活动中遵纪守法的意识与行为习惯。

（2）抵制不良信息

提高判断是非、善恶和美丑的能力，能够自觉选择正确信息，抵制垃圾信息、黄色信息、反动信息和封建迷信信息等。

（3）批评与抵制不道德的信息行为

培养信息评价能力，认识到维护信息活动的正常秩序是每个人应担负的责任，对不符合社会信息道德规范的行为应坚决予以批评和抵制，营造积极的舆论氛围。

（4）不损害他人利益

个人的信息活动应以不损害他人的正当利益为原则，要尊重他人的财产权、知识产权，不使用未经授权的信息资源、尊重他人的隐私、保守他人秘密、信守承诺、不损人利己。

（5）不随意发布信息

个人应对自己发出的信息承担责任，应清楚自己发布的信息可能产生的后果，应慎重表达自己的观点和看法，不能不负责任或信口开河，更不能有意传播虚假信息、流言等误导他人。

【经典案例 8-2】　一款名为"MSN Chat Monitor & Sniffer"软件制造的"MSN 偷窥门"事件，让众多 MSN 用户绷紧了神经。普通人使用该软件，不仅可以轻松看到局域网内部所有的 MSN 用户的 MSN 地址，而且能够窥视其中的聊天内容，整个过程无须网管的协助，这就是一种侵犯别人隐私的不道德信息行为。

信息道德在潜移默化中调整人们的信息行为，使其符合信息社会基本的价值规范和道德准则，从而使社会信息活动中个人与他人、个人与社会的关系变得和谐与完善，并最终对个人和组织等信息行为主体的各种信息行为产生约束或激励作用。同时，信息政策和信息法律的制定及实施必须考虑现实社会的道德基础，所以说信息道德还是信息政策和信息法律建立和发挥作用的基础。

总之，信息素养 4 个要素的相互关系共同构成一个不可分割的统一整体。可归纳为，信息意识是前提，决定一个人是否能够想到用信息和信息技术；信息知识是基础；信息能力是核心，决定能不能把想到的做到、做好；信息道德则是保证、是准则，决定在做的过程中能不能遵守信息道德规范、合乎信息伦理。

8.2　信息素养的评价

8.2.1　信息素养评价概述

信息素养评价是依据一定的目的和标准，采用科学的态度与方法，对个人或组织等进行的综合信息能力的考察过程。它既可以是对一个国家或地区的整体评价，也可以是对某个特定人的个体评价。具体地说，就是要判断被评价对象的信息素质水平，并衡量这些信息素质对其工作与生活的价值和意义。群体评价往往是建立在个体评价基础之上的，因此，个体信息素质评价是信息素质评价的基础和核心。

当前，信息素质已成为大学生必备的基本素质之一。对大学生开展信息素质水平评估，一方面可以让学生在正确认识自己的优势与不足的基础上，从正反两个方面受到激励，增强其发展信息素养的积极性和主动性；另一方面，信息素养评价也是大学生信息素养教育过程中的重要环节。通过科学的测量与评价，促使大学生朝着有利于提高自身信息素养的方向发展。

8.2.2　信息素养的评价标准

在学习国外信息素养评价标准基础上，国内学者针对中国国情提出了多种关于信息素养的评价标准，并制定了我国《高等院校学生信息素养能力标准》，作为我国大学生毕业时评价信息素养的指南。国内学者认为美国 ACRL 的评价标准侧重于对信息能力、信息道德的评估，用以评估我国的信息素养教育尚不够全面，应补充有关信息意识等方面的评价指标，在此基础上，制定出符合我国实际情况的信息素养教育评价标准。

① 信息意识的强弱，即对信息的敏锐程度。

② 信息需求的强烈程度，确定信息需求的时机，明确信息需求的内容与范围。

③ 所具有的信息源基础知识的程度。

④ 高效获取所需信息能力的大小。

⑤ 评估所需信息的能力。

⑥ 有效地利用信息以及存储组织信息的能力。

⑦ 具有一定的经济、法律方面的知识，获取与使用信息符合道德与法律规范。

⑧ 终身学习的能力。

另外，"北京地区高校信息素养能力指标体系"由 7 个维度、19 项标准、61 个三级指标组成。该指标体系作为北京市高校学生信息素养评价的重要指标，是我国第一个比较完整、系统的信息素养能力体系。

① 维度 1，具备信息素养的学生能够了解信息以及信息素质能力在现代社会中的作用、价值与力量。

② 维度 2，具备信息素质的学生能够确定所需信息的性质与范围。

③ 维度 3，具备信息素养的学生能够有效地获取所需要的信息。

④ 维度 4，具备信息素养的学生能够正确地评价信息及其信息源，并且把选择的信息融入自身的知识体系中，重构新的知识体系。

⑤ 维度 5，具备信息素养的学生能够有效地管理、组织与交流信息。

⑥ 维度 6，具备信息素养的学生作为个人或群体的一员能够有效地利用信息来完成一项具体的任务。

⑦ 维度 7，具备信息素养的学生了解与信息检索、利用相关的法律、伦理和社会经济问题，能够合理、合法地检索和利用信息。

信息意识是信息需求的前提，它支配着用户的信息行为并决定着信息的利用率，而终身学习能力是信息素质教育的最终目标。

8.3 信 息 安 全

8.3.1 信息安全概述

1. 信息安全的含义

信息安全（Information Security，IS），ISO（国际标准化组织）的定义为：为数据处理系统建立和采用的技术、管理上的安全保护，为的是保护计算机硬件、软件、数据不因偶然和恶意的原因而遭到破坏、更改和泄露。

2. 信息安全存在的主要原因

（1）个人信息没有得到规范采集

信息时代，虽然生活方式呈现出简单和快捷性，但其背后也伴有诸多信息安全隐患。例如诈骗电话、推销信息以及人肉搜索信息等均对个人信息安全造成影响。不法分子通过各类软件或者程序来盗取个人信息，并利用信息来获利，严重影响了公民的生命、财产安全。此类问题多是集中于日常生活，如无权、过度或者是非法收集等情况。除了政府和得到批准的企业外，还有部分未经批准的商家或者个人对个人信息实施非法采集，甚至部分调查机构建立调查公司，并肆意兜售个人信息。

（2）公民欠缺足够的信息保护意识

网络上个人信息的肆意传播、电话推销源源不绝等情况时有发生，从其根源来看，这与公民缺乏足够的信息意识密切相关。公民在个人信息层面的保护意识相对薄弱，给信息被盗取创造了条件。例如，随便访问网站便需要填写相关资料，有的网站甚至要求填写身份证号码等信息。

（3）相关部门监管不力

相关部门针对个人信息采取监管和保护措施时，可能存在界限模糊的问题，这主要与管理理念模糊、机制缺失联系密切。大数据需要以网络为基础，网络用户较多并且信息较为繁杂，因此也很难实现精细化管理。再加上与网络信息管理相关的规范条例等并不系统，使得很难针对个人信息做到有力监管。

3. 信息安全的主要防御技术

（1）身份认证技术

用来确定访问或介入信息系统用户或者设备身份的合法性的技术，典型的手段有用户名口令、身份识别、PKI证书和生物认证等。

（2）防火墙以及病毒防护技术

防火墙是一种能够有效保护计算机安全的重要技术，由软硬件设备组合而成，通过建立检测和监控系统来阻挡外部网络的入侵。用户可以使用防火墙有效控制外界因素对计算机系统的访问，确保计算机的保密性、稳定性以及安全性。病毒防护技术是指通过安装杀毒软件进行安全防御，并且及时更新软件，如金山毒霸、360安全防护中心、电脑安全管家等。病毒防护技术的主要作用是对计算机系统进行实时监控，同时防止病毒入侵计算机系统对其造成危害，将病毒进行截杀与消灭，实现对系统的安全防护。

（3）数字签名以及生物识别技术

数字签名技术主要针对电子商务，该技术有效地保证了信息传播过程中的保密性以及安全性，同时也能够避免计算机受到恶意攻击或侵袭等问题发生。生物识别技术是指通过对人体的特征识别来决定是否给予应用权利，主要包括指纹、视网膜等方面。这种技术能够较大程度地保证计算机互联网信息的安全性，现如今应用最为广泛的就是指纹识别技术，该技术在安全保密的基础上也具有稳定简便的特点，为人们带来了极大的便利。

（4）信息加密处理与访问控制技术

信息加密技术是指用户可以对需要进行保护的文件进行加密处理，设置有一定难度的复杂密码，并牢记密码保证其有效性。此外，用户还应当对计算机设备进行定期的检修以及维护，加强网络安全保护，并对计算机系统进行实时监测，防范网络入侵与风险，进而保证计算机的安全稳定运行。访问控制技术是指通过用户的自定义对某些信息进行访问权限设置，或者利用控制功能实现访问限制，该技术能够使得用户信息被保护，也可避免非法访问此类情况的发生。

（5）安全防护技术

包含网络防护技术（防火墙、UTM、入侵检测防御等）；应用防护技术（如应用程序接口安全技术等）；系统防护技术（如防篡改、系统备份与恢复技术等），防止外部网络用户以非法手段进入内部网络，访问内部资源，保护内部网络操作环境的相关技术。

（6）入侵检测技术

在使用计算机软件学习或者工作的时候，多数用户会面临程序设计不当或者配置不当的问题，就使得他人可更加轻易地入侵到自己的计算机系统。例如，黑客可以利用程序漏洞入侵他人的计算机，窃取或者损坏信息资源，会造成一定程度上的经济损失。因此，在出现程序漏洞时用户必须要及时处理，可以通过安装漏洞补丁来解决问题。

（7）安全检测与监控技术

对信息系统中的流量以及应用内容进行检测并适度监管和控制，避免网络流量的滥用、垃圾信息和有害信息的传播。

（8）加密解密技术

在信息系统的传输过程或存储过程中进行信息数据的加密和解密。

（9）安全审计技术

包含日志审计和行为审计，通过日志审计协助管理员在受到攻击后察看网络日志，从而评估网络配置的合理性、安全策略的有效性，追溯分析安全攻击轨迹，并能为实时防御提供手段。通过对员工或用户的网络行为审计，确认行为的合规性，确保信息及网络使用的合规性。

8.3.2　网络安全

1. 威胁网络安全的因素

计算机网络面临的安全威胁大体可分为对网络本身的威胁和对网络中信息的威胁两种。

影响计算机网络安全的因素很多，对网络安全的威胁主要来自人为的无意失误、人为的恶意攻击和网络软件系统的漏洞及"后门" 3 个方面的因素。

人为的无意失误是造成网络不安全的重要原因。网络管理员在这方面不但肩负重任，还面临越来越大的压力。稍有考虑不周，安全配置不当，就会造成安全漏洞。另外，用户安全意识不强，不按照安全规定操作，如口令选择不慎，将自己的账户随意转借他人或与别人共享，都会对网络安全带来威胁。

人为的恶意攻击是目前计算机网络所面临的最大威胁。人为攻击又可以分为两类：一类是主动攻击，它以各种方式有选择地破坏系统和数据的有效性和完整性；另一类是被动攻击，它是在不影响网络和应用系统正常运行的情况下，进行截获、窃取、破译以获得重要机密信息。这两种攻击均可对计算机网络造成极大的危害，导致网络瘫痪或机密泄漏。

网络软件系统不可能百分之百无缺陷和无漏洞。另外，许多软件都存在设计编程人员为了方便而设置的"后门"。这些漏洞和"后门"恰恰是黑客进行攻击的首选目标。

2. 网络安全的防范措施

（1）深入研究系统缺陷，完善计算机网络系统设计

全面分析网络系统设计是建立安全可靠的计算机网络工程的首要任务。用户入网访问控制可分为 3 个过程：用户名的识别与验证；用户口令的识别与验证；用户账号的检查。在这 3 个过程中任意一个不能通过，系统就将其视为非法用户，不能允许访问该网络。

各类操作系统要经过不断检测，及时更新，保证其完整性和安全性。

（2）完善网络安全保护，抵制外部威胁

构建计算机网络运行的优良环境，服务器机房建设要按照国家统一颁布的标准进行建设、施工，经公安、消防等部门检查验收合格后才可投入使用。要安装防火墙，防止外部网络用户以非法手段进入内部网络访问或获取内部资源，即过滤危险因素的网络屏障。通过病毒防杀技术防止网络病毒对于整个计算机网络系统的破坏，当以"防"为主。

设置好网络的访问权限，尽量将非法访问排除在网络之外。采用文件加密技术，使未被授权的人看不懂它，从而保护网络中数据传输的安全性。

（3）加强计算机用户及管理人员的安全意识培养

计算机个人用户要加强网络安全意识的培养，根据自己的职责权限，选择不同的口令，对应用程序数据进行合法操作，防止其他用户越权访问数据和使用网络资源。

（4）建设专业团队，加强网络评估和监控

网络安全的防护一方面要依靠专业的网络评估和监控人员。另一方面要依靠先进的软件防御。

8.3.3　计算机病毒

1. 计算机病毒概述

《中华人民共和国计算机信息系统安全保护条例》中明确将计算机病毒定义为："编制或者在计算机程序中破坏计算机功能或者破坏数据，影响计算机使用并且能够自我复制的一组计算机指令或者程序代码"。

计算机病毒是人为故意编写的小程序。编写病毒程序的人，有的为了证明自己的能力，有的出于好奇，也有的因为个人目的没能达到而采取的报复方式等等。对大多数病毒制作者的信息，从病毒程序的传播过程中，都能找到一些蛛丝马迹。

2. 计算机感染上病毒的常见症状

① 异常要求输入口令。

② 程序载入时间比平时长，计算机发出异响，运行异常。

③ 有规律地出现异常现象或显示异常信息，如异常死机后又自动重新启动，屏幕上显示白斑或圆点等。

④ 计算机经常出现死机现象或不能正常启动。

⑤ 程序和数据神秘丢失，不能辨认文件名，可执行文件的大小发生变化。

⑥ 访问设备时发生异常情况，如磁盘访问的时间比平时长，打印机不能联机或打印时出现怪字符。

⑦ 发现不明来源的隐含文件或电子邮件。

3. 计算机病毒的特征

各种计算机病毒通常都具有以下特征：

（1）传染性

计算机病毒具有很强的再生机制，一旦计算机病毒感染了某个程序，当这个程序运行时，病毒就能传染到这个程序有权访问的所有其他程序和文件。

计算机病毒可以从一个程序传染到另一个程序，从一台计算机传染到另一台计算机，从一个计算机网络传染到另一个计算机网络，在各系统上传染、蔓延，同时使被传染的计算机程序、计算机、计算机网络成为计算机病毒的生存环境及新的传染源。

（2）破坏性

任何计算机病毒只要侵入系统，就会对系统及应用程序产生不同程度的影响，轻者会降低计算机工作效率，占用系统资源（如占用内存空间、占用磁盘存储空间以及系统运行时间等），只显示一些画面或音乐、无聊的语句，或者根本没有任何破坏性动作。例如，欢乐时光病毒的特征是系统的资源占用率非常高。

有的计算机病毒可使系统不能正常使用，破坏数据泄露个人信息，导致系统崩溃等；有的对数据造成不可挽回的破坏。例如，米开朗基罗病毒，当病毒发作时，硬盘的前 17 个扇区将被彻底破坏，使整个硬盘上的数据无法恢复，造成的损失是无法挽回的。

（3）隐蔽性

计算机病毒具有隐蔽性，以便不被用户发现及躲避反病毒软件的检测，因此系统感染病毒后，一般情况下用户感觉不到病毒的存在，只有在其发作时，系统出现不正常反应时用户才知道。

为了更好地隐藏，病毒的代码设计的非常短小，一般只有几百字节或 1KB，以现在计算机的运行速度，病毒转瞬之间便可将短短的几百字节附着到正常程序中，使用户很难察觉。

（4）潜伏性和触发性

大部分病毒在感染系统之后不会马上发作，而是悄悄地隐藏起来，然后在用户没有察觉的情况下进行传染。病毒的潜伏性越好，在系统中存在的时间也就越长，病毒传染的范围越广，其危害性也越大。

计算机病毒的可触发性是指满足其触发条件或者激活病毒的传染机制，使之进行传染或者激活病毒的表现部分或破坏部分。

计算机病毒的可触发性与潜伏性是联系在一起的，潜伏下来的病毒只有具有可触发性，其破坏性才成立，也才能真正成为"病毒"。如果设想一个病毒永远不会运行，就像死火山一样，对网络安全就构不成危险，触发的实质是一种条件的控制，病毒程序可以依据设计者的要求，在一定条件下实施攻击。

（5）寄生性

计算机病毒与其他合法程序一样，是一段可执行程序，但它一般不独立存在，而是寄生在其他可执行程序上，因此它享有一切程序所能得到的权力。也鉴于此，计算机病毒难以发现和检测。

4. 计算机病毒的预防

计算机病毒的防治包括计算机病毒的预防、检测和清除，要以预防为主，具体措施如下。

① 经常从软件供应商下载、安装安全补丁程序和升级杀毒软件。

② 新购置的计算机和新安装的系统，一定要进行系统升级，保证修补所有已知的安全漏洞。

③ 使用高强度的口令。

④ 经常备份重要数据。特别是要做到经常性地对不易复得数据（个人文档、程序源代码等）完全备份。

⑤ 选择并安装经过公安部认证的防病毒软件，定期对整个硬盘进行病毒检测、清除工作。

⑥ 安装防火墙（软件防火墙，如 360 安全卫士），提高系统的安全性。

⑦ 不要打开陌生人发来的电子邮件，同时也要小心处理来自熟人的邮件附件。

⑧ 正确配置、使用病毒防治软件，并及时更新。

8.4   个人素养与社会责任

8.4.1   培养职业道德

职业态度不同于科学态度。科学态度是指尊重实证，批判性思考，对变化的世界敏感，是对待一切事物的正确态度。而职业态度则具体指在职业活动中所应具有的工作态度，如诚实、守信、严谨。

1. 诚实，避免弄虚作假

诚信，是中华民族的传统美德。诚实是每个人都要具备的基本美德，是立身处世的准则，是人格的体现，是衡量个人品行优劣的道德标准之一。它对民族文化、民族精神的塑造起着不可缺少的作用。在中国源远流长的历史传承中，中华民族形成了重承诺、守信义、以诚立业、以信取人的道德传统，形成比较稳定的社会结构、凝聚力强大的传统文化和延绵不绝的中华文明，"千金一诺""一言既出，驷马难追"之类的美谈佳话永存史册。

2. 守信，杜绝商业欺诈

守信，有多么重要？首先看一则故事。

【经典案例8-3】 古时候，济阳有个商人过河时船沉了，他大声呼救，有个渔夫闻声而至。商人大喊："我是济阳最大的富翁，你若能救我，给你100两金子。"待被救上岸后，商人却翻脸不认账了。他只给了渔夫10两金子。渔夫责怪他，商人却说："你一个打鱼的，一生都挣不了几个钱，突然得十两金子还不满足吗？"渔夫只得快快而去。可后来那商人又一次在原地翻船了。有人欲救，那个曾被他骗过的渔夫说："他就是那个说话不算数的人！"于是那个商人被淹死了。

程颐的"学贵信，信在诚。诚则信矣，信则诚矣。人无忠信，不可立于世"，以及孔子的"信以成之，君子哉"，均强调诚实守信是一个人安身立命之根基。荀子的"诚信生神，夸诞生惑"，认为诚实守信能够产生意想不到的效果，而虚夸造假则会致使人们思想混乱。

守信意味着表里如一，说实话，做实事，不夸大其词，不文过饰非。做事做人，实事求是，不投机取巧，不巧舌如簧，满口谎言而不知耻。人生，即使一时的哄骗能够得到片刻的安逸，能够获取眼前的利益，但是对于每个人来说，每说一次谎话，每欺骗一次别人，诚信度就下降一些，为人水准便降低一点，即使目前的人生是辉煌的，但这个辉煌的人生是不能持久的，只因它由谎言构成，经不住事实的敲打，别人很容易用事实推倒你的谎言，摧毁你用谎言得到的一切。

要做一个守信的人，就要杜绝商业欺诈。目前，在市场化经济大潮下，在商业促销中会存在形式各样的欺诈行为，如销售掺杂、掺假、以假充真、以次充好的商品；有的采取虚假或者其他不正当手段，商品分量不足；有的销售处理品、残次品、等次品等商品而谎称是正品；还有的以虚假的"清仓价""甩卖价""最低价""优惠价"或者其他欺诈性价格来销售商品。这些商业欺诈行为影响极其恶劣，干扰了正常的市场经济秩序。要做一个守信的人，就要远离这些商业欺诈行为。

8.4.2 秉持职业操守

职业操守是指人们在从事职业活动中必须遵从的最低道德底线和行业规范。它既是对人在职业活动中行为要求，也是人对社会所承担的道德、责任和义务。一个人不管从事何种职业，都必须具备端正的职业操守，否则将一事无成。秉持职业操守要做到遵章、守纪和保守秘密。

1. 遵章律己

纪律是集体面貌，也是集体的声音。只有遵章守纪，企业才能有良好的工作氛围，才能调动所有人的积极性，追求最大化的商业利润。

追求利润千万不能越线，更不能违法，要能够按章办事，守住道德的底线。中国向来是礼仪之邦，也是文明之国，随着现代化进程的持续加快，伴随市场化的不断深入，近些年来，出现了一些比较严重的"违规"事件。

如股市"老鼠仓"、"三鹿"毒奶粉、"周老虎"事件、学术造假事件等，当事人也都因此入狱或身败名裂。

如日中天的快播公司也曾拥有 3 亿用户，却因为没有监管视频内容，而遭深圳市市场监管局 2.6 亿元的行政处罚。公司创始人王欣在逃往境外 110 天后被抓捕归案，并被海淀区人民法院以传播淫秽物品牟利罪，判处有期徒刑三年六个月，个人罚金人民币一百万元。

同样，"魏则西事件"也引发人们对百度竞价搜索规则的质疑，导致百度公司向社会公开道歉，公司形象受损。

遵章看起来很简单，但做起来却非常困难，尤其是在面对巨大的金钱诱惑时，更能体现企业和个人的担当精神。

2. 遵循职业规范

常言道，"没有规矩，不成方圆"。无论何种行业，都将纪律、规章制度放在首要位置，纪律面前，人人平等。"师出以律"，古今中外，莫不如此。守纪，是为了更好地工作，更好地生活。

守纪，是一个人对社会规则的认同，是对他人的尊重，从而让人与人的交往更加简单和谐，使社会发展更加有序。守纪，要求我们每个人在工作中都要遵循职业规范。职业规范的范围很广，职业道德、工作规范和行为守则都是职业规范的一部分。要有良好的职业规范，就必须要有良好的职业道德。职业道德看起来很空，但落到实处就是对待工作的态度，如要热爱工作，要自洁自律、廉洁奉公，不议论他人的私事。当你跳槽时，也能做到严守企业秘密，有序跳槽。

随着个人计算机的普及，越来越多的人借助计算机进行工作，但并不是所有的系统都是好系统，也并不是所有的软件都是好软件，有些病毒软件会肆意入侵，违法窃取个人资料。与此同时，还有流氓软件也乘虚而入。流氓软件起源于"Badware"一词，是一种跟踪用户上网行为并将用户个人信息反馈给"躲在暗处"的市场利益集团，或者通过该软件不断弹出广告，以形成整条灰色产业链。流氓软件可分为间谍软件（Spyware）、恶意软件（Malware）和欺骗性广告软件（Deceptive Adware）三大类。一个装机量大的广告插件公司，凭借流氓软件，月收入可在百万元以上。

尽管这些流氓软件获取了巨额利润，但这些利润都是建立在侵害用户利益基础之上，是一种非法收入。

3. 严守公私秘密

职业操守还要求每一个从业人员都要对公司重要数据保密，要能确保数据安全。一个好的律师绝对不会把当事人的秘密透露给他人，一个好的医生也绝不会把病人的病情告诉他人。每个行业都有保密的要求，只不过有些岗位的保密性要求很高，有些岗位的保密性要求没那么高。但无论如何，都要学会保守公司或当事人的秘密。

【经典案例 8-4】 2011 年，前苹果员工 Paul Devine 泄露苹果公司新产品的价格和产品特征等机密信息，还向苹果公司的合作伙伴、供应商和代工厂商提供苹果公司的数据，使得这些供应商和代工厂商获得与苹果公司谈判的筹码。作为回报，Devine 得到一定的经济利益，而苹果公司却因这些信息泄露而亏损 240.9 万美元。

企业秘密也是商业机密的一种，涉及企业的利益。企业秘密涉及广泛，是检验企业管理水平的关键。严守秘密，说明员工纪律性强。泄露秘密，说明员工涣散。秘密对企业而言，既是生命，也是生产力。造成企业泄密的原因主要有以下几种：一是企业领导对企业经济、技术保密工作不重视，保密机构不健全；二是涉密人员的保密意识不强或自身素质不高；三是伴随市场经济出现的涉密人员流动、跳槽，以及企业部分涉密人员泄密；四是在对内和对外经济技术合作中，有些企业领导以及涉密人员对内外有别原则掌握不好。

个人隐私是指公民个人生活不愿为他人公开或知悉的秘密。隐私权是自然人享有的，对与公共利益无关的个人信息、私人活动和私有领域进行支配的一种人格权。在生活中，每个人都有不愿让他人知道的个人秘密，这个秘密在法律上称为隐私，如个人的私生活、日记、照相簿、生活习惯、通信秘密、身体缺陷等。自己的秘密不愿让他人知道，是自己的权利，这个权利就称为隐私权。例如，未经公民许可，公开其姓名、肖像、住址和电话号码，就是比较严重的个人隐私泄露，会造成个人的不安全感。非法跟踪他人，监视他人住所，安装窃听设备，偷拍他人私生活镜头，窥探他人室内情况等，也属于不合法窃取公民个人隐私。现代社会，每个人都有权利保护自己的个人隐私，不容他人侵犯。

8.4.3 维护商业利益

知识产权是指人类智力劳动产生的智力劳动成果所有权。它是依照各国法律赋予符合条件的著作者、发明者或成果拥有者在一定期限内享有的独占权利，一般认为它包括版权（著作权）和工业产权。版权（著作权）是指创作文学、艺术和科学作品的作者及其他著作权人依法对其作品所享有的人身权利和财产权利的总称；工业产权则是指包括发明专利、实用新型专利、外观设计专利、商标、服务标记、厂商名称、货源名称或原产地名称等在内的权利人享有的独占性权利。随着知识产权在国际经济竞争中的作用日益上升，越来越多的国家都在制定和实施知识产权战略。

1. 并购激励技术创新

社会进步需要科技创新，任何一项创新都需要专业人才付出大量的智慧和心血，需要大额的研发投入，并承担创新失败和投资无法收回的风险。一旦技术创新被模仿和超越，前期投入就会血本无归，导致无法持续创新。技术收购能够鼓励创新，创新被溢价收购后，研发者更有动力进行新的创新。因此，对于有价值的创新，应该鼓励企业间以并购方式来获得相关技术，而不是一味模仿复制。这既是对技术创新者的不尊重，更会因为扼杀创新而阻碍社会发展。事实证明，模仿也不能长久成功，前几年势头很猛的山寨手机早已不见了踪影。

近年来，行业领先企业越来越重视技术并购，同业并购案例越来越多，各大企业巨头大大小小的收购事件频传。行业巨头对具有核心技术企业的并购行为是值得充分鼓励和肯定的，其实按照其研发能力，在一定时间内掌握同样技术并不难，但本着尊重知识产权、鼓励创新发展的原则，更愿意高溢价并购新技术，鼓励更多技术创新。

2. 付费支持行业发展

在人们的传统观念里面，认为只有有形的实物才值得花钱去购买，对于无形的软件往往忽视其价值，认为不值得付费，这种观念实际上是违背了价值观。随着时代的发展，软件的功能逐渐超越硬件，如现在的一部智能手机可以代替过去的电脑、电视、照相机、导航仪、游戏机等，人们可以只出一部手机的钱买到这么多的替代品，正是因为软件工程师们用他们的智慧将有形的物通过程序形成 APP 植入到手机载体中，才实现了多种功能的整合。因此，人们的消费观念也要跟随时代的发展，改变只有硬件才能卖高价的观念，营造一种尊重软件产品和软件系统的机制、主动付费、杜绝盗版的良好氛围。只有这样，人们才有动力研发更多的智能化软件产品来方便人们的生活，让人们体验到更加人性化、智能化的产品，社会才能进步，人类才能发展。

应该选择正版软件，主动付费，对盗版软件说不，这是对别人智力成果的一种支持也是一种尊重。盗版软件是非法制造或复制的软件。盗版软件侵犯著作权，危害正版软件特别是国产正版软件的开发与发展，破坏电子出版物市场秩序，危害正版软件市场的发育和发展，损害合法经营，妨碍文化市场的发展和创新。因此，必须要支持付费而非盗用，让盗版无利可图，让正版获得应有的回报，支持行业良性发展。

3. 执法维护行业秩序

盗版是指在未经版权所有人同意或授权的情况下，对其拥有著作权的作品、出版物等进行由新制造商制造跟源代码完全一致的复制品并再分发的行为。在绝大多数国家和地区，此行为被定义为侵犯知识产权的违法行为，甚至构成犯罪，会受到所在国家和地区的处罚。盗版出版物通常包括盗版书籍、盗版软件、盗版音像作品以及盗版网络知识产品。盗版的购买者无法得到法律的保护。

软件盗版是目前常见的一种盗版类型，它是指非法复制有版权保护的软件程序，假冒并发售软件产品的行为。最为常见的软件盗版形式包括假冒行为和最终用户复制。假冒行为是指针对软件产品的大规模非法复制和销售。许多盗版团伙均涉嫌有组织犯罪：他们大多利用尖端技术对软件产品进行仿制和包装，而经过包装的盗版软件则将以类似合法软件的形式进行发售。在大批量生产的情况下，软件盗版行为也就演变成不折不扣的犯罪活动。盗版的危险性极大，由于软件不是完美的，在使用过程中会出现各种问题，如数据丢失等技术风险，盗版用户通常无法以正常途径获得合法的技术支持和维护服务，由此带来的损失可能已经超过了盗版所节约的成本，尤其是非常依赖信息技术的公司。另外盗版软件在内容上也无法得到充分的保证，销售商无法对完整性和可用性给出任何保证。

软件盗版极大地打击了国内的信息产业，尤其是软件产业。国内软件产业尚在起步阶段，理想的情况是软件从业人员开发、销售软件产品获得利润，再回流到企业，培养、吸引人才，推出更优秀的新产品，壮大产业。事实上，由于盗版盛行，产品要么无人问津，要么盗版泛滥，企业无法获得正常的利润来维持运营，至今国内软件业根本无法和跨国 IT 巨头竞争。许多优秀人才都聚集到了外企，国内软件企业也因没有资金培养人才，吸引人才来开发优秀的产品，这是典型的恶性循环。许多软件企业都变成了外企的外包服务提供商，难以研发自主产品，这也算是中国软件业之痛。

【经典案例 8-5】 2008 年 10 月 21 日，微软公司宣布设立"全球反盗版宣传日"，其中包括多项本地和全球性计划，在 49 个国家通过各种教育计划和执法行动打击盗版和假冒软件。这些计划包括知识产权宣传活动、创新展览会、参与合作伙伴的商务和教育论坛，以及打击假冒软件非法贸易犯罪集团的法律行动。这些举措是微软在全球范围内支持社区、政府部门和当地执法部门反盗版努力的一部分，旨在保护客户和合作伙伴的权益并宣传知识产权对于推动创新的重要意义。微软公司与政府、当地执法部门以及客户和合作伙伴一起，通过跨区域、国家的协作，发现软件盗版与假冒者之间的国际联系环节，打断他们的犯罪链条，从而保护消费者和合法企业免受假冒软件贸易的危害。中国也加入了"全球反盗版宣传日"的行列之中。打击盗版，还有很长的路要走。

8.4.4 规避不良记录

"黑名单"的产生可以说是市场发展的必然要求。那么什么是"黑名单"呢？有资料显示，"黑名单"最早来源于西方的教育机构。早在中世纪，英国的牛津和剑桥等大学，对那些行为不端的学生，会将其姓名、行为记录在黑皮书上，一旦名字上了黑皮书，就会在相当长时间内名誉扫地。学生们十分害怕这一校规，常常小心谨慎，以防有越轨行为的发生。这个方法后来被英国商人借用以惩戒那些不守合同、不讲信用的顾客。19世纪20年代，面对很多绅士定做服装，而后欠款不还的现象，伦敦的裁缝们为了保护其自身利益，创立了一个交流客户支付习惯信息的机制，将欠钱不还的顾客列在黑皮书上，互相转告，让那些欠账的人在别的商店也做不了衣服。后来，其他行业的商人们争相仿效，随后"黑名单"便在工厂主和商店老板之间逐渐传来传去，"黑名单"就这样发展起来。

2004年，世界银行启动了供应商"取消资格"制度，经过10多年的实践，已经产生广泛影响。2011年，美国贸易代表办公室发布了销售假冒和盗版产品的"恶名市场"名单，将30多个全球互联网和实体市场列入其中。还有比较典型的是美国食品和药品管理局发布的"黑名单"制度，对严重违反药品法规的法人或自然人实施禁令，禁止他们参与制药行业中与上市药品有关的任何活动。

2020年11月25日，国务院常务会议确定完善失信约束制度、健全社会信用体系的措施，为发展社会主义市场经济提供支撑。2021年6月8日，《中华人民共和国安全生产法（修正草案）》提请会议审议，草案明确了平台经济等新兴行业、领域的安全生产责任，加强安全生产监督管理，依法保障从业人员安全。对新兴行业、领域的安全生产监督管理职责不明确的，由县级以上地方各级人民政府按照业务相近的原则确定监督管理部门。

2021年6月10日，中华人民共和国第十三届全国人民代表大会常务委员会第二十九次会议通过《全国人民代表大会常务委员会关于修改〈中华人民共和国安全生产法〉的决定》，自2021年9月1日起施行。

有了行业"黑名单"和行业禁入制度，能够规范企业行为，增强市场透明度，有效防范市场经济中的失信行为，遏制当前市场经济下失信蔓延与加深的势头，营造一个良好的氛围，重建市场信任机制。

现在很多消费借贷平台都有记录自己用户的信用数据，有些借贷平台甚至接入了我国官方征信系统。例如，花呗近期以服务升级的模式，部分用户接入了央行征信系统，并且在未来，这些分期付款服务平台的征信系统只会越来越完善，甚至可能将全部用户的信用记录都会直接与官方征信系统挂钩，然后在整个社会中，会形成一个透明、互通和全面的信用体系。

花呗接入央行征信，意味着花呗用户数据的封闭性被打破，用户发生的借贷行为，其相关信用信息都将及时全面报送至央行征信。倘若有逾期记录，会被记入个人征信报告，今后用户在贷款、消费、出行、子女受教育等方面或将受限，用户的逾期成本增加了不少。如果当代大学生过度超前消费，却又没有能力按时还款进而造成违约的话，就留下了失信记录，损害了自己的信誉，这会非常影响以后的工作和生活。

本 章 小 结

在大数据和人工智能时代，信息素养已经成为人们发展、竞争和终生学习的重要素养之一，需要积极提升自己的信息意识、信息知识、信息能力和信息道德。信息安全是为数据处理系统建立和采用的技术、管理上的安全保护，为的是保护计算机硬件、软件、数据不因偶然和恶意的原因而遭到破坏、更改和泄露。信息安全的主要防御技术有身份认证技术、防火墙以及病毒防护技术、数字签名以及生物识别技术、信息加密处理与访问控制技术、安全防护技术、入侵检测技术、安全检测与监控技术、加密解密技术和安全审计技术。计算机网络安全要从事前预防、事中监控、事后弥补 3 个方面入手，不断加强安全意识，完善安全技术，制定安全策略，从而提高计算机网络系统的安全性。

习　题　8

一、单项选择题

1. 信息素养不包括（　　　）。
　　A. 信息意识　　　　　　B. 信息知识　　　　　　C. 信息能力　　　　　　D. 信息手段
2. 确保信息不暴露给未经授权的实体的属性指的是（　　　）。
　　A. 保密性　　　　　　B. 完整性　　　　　　C. 可用性　　　　　　D. 可靠性
3. 通信双方对其收、发过的信息均不可抵赖的特性指的是（　　　）。
　　A. 保密性　　　　　　B. 不可抵赖性　　　　　　C. 可用性　　　　　　D. 可靠性
4. 下列情况中，破坏数据完整性的攻击是（　　　）。
　　A. 假冒他人地址发送数据　　　　　　B. 不承认做过信息递交行为
　　C. 数据在传输中途被篡改　　　　　　D. 数据在传输中途被窃听
5. 下列情况中，破坏数据保密性的攻击是（　　　）。
　　A. 假冒他人地址接收数据　　　　　　B. 不承认做过信息接收行为
　　C. 数据在传输中途被篡改　　　　　　D. 数据在传输中途被窃听
6. 计算机病毒是指能够入侵计算机系统并在计算机系统中潜伏、传播、破坏系统正常工作的一种具有繁殖能力的（　　　）。
　　A. 指令　　　　　　B. 程序　　　　　　C. 设备　　　　　　D. 文件
7. 下列不是计算机病毒特征的是（　　　）。
　　A. 破坏性和潜伏性　　　　　　B. 传染性和隐蔽性
　　C. 寄生性　　　　　　D. 免疫性
8. 下面关于计算机病毒描述错误的是（　　　）。
　　A. 计算机病毒具有传染性
　　B. 通过网络传染计算机病毒，其破坏性大大高于单机系统
　　C. 如果染上计算机病毒，该病毒会马上破坏计算机系统

D. 计算机病毒主要破坏数据的完整性

9. 对已感染病毒的 U 盘应当采用的处理方法是（   ）。

    A. 以防传染给其他设备，该 U 盘不能再使用

    B. 用杀毒软件杀毒后继续使用

    C. 用酒精消毒后继续使用

    D. 直接使用，对系统无任何影响

10. 用某种方法伪装消息以隐藏它的内容的过程称为（   ）。

    A. 数据格式化   B. 数据加工   C. 数据加密   D. 数据解密

二、简答和实践题

1. 信息素养包含哪些方面，简述它们之间的关系。

2. 结合自己的学习和未来的规划，谈谈如何提高自己的信息素养。

3. 信息安全的主要防御措施有哪些。

4. 计算机病毒有哪些基本特征，如何有效避免自己的计算机被病毒感染。

5. 如何让自己很好地规避不良记录。

附录　ASCII 码对照表

十进制	十六进制	字符	十进制	十六进制	字符	十进制	十六进制	字符	十进制	十六进制	字符	十进制	十六进制	字符
0	0	NUL	26	1A	SUB	52	34	4	78	4E	N	104	68	h
1	1	SOH	27	1B	ESC	53	35	5	79	4F	O	105	69	i
2	2	STX	28	1C	FS	54	36	6	80	50	P	106	6A	j
3	3	ETX	29	1D	GS	55	37	7	81	51	Q	107	6B	k
4	4	EOT	30	1E	RS	56	38	8	82	52	R	108	6C	l
5	5	ENQ	31	1F	US	57	39	9	83	53	S	109	6D	m
6	6	ACK	32	20	(space)	58	3A	:	84	54	T	110	6E	n
7	7	BEL	33	21	!	59	3B	;	85	55	U	111	6F	o
8	8	BS	34	22	"	60	3C	<	86	56	V	112	70	p
9	9	HT	35	23	#	61	3D	=	87	57	W	113	72	q
10	0A	LF	36	24	$	62	3E	>	88	58	X	114	72	r
11	0B	VT	37	25	%	63	3F	?	89	59	Y	115	73	s
12	0C	FF	38	26	&	64	40	@	90	5A	Z	116	74	t
13	0D	CR	39	27	´	65	41	A	91	5B	[	117	75	u
14	0E	SO	40	28	(	66	42	B	92	5C	\	118	76	v
15	0F	SI	41	29	)	67	43	C	93	5D	]	119	77	w
16	10	DLE	42	2A	*	68	44	D	94	5E	^	120	78	x
17	11	DC	43	2B	+	69	45	E	95	5F	_	121	79	y
18	12	DC2	44	2C	,	70	46	F	96	60	'	122	7A	z
19	13	DC3	45	2D	–	71	47	G	97	61	a	123	7B	{
20	14	DC4	46	2E	.	72	48	H	98	62	b	124	7C		
21	15	NAK	47	2F	/	73	49	I	99	63	c	125	7D	}
22	16	SYN	48	30	0	74	4A	J	100	64	d	126	7E	~
23	17	ETB	49	31	1	75	4B	K	101	65	e	127	7F	DEL
24	18	CAN	50	32	2	76	4C	L	102	66	f			
25	19	EM	51	33	3	77	4D	M	103	67	g			

参 考 文 献

［1］中华人民共和国教育部.高等职业教育专科信息技术课程标准（2021年版）［M］.北京：高等教育出版社，2021.
［2］张成叔.计算机应用基础（Windows 7+Office 2010）［M］.2版.北京：高等教育出版社，2019.
［3］张成叔.计算机应用基础实训指导（Windows 7+Office 2010）［M］.2版.北京：高等教育出版社，2020.
［4］张成叔.计算机应用基础（Windows 7+Office 2010）［M］.北京：高等教育出版社，2016.
［5］张成叔.计算机应用基础实训指导（Windows 7+Office 2010）［M］.北京：高等教育出版社，2016.
［6］张成叔.计算机应用基础［M］.北京：中国铁道出版社，2012.
［7］张成叔.计算机应用基础实训指导［M］.北京：中国铁道出版社，2012.
［8］张成叔.计算机文化基础［M］.北京：中国铁道出版社，2007.
［9］张成叔.计算机文化基础实训指导［M］.北京：中国铁道出版社，2007.
［10］杨竹青.新一代信息技术［M］.北京：人民邮电出版社，2020.
［11］陈泉.信息素养与信息检索［M］.北京：清华大学出版社，2017.
［12］靳小青.新编信息检索教程［M］.北京：人民邮电出版社，2019.
［13］邓发云.信息检索与应用［M］.北京：科学出版社，2017.
［14］张成叔.Access数据库程序设计［M］.北京：中国铁道出版社，2020.
［15］张成叔.SQL Server数据库设计与应用［M］.北京：中国铁道出版社，2020.
［16］张成叔.MySQL数据库设计与应用［M］.北京：中国铁道出版社，2021.
［17］张成叔.办公自动化技术与应用［M］.北京：高等教育出版社，2014.